工程成本答疑汇编

GONGCHENG CHENGBEN
DAYI HUIBIAN

郭建中　王启存　编著

U0385518

化学工业出版社

·北京·

内容简介

本书是一本工程成本造价工作的指导用书，由工程造价成本答疑、成本知识测试及解析、施工成本工作方法十八讲、施工成本数据精细化分析四部分组成。本书内容新颖，案例丰富实用，可操作性强，其将造价知识与施工现场知识相结合，进行深度答疑，通过学习能够解决造价人日常工作中的常见问题、疑难问题，提高在工作中的实践能力。同时，本书对常用成本数据进行了精细化拆解，急造价人员所需，随用随查。

本书可作为工程造价人员、施工企业商务经理、施工企业技术人员的培训用书，也可供大中专院校相关专业师生学习参考。

图书在版编目（CIP）数据

工程成本答疑汇编 / 郭建中，王启存编著． -- 北京：化学工业出版社，2025. 1. -- ISBN 978-7-122-46787-4

Ⅰ．TU723.3

中国国家版本馆CIP数据核字第2024XK2152号

责任编辑：李旺鹏　　　　　　　　　　　装帧设计：孙　沁
责任校对：田睿涵

出版发行：化学工业出版社（北京市东城区青年湖南街 13 号　邮政编码 100011）
印　　装：河北鑫兆源印刷有限公司
710mm×1000mm　1/16　印张 18½　字数 373 千字　　2025 年 3 月北京第 1 版第 1 次印刷

购书咨询：010-64518888　　　　　　　　售后服务：010-64518899
网　　址：http://www.cip.com.cn
凡购买本书，如有缺损质量问题，本社销售中心负责调换。

定　　价：78.00 元

前言

当前，施工成本管理已成为热门话题，许多大型施工企业都在倡导大商务管理。在建设项目中，造价成本管理人员扮演着至关重要的角色。

工程管理方法是不断滚动向前发展的，许多造价成本管理人员在工作过程中会积攒许多疑问，这些疑难问题能否被攻破，一定程度上决定了个人发展前景。但是，很多从业人员往往无人可问，或者找不到关键点。

本书四部分内容均为笔者几十年的经验积累，并且采用了较为独特、灵活的编排形式，从工程造价成本答疑，到成本知识测试及解析，再到施工成本工作方法十八讲，最后是施工成本数据精细化分析，切实针对实际工作痛点进行编写。前面三章形式多样，且综合了大量专家观点、一线经验，相信可以给读者在工作方法上带来不一样的视角。最后一章，特点尤其突出，是笔者多年在数据上的总结，可供实操速查，为工作提效。

前三章内容一目了然，脉络清晰，读者根据需要自行查阅即可。笔者更想基于第四章的主题，主要聊聊数据与数据库的问题，作为介绍本书特色的一个引子。这方面问题说的人不多，但又很重要。

在当前建筑市场的发展态势下，造价成本管理人员往往只关注于获取即时数据，而对建立一个全面的数据库不那么重视。相对而言，在建筑企业层面会更注重数据与数据库的双重建设。这种差异背后的原因是什么？数据与数据库的同时获取很困难吗？造价成本管理应当如何着手，以促进数据建设的进程？

如果将数据与数据库比作汽车与车库的关系，可以帮助我们更好地理解这一现象。造价成本管理人员通常只想满足即时需求，就像一个人只想要一辆随时可用的汽车，他们倾向于在急需时寻找临时解决方案，但这样做往往效果不佳。建筑企业则追求更全面的解决方案，认为只有同时拥有汽车和车库，才能确保长期的便利和效率。数据相当于汽车，它需要被高效地使用，而数据库则相当于车库，它负责有序地存储和管理这些数据，以便于在需要时能够快速方便地调用。

建筑企业在建立完善的数据库方面面临着巨大的挑战，从无到有的过程需要投入大量的精力与时间。许多企业选择购买第三方服务来解决数据库问题，但往往会发现这些服务仅提供了一个空壳，缺乏实质性的数据支持，且第三方服务中的数据分类与企业管理模式存在差异，不能很好地匹配企业需求。这就像是购买了一个大型车库，却发现里面没有汽车，出行依然不便，另外车辆管理又是一大难题，需要企业付出大量的精力进行维护管理。因此，企业需要重新考虑建立数据库的目标，是先买汽车再造车库，还是先造车库再买汽车？可以看出来，数据和数据库的同时掌握是比较困难的，仅少数建筑企业做到了这一点。

　　一般情况下，市场上的造价软件会自带一个数据库，里面保留一套标准数据作为样本，出售给建筑企业后，企业可以根据不同需求进行数据更新维护。数据可以从以往工程合同、结算单、承包价格等资料中收集，这部分数据可以称为历史数据。在投标的时候，市场情况变化了，交易方也变化了，需要重新考虑相应价格数据的适用性，于是这时候会进行询价操作，通过不同渠道收集到新的数据，再结合历史数据进行更正，最终形成一个投标时的成本数据，此数据可以称为借鉴数据。在施工过程中，根据工程事实，也会产生一个数据，此数据称为现实数据。这时候需要对现实数据进行分析，考虑成本控制是否与借鉴数据有所偏离，通过这两个数据的对比分析，来确定施工成本管理的方向。工程竣工以后，要核算成本，把现实数据、借鉴数据、历史数据三者进行对比，分析差异原因，另外寻找建筑市场上的数据进行对比综合，并填入数据库内，为将来投标报价做参考，此数据可以称为将来数据。每经历一个工程项目，数据在其中就会循环一次，数据库就会更新一次，这样经过多个项目的标准化处理后，就生成了建筑企业自己的比较完善的数据库。

　　但是，对于造价成本人员而言，怎样划分数据合理？怎么处理数据更高效？怎么操作能够更好地控制成本？许多新的问题又出现了。企业特性不同，划分数据颗粒度就不同；项目特性不同，形成的现实数据就不同。比如一个项目采取扩大劳务分包，一个项目采取班组分包，两者分包单价差距较大，就无法一概而论到底采取什么样的方式分包比较合理。再比如一个项目是住宅项目，一个项目是工业厂房，同样是采取了班组分包，但是价格就不相同。

　　本书的数据部分是通过市场交易模式进行拆分的，符合当前市场需求，包含了劳务人工价格分析、零星用工价格分析、扩大劳务分包价格分析、专业分包价格分析、平米指标含量分析、综合单价分析等多种类型，满足当前市场中多数建筑企业的需求。造价成本管理在建筑行业仍然是一个探索中的话题，书中的观点与方法难免会出现疏漏，欢迎读者来信指正，我们的电子邮箱是 1191200553@qq.com。

目录

第 1 章 工程造价成本答疑

1.1 工程量清单计价答疑

问题1: 招标清单中未包括基坑的边坡支护,此项是否属于措施费?如果是措施费,施工方投标时未列项,是否可以认为此项费用已包含在土方费用中?施工方结算时可以增加费用吗?

> **解答:** 在招标图纸中显示的内容不属于措施项,施工过程中建设方给出的施工图纸中显示或另有单独的施工图纸中显示的也不是措施项,应另列项并入合同价格内。在施工组织设计中有,并且双方确认的,属于措施费用,应按合同约定价格结算。比如土方工程招标图纸中明确了地基尺寸,图纸总说明中也有设计高程,基坑尺寸可以从图纸中确定,边坡支护采用喷射混凝土护壁,这不应包括在土方施工费用清单中,如果包含在土方费用清单中或其他措施费用清单中,在招投标时应另有约定。可参考《房屋建筑与装饰工程工程量计算标准》(GB/T 50854—2024)中清单列项标准,边坡支护是独立的清单项。

问题2: 某项目采用工程量清单报价,原设计图纸中基础挖土深度2m,施工方按此深度报价,施工过程中开挖到设计深度时,由于地基强度不能达到设计要求,设计方修改了方案,增加开挖深度1m。施工方是按约定的综合单价计算,还是将已挖的工程量与设计修改后增加的工程量合并重新报价?

> **解答:** 此项属于工程变更,加深部分应另行计算变更后的综合单价确定。需要看合同中是否有类似清单。挖土方工程量清单中工作内容包括排地表水、开挖土方、围护挡土板及拆除、基底钎探、运输,由2m深度变更为3m深度与原来的作业内容基本相同,这就是类似清单,变更后的综合单价参考原报价价格。实际挖土机械作业时,挖土2m深度与3m深度对机械效率影响不大,从成本角度分析也是比较合理的。
>
> 不能采用合并计算工程量的方法,工程变更工程量另行结算。按照《建设工程工程量清单计价标准》(GB/T 50500—2024)中第8.9.2条规定,超出清单量15%以后,超出部分综合单价调减。如果挖土深度超出,部分施工工艺发生变化,或增加措施,比如支挡土板开挖、增加基坑降水等,应另行办理签证进行处理。

问题3：某项目合同约定："措施项目中的价格已包含了施工过程中所有措施项目的费用，由发包人认可的工程变更引起的措施项目，按照实际发生，并经承包人、监理、发包人三方确认的数量支付。"在投标报价时，工程量清单内采用预算定额套价方式，预算定额中规定的文明施工、模板、脚手架这些项目的措施费到竣工如何结算？

　　　　解答：执行清单计价规则，工程变更属于合同内的增项。增加部分按照工程量计算规则增加，有类似单价执行类似单价即可。比如混凝土工程量增加时模板工程量也增加，实体项目工程量增减变化是变更工程量。

　　　　《建设工程工程量清单计价标准》（GB/T 50500—2024）第8.9.5条规定："为完成工程变更而需增加的额外措施项目，且该费用未包括在本标准第8.9.1条～第8.9.4条规定计价范围的，增加的措施项目费用应按下列规定计算：1.完成工程变更所需增加的（现场没有的）施工机具，应按实际发生施工机具的型号、台数及其耗用台班计量，并按合同清单中的计日工清单的相关施工机具单价进行计价。若合同清单中没有相应计日工清单，可按本标准第8.6.3条的规定计算。2.完成工程变更所需增加设置的（现场没有的）临时设施，应按实际发生临时设施的类型、数量及使用时间进行计量，按发承包双方协商确定的合理市场价格进行计价。"所以，安全文明施工费是不可竞争性费用，发生工程变更时必须据实增加费用，模板、脚手架这些采用单价计算的措施项，随着实体项目清单变更而增加。

问题4：某项目进入工程结算时期，因工程变更引起的清单重组单价发生争议。施工方按照投标报价时当期的工程造价信息价格组成单价，审计方认为人工、材料及机械台班的单价在合同中已有的必须采用合同中的单价，合同中没有的人工、材料及机械台班单价执行投标报价时当期的工程造价信息价格。请问哪方正确？

　　　　解答：《建设工程工程量清单计价标准》（GB/T 50500—2024）第8.9.1条："1.相同施工条件下实施相同项目特征的清单项目，应采用相应的合同单价；2.相同施工条件下实施类似项目特征的清单项目或类似施工条件下实施相同项目特征的清单项目，应采用类似清单项目的合同单价换算调整后的综合单价；3.相同施工条件下实施不同项目特征的清单项目或不同施工条件下实施相同项目特征的清单项目，可依据工程实施情况，结合类似项目的合同单价计价规则及报价水平，协商确定市场合理的综合单价；4.不同施工条件下实施不同项目特征的清单项目，可依据工程实施情况，结合同类工程类似清单项目的综合单价，协商确定市场合理的综合单价；5.因减少或取消清单项目的工程变更显著改变了实施中的工程施工条件，可根据实施工程的具体情况、市场价格、合同单价计价规则及报价水平协商确定工程变更的综合单价。"

在实际操作中，重组综合单价涉及浮动率是极少数情况，因为许多企业编制的控制价内的人工、材料及机械台班的单价并不是按工程造价信息价格填写，而投标方的报价也不是按工程造价信息价格填写，很有可能同一规格品牌的材料在各项清单中出现价格不相同的情况。出现此种情况双方争议就更多，所以一般采用工程造价信息价格或市场价格，此价格与实际采购价格比较相差不大，双方均认可，这样可以减少双方结算核对的时间。

问题 5： 投标时按建设方给的暂估价计算，工程结算时按调整后的价格，这个价差怎么取费？有人说价差要考虑利润和税金，也有人说以实际价格替换原投标的暂估价，重新组成综合单价，然后再计取相关费用。哪种说法正确？

解答： 参考《建设工程工程量清单计价标准》（GB/T 50500—2024）第 8.4.1 条："工程量清单中给定暂估价的材料和（或）暂估价的专业工程属于依法必须招标的，应以招标确定的材料税前价格和（或）含税专业分包工程价格取代暂估价，调整合同价格。""取代"二字意思为：排除别人或别的事物而占有其位置。 如果暂估价是材料、工程设备，应执行经发包人确认单价后取代暂估价，调整合同价款。

《建设工程工程量清单计价标准》（GB/T 50500—2024）第 8.4.5 条规定："工程量清单中给定暂估价的材料不属于依法必须招标的，可由承包人进行市场采购询价或自主报价，经发包人确认价格后以税前价格取代暂估价，或可由发承包双方共同询价确认价格后以税前价格取代暂估价，并计算相应价格调整引起的增值税变化，调整合同价格。"如果暂估价是专业工程，应按工程变更处理，即安全文明施工费也需要调整。

每条清单中不包含税金，按调整后的价格再计取税金即可，每条清单中利润是不变化的，只是材料价格变化不影响利润。如果暂估价是专业工程，按工程变更处理，工程变更对应的每条清单利润也是相对固定的。

问题6： 清单漏项、缺项问题，清单计价规范规定招标人应承担责任，投标人负责组成综合单价，但是此招标文件中约定"投标人应复核招标清单，若有清单漏项或缺项，投标人应在招标答疑中提出，如果投标人未提出可视为投标人让利"，由于投标时间紧迫，来不及审核招标清单，报价应该如何规避风险？

> **解答：** 招标文件约定清单漏项、缺项由投标方核实，需要及时核实完成，或者施工方自行把清单漏项、缺项的价格放入其他清单单价中。如果没有时间核实清单漏项、缺项，可以把报价价格参考成本测算总价格作为报价依据，提高报价单价，这样可以降低清单漏项、缺项风险。
>
> 投标报价时判断清单漏项、缺项风险，先要知道清单缺少哪个构件。一个构件可能由许多清单项组成，当合同风险约定范围扩大时，可以提高报价来应对可能发生的风险。此招标文件实质是规避招标人的风险，施工方可以委托第三方完成核对工作，把风险降到最低，这才是管理的重点。

问题7： 某项目在施工过程中设计变更较多，比如主要材料品牌要求变更，材料单价提高，导致现在核算价格超出中标总价的20%，支付工程款进度时，对于超出部分应该如何支付工程款？

> **解答：** 参考《建设工程工程量清单计价标准》（GB/T 50500—2024）相关规定，设计变更属于合同内的价款，设计变更的费用应该并入计量支付中。该规范中第2.0.13条对暂列金额的解释为："发包人在工程量清单中暂定并包括在合同总价中，用于招标时尚未能确定或详细说明的工程、服务和工程实施中可能发生的合同价款调整等所预留的费用。"此项设计变更应该从暂列金中支付，如果本项目的设计变更超出暂列金的额度时，可以签订补充合同。

问题8： 某项目为国有投资工程，采用工程量清单计价，合同约定工程变更按预算定额计价下浮8%作为结算价格。因设计变更增加的费用约50万元，工程结算时实行变更价格两次下浮，第一次按预算定额计价下浮8%，第二次按招标控制价与中标价的下浮比例进行调整，计算下浮比例时应扣除Z值（暂估价），应该怎么理解这种结算方式？怎么办理工程结算？

> **解答：** 合同约定预算定额计价下浮8%是施工方让利，按招标控制价与中标价的下浮比例进行调整是清单计价规范规定。参考《建

设工程工程量清单计价规范》（GB 50500—2013）规定："已标价工程量清单中没有适用也没有类似于变更工程项目的，应由承包人根据变更工程资料、计量规则和计价办法、工程造价管理机构发布的信息价格和承包人报价浮动率提出变更工程项目的单价，并应报发包人确认后调整。"参考《建设工程工程量清单计价标准》（GB/T 50500—2024）第 8.9.1 条第 5 款："因减少或取消清单项目的工程变更显著改变了实施中的工程施工条件，可根据实施工程的具体情况、市场价格、合同单价计价规则及报价水平协商确定工程变更的综合单价。"此规定仅指工程变更重组成的综合单价进行二次下浮，所以设计变更增加的 50 万元中需要列出哪些是重新组成的综合单价部分。

比如重新组成综合单价的变更部分套用预算定额后得出 10 万元，招标控制价为 1500 万元，中标价为 1450 万元，暂估价 20 万元。计算式为：$10 \times (1-8\%) = 9.2$（万元），$(1450-20)/(1500-20) \times 9.2 = 8.89$（万元），8.89 万元为此项变更的工程结算价格。

问题 9：固定综合单价合同，投标报价时采用预算定额组价，预估实际材料损耗超出预算定额，所以调高了钢筋、混凝土材料的消耗量。工程结算时，审计方把定额组价的材料消耗量修正为定额子目含量，导致综合单价改变，这样操作合理吗？

解答：清单计价规范［指代《建设工程工程量清单计价规范》（GB 50500—2013）和《建设工程工程量清单计价标准》（GB/T 50500—2024），下同］中要求，按清单综合单价乘以实际工程量进行结算，施工方可以套用定额、借用定额、使用企业定额填报清单，材料消耗量是施工企业考虑的因素，如果没有输入错误，只是在预算定额消耗量的基础上做了修改，此种情况审计方不必强行纠正。

固定综合单价改变是由于人工、材料、机械调整差价，如果工程量双方核对正确，而综合单价组成的材料消耗量不正确，此种情况由施工方承担责任，结算时审计方不能随意调整综合单价。

问题 10：单价包干和总价包干有什么区别？在审计时应该怎么处理单价合同与总价合同？

解答：单价包干合同，是固定综合单价的合同，每条清单的单价相对固定。比如清单计价规范中明确规定，综合单价中的材料价格上涨 5% 时，可以调整超出部分，这说明是相对固定的单价，并不是绝对固定。综合单价合同中的工程量由建设方负责，在工程结算时按实际发生工程量计算，实际发生工程量与中标工程量对比，偏差15%范围以外，还可以重新组成综合单价。

总价包干合同，是固定总价的合同，招标时固定总价，在结算时，需要把工程变更、现场签证并入结算金额中。固定总价是固定招标时的图纸内容，图纸以外增加的签证要增加结算，因政策性文件调整导致合同内容增减的部分也要放入结算中。

依据清单计价规范，单价包干和总价包干的区别是工程量的固定，双方在投标时核对工程量以后固定包死，结算时不再核对工程量，但是因工程变更、现场签证发生的工程量变化，还应该调整。不管单价包干还是总价包干，都是相对招标时双方约定而言固定，不是绝对固定。

在审计时应该按合同约定内容进行审核，在合同中没有找到的相关约定，可参考《建设工程工程量清单计价规范》（GB 50500—2013）的条文。但是其更新后的《建设工程工程量清单计价标准》（GB/T 50500—2024）中总价合同中标后不再调整工程量。

问题 11： 合同约定组织措施费按照建筑面积包干，现在建设方要求完成合同之外的部分，此部分的单价可以按中标清单内的单价计取，但此部分的组织措施费怎么计取？

解答： 合同包干是包死合同内的工作内容，合同外的部分需要双方约定结算方式。合同中有约定工程变更、现场签证的结算方法，如果是增加单体建筑工程，或者增加专业建筑工程，需要重新认价，如果是某构件的增减变化，或者是现场签证，按合同约定执行。

在合同总价包干的含义理解上要注意，总价包干时的总价是不包括变更和签证内容的。《建设工程工程量清单计价规范》（GB 50500—2013）条文说明中第 2.0.12 条规定了总价合同发生变更时的处理办法："当合同价款是依据承包人根据施工图自行计算工程量确定时，除工程变更造成的工程量变化外，合同约定的工程量是承包人完成的最终工程量，发承包双方不能以工程量变化作为合同价款调整的依据；当合同价款是依据发包人提供的工程量清单确定时，发承包双方应依据承包人最终实际完成的工程量（包括工程变更，工程量清单错、漏）调整确定工程合同价款。"《建设工程工程量清单计价标准》（GB/T 50500—2024）第 2.0.7 条说明了总价合同发生变更时的处理办法："发承包双方约定以合同图纸、合同规范进行合同价款计算、调整和确认的建设工程施工合同。总价合同在约定的范围内合同总价不做调整。"如果合同中有约定签证结算办法就按约定执行，无约定按清单计价相关规定调整合同价款。

措施费用分为两类：组织措施费和技术措施费，组织措施费是按系数比例计算的，技术措施费是按清单工程量计算的。合同约定组织措施费包干，即仅是某构件发生增减变化，不能增减组织措施费，如果是现场签证，应该计算所有发生费用。

问题 12：总价包干合同，合同清单中电缆的规格型号跟施工图中不对应，清单中是一种型号，招标图纸是另一种型号，现在施工时按照招标图纸中的型号施工，是否应该找建设方办理签证？

解答：工程量清单描述、工程量、计量单位都是建设方确定的，可以调整。依据之一是《建设工程工程量清单计价规范》（GB 50500—2013）第 9.4.2 条："承包人应按照发包人提供的设计图纸实施合同工程，若在合同履行期间出现设计图纸（含设计变更）与招标工程量清单任一项目的特征描述不符，且该变化引起该项目工程造价增减变化的，应按照实际施工的项目特征，按本规范 9.3 节相关条款的规定重新确定相应工程量清单项目的综合单价，并调整合同价款。"依据之二是《建设工程工程量清单计价标准》（GB/T 50500—2024）第 8.9.3 条："采用总价合同的工程，按合同约定合同单价适用于工程变更计价的，因工程变更引起工程量清单项目及其工程数量发生变化时，可依据本标准第 7.4.3 条规定计算的变更工程量，按本标准第 8.9.1 条、第 8.9.2 条的规定调整合同价格；若合同约定合同单价不适用于工程变更计价的，工程变更发生的清单项目可由发承包双方根据工程实施情况、市场价格，结合已标价工程量清单计价规则及报价水平协商确定综合单价并计价。"此争议源于项目特征描述不符，应该办理现场签证。

问题 13：造价咨询方的人员认为："中标价格与招标控制价之差，是优惠幅度。"在结算审核时，新增清单是否也要乘以这个优惠比例？有没有什么依据？

解答：依据《建设工程工程量清单计价规范》（GB 50500—2013）（后称计价规范）第 9.3.1 条相关规定，已标价工程量清单中没有类

似的变更组价清单，需要重新组成清单单价。在该规范中重新组成
单价的规定如下："应由承包人根据变更工程资料、计量规则和计
价办法、工程造价管理机构发布的信息价格和承包人报价浮动率提
出变更工程项目的单价，并应报发包人确认后调整。"计价规范中
规定，新增清单需要按照浮动率进行结算，但是现场签证是合同外
增加部分，不参与优惠。

《建设工程工程量清单计价标准》（GB/T 50500—2024）（后称计价
标准）中此部分内容与计价规范有较大差异，其第 8.10 节阐述了新
增工程的相关规定，对于清单价格有合同内和合同外之分，合同内
按照报价下浮原则进行优惠调整，而新增工程应按补充合同内容另
行计价。

问题 14： 总价包干合同，约定除设计变更可以增减外，其他不做调整，可调整分项的材
料价格按施工当期工程造价信息价格调整。设计变更导致原图纸部位未施工，
又增加了新的工程内容，请问原图纸部位的造价扣减时，材料价格是按施工
当期的工程造价信息扣减还是按合同中约定的材料价格扣减？

> **解答：** 参照计价规范和计价标准的相关规定，此变更是设计图纸
> 变更，增加或减少工程量发生的变化应按类似清单单价结算，如果
> 没有类似清单单价，可以重新组成综合单价。
>
> 本合同为包干形式，约定仅调整变更部分的材料价格，应按合同约
> 定执行，故扣减部分按照施工当期的工程造价信息调整综合单价。

问题 15： 采用模拟清单招标，合同约定正式施工图设计完成后要重新对清单漏项、缺项
以及工程量偏差进行调整，固定单价不变化。某项目包含有 5 栋住宅楼和地下
车库。地下车库的清单报价中 C30 混凝土构件属于漏项，而 A 栋住宅楼中有
此项清单，是借用 A 栋住宅楼相应的综合单价还是重新组价？

> **解答：** 工程量清单计价中按栋号、构件、清单、做法划分各项价
> 格，清单项综合单价固定，构件大于清单级别，C30 混凝土构件属
> 于缺项问题，所以不能通过借用综合单价的方式解决。依据《建设
> 工程工程量清单计价规范》（GB 50500—2013）第 9.5.1 条，缺项按
> 变更确定综合单价，工程变更如果没有适合的清单子目，按报价内
> 的工料机重新组价，所以只能借用 A 栋住宅楼相应 C30 混凝土的
> 材料单价。

《建设工程工程量清单计价标准》（GB/T 50500—2024）中没有漏项规定，只有新增规定。第 8.10.1 条："承包人按发包人要求完成合同约定工程范围外的新增工程，发承包双方可按合同约定的国家及行业工程量计算标准规定的清单项目列项要求、工程量计算规则和补充的工程量计算规则、合同单价及投标报价水平计算新增工程价格……"

问题 16： 某项目为固定总价合同，工程量清单中砌体为 1000m³，实际工程量为 1300m³，工程变更中由加气块变更为空心砌块。结算时发生争议，A 方案是扣除加气块 1000m³，增加空心砌块 1000m³；B 方案是扣除加气块 1000m³，增加空心砌块 1300m³，哪个方案正确？

> **解答：** 固定总价合同是固定施工图纸范围以内的总价，中标清单内的工程量固定包死不作调整，可是发生变更时需要按变更增减工程量进行结算。此项变更是综合单价的变更，按照施工图纸计算出来的工程量乘以新组成的单价计算，与中标清单内工程量不发生关系。所以，扣除加气块 1000m³，增加空心砌块 1300m³ 正确。

1.2 施工成本经营管理答疑

问题 1： 某项目防水、保温、门窗采用专业分包模式，分包合同价的组成是按预算定额还是按清单报价对总承包管理更有利？

> **解答：** 以综合报价方式对总承包有利，以建筑面积包干方式更合适。分包结算时，增减工程量和拆改事项让分包人自主报价，详细用表格列出来，这时采用清单报价对总承包管理有利。因为建筑面积包干方式不存在界面划分争议，只有变更内容可增减合同额。
>
> 防水、保温、门窗等分项，在分包投标时要列出固定的报价表，让分包人填写内容，然后固定包死。如果在施工过程中物价或人工费上涨，可以按报表内适当调整价格，达到过程控制目的。

问题 2： 某市区医院的门诊楼项目，框架剪力墙结构，预付工程款 25%，每层框架结构完成后，支付完成工程量的 80% 款项，付款条件比较好。桩基工程采取专业分包，地下一层建筑面积 2888m²，地上 7 层建筑面积 19888m²，合同总工期 470 天。工期节点如何考虑？现场管理如何配备劳务队伍？

解答： 基础及地下室施工约45天，地上主体框架施工每层10～15天，主体结构占150天，二次结构和抹灰施工约100天，装饰工程及竣工验收150天，如果施工协调合理可以提前50～70天完成。

从成本管理方面考虑，压缩工期会增加成本，需要考虑周转材投入成本、周转次数的影响。此结构类型可配两层模板，采用隔层模板拆除方法周转即可。

施工现场作业面积较大，以后浇带为界，分开班组施工，可选择两套主体结构班组分区域作业，周转材料由施工方提供。施工期间可以实行奖罚制度，采用两个班组质量评比、作业进度竞争方法施工。

问题3： 当前随着铝模爬架的普及推广，钢管脚手架的使用范围不断缩减，市场需求量变小导致人工费比以往价格涨幅较大，出现市场上劳务班组紧缺的情况，如何给劳务班组确定报价合理？可以从哪些方面入手进行管理？

解答： 随着建筑市场劳务班组的变化，分包利润率越来越低，再加上建筑行业门槛较低，能组织农民工就可以成为分包公司，所以市场竞争很激烈。市场决定企业，而不是企业决定市场，给劳务班组确定报价是错误的观点，应该让劳务班组自主报价，通过评选竞争的办法来决定分包队伍。劳务价格的测算是分包人应该做的事情，比如人工消耗等数据的分析，分包投标时列出各项数据让分包人填报，然后分析对比，成本管理者把各班组利润掌握好即可。

劳务班组接不到工程，一方面原因是市场竞争太激烈，另一方面是分包人临时组织的人工，管理内部架构太复杂，导致管理不力，利润较低，劳务组织内部出现恶性循环。施工企业应坚持以人为本的理念才能够赚到钱，许多民营企业或个体老板临时组织项目班组，追求表面的利益最大化，不能看到长远的效益，于是合作第一个项目就出现争议。在双方相互不信任的基础上谈价格，往往会出现找不到过硬的分包队伍的情况，所以做好项目管理必须选择长期合作的分包人。

作为成本经理来说，处在这种局势下谈判定价格，需要左右平衡，让分包人能够赚到钱是关键。许多施工企业领导确定分包队伍，然后让商务去谈价格，导致出现分包人低价中标高价结算的情况，所以还需要分配给成本经理一定的选择分包队伍的权力。

问题 4： 采购管理的关键是隐性成本，如果供应商把控不当，就容易在施工过程中增加隐性费用，选择一个好的供应商合作，才能保证在施工过程中不会被"套路"。成本经理能控制这些问题吗？

> **解答：** 经营管理是一个没有任何产出和实施作业的部门，所以思维不能被产出和实施作业所左右，可以把所有的隐性成本放在桌面上分析的时候，隐性成本就是再透明不过的事情。可以与供应商形成战略合作，通过公开评价的方式解决。
>
> 例如天津某企业承建的绿化工程，领导决定采购价格最低的树苗，补植了三次，树苗死了三次，最终找来行家考察，结论是树苗未经过渡带直接运输到现场，其虽采购价格较低，但不容易成活。我国南北方气候有差异，在南方生长的树苗如果要种到北方，需要在气候过渡带上生长一段时间，生长稳定以后再运往北方地区，这样成活率会提高。不同供应商的供货渠道不同，通过对比参照可以发现隐性成本，通过供应商之间竞争可以化解隐性成本，企业逐步形成战略合作方式，建立自己企业的供应商数据库。
>
> 成本经理是企业管控运营的重要人员，必须有足够的经验和知识，逐步突破企业的"管理死角"。

问题 5： 建筑市场混乱，偷工减料的供应商有机可乘。施工图纸设计 40mm 厚无机保温砂浆和 5mm 厚抗裂砂浆，但是分包人报价表中却是 40mm 厚无机保温砂浆和 3mm 厚抗裂砂浆。某项目是建设方指定分包人，合同约定施工方结算按实际分包价格加 8% 管理费的模式，因为分包人报价较低，建设方执意选择这种偷工减料的供应商。这种现象如何规避风险？

> **解答：** 就像司机都要系安全带的道理一样，如果司机执意选择不系安全带，那你也没有办法。可以采用风险转移的方式规避风险，发生质量问题追溯到分包人，分包合同条款约定清楚。
>
> 从企业长远发展来看，企业不是以中标为目的，而是围绕工程利润而运营的，亏钱买卖没人做。如果长期合作的对象是偷工减料的分包人，以后必定会出问题，执意选择这种合作的建设方也应远离为好。建设方把下游分包人的利润都算计得这么清楚，将来长期合作下去企业也不会赚钱。

问题 6： 某公司管理非常混乱，申报工程结算时金额超出合同较多，咨询公司按审减额收费，收费很高，审减额由该公司支付。分包管理也不好控制，某些分包账户付款已经超付款，分包人还在公司闹事。这些事没人管理，都推到了成本部门这里，这种情况应该怎样解决？

　　　　　　解答： 申报工程结算时，所增加的比例数额一般不超过实际结算额的 5%，需要给审计方留 1% 审减余地，同样，不虚报乱报，建设方会感觉工程结算合理，三方搞好关系很重要。

　　　　　　支付分包人工程款需要考虑结算流程、对比方法、付款比例节点。由分包方申报工程量，商务部审核工程量确认价格，把分包人虚报乱报的价格先放置一边，不能影响进度款支付，办理分包结算时再处理争议问题；将分包价格与建设方的结算价格做对比，分析找到超付款的原因；付款比例掌握好，质量保证金和履约保证金等到分包结算扣减。已经超额支付的工程款分包人不可能退钱，可以把分包人提出的争议问题放在下一个项目中一起解决，当作谈判条件控制分包人。

问题 7： 针对建设方，如何开展二次经营？除了现场签证、工程变更以外，哪些可以节省人工、节省材料，提升利润空间？

　　　　　　解答： 针对建设方开展的二次经营是在施工过程中形成增加合同价款的有力证据，从而在结算时提高结算价款从中获得利润。一般在施工过程中不主张提高对外二次经营的强度，采用合理规避风险方法即可，其原因是采取手段增加现场签证、紧盯建设方管理漏洞增加索赔、压榨分包人利润虽然可以提升项目利润空间，但是也会给成本运营带来弊端，加深三方矛盾。

　　　　　　节省人工、节省材料是投标前期策划的事情，利润在投标时已完成测算，这时已相对固定。在管理过程中测算的某些风险，如果可以防止其发生，这时风险项就转变成了利润。

问题 8： 承建一个工业厂房项目，工程预付款 10%，现在施工至主体框架结构完成，现场施工管理比较混乱，项目已经投资了多少都没有核算清楚，如果现在退场按预算定额结算，可以收回投入的成本吗？如何计算项目盈亏平衡点？

　　　　　　解答： 工业厂房项目的主体框架结构如果是混凝土结构，按照预算定额结算大概利润是 5%，钢结构大概利润是 10%，过程支付工程款一般不会超过85%，所以中途退场清算也赚不到钱。

中途退场在工程结算时会涉及很多问题，比如质量和进度问题等，都需要解决。建设方主张质量问题，已建部分的工程要验收合格。也有许多工程案例，中途退场的项目质量验收比较难，需要走质量鉴定程序。在许多中途退场的案例中，建设方会以各种理由扣款，往往以价格鉴定的方式解决。只要走价格鉴定程序，鉴定结果相比正常结算价格要低，这样施工方亏损更多。

在投标时可以测算出项目盈亏平衡点，如果在投标时没有测算，只能按照应付账款核算成本。把劳务费、材料费、机械租赁费等一切销项开支统计出来与已付工程款对比，如果已付工程款大于销项开支就是收回了成本。

问题9： 某养殖场项目，施工方承揽工程后，负责提供钢筋、混凝土等主要材料，施工方的管理人员只有4人，劳务公司代表施工方做项目管理。建设方以施工方的承包资质不足为理由不支付工程款，劳务公司应该如何拿到钱？

解答： 可以到法院起诉施工方，建设方有连带责任，追讨工程款。在本案中施工方的管理能力差，施工方会同意劳务公司向建设方讨回工程款的事项。

在以往案例中，通过诉讼方式讨回工程款的时间太长，并且还会打折扣，所以，一般是通过协商解决。可以先通过农民工工资发放情况讨回工程款，剩余分包利润部分通过诉讼方式解决。也有类似此案例的项目，建设方是以建厂投产为目标，建设周期要求比较短，所以保证工程进度是关键，可以三方协商解决。

问题10： 降低工程成本的方法是什么？增加变更、签证文件，做好二次经营，扩大利润即降低了工程成本吗？

解答： 降低工程成本的方法是减少内耗，降低工程成本相对而言是把各个流程管理优化，减少浪费。比如对劳务分包管理，要采用分包招标方法确定队伍，通过分包招标就会有竞争，多家分包竞争就会压低报价；比如材料采购方面，现场存货多就会占用资金，占用大量资金后不利于项目运营，并且资金要产生利息；比如提高施工组织能力会降低人工、材料、机械的消耗，也会减少工期，工期缩短则机械租赁费用也会相对减少。

降低成本的方法有很多。增加变更、签证文件，做好二次经营这是对外结算管理，是商务经理考虑的事情，对外二次经营分析不是成本经营的主要工作，不要把全部精力投入在建设方。内部管理是成本人员的主要任务，而变更、签证是项目部管理的工作，不是降低成本的主要方法。

问题 11： 施工方如果想要把建安部分分包，采用内部整体分包与劳务分包，哪种分包管理模式更适合？内部整体分包即除主体结构的钢筋、混凝土等主要材料由公司提供，其他材料由分包人提供，这种方式能合理避税吗？

　　　　　　解答： 从实践中考虑，内部整体分包在施工过程中不可控制。内部整体分包对于有施工能力的承包人而言，管理重点不会放在此项目中，因为承包人与其他企业也有类似合作，利润高才会有兴趣做下去。如果实行内部整体分包模式，主要材料采用甲供方式，需要双方有充足信任关系和长期合作关系。

　　　　　　采用劳务分包模式，主要材料由企业采购，是适合当前大多数企业的管理模式。采用分包招标方式是可控的，劳务分包管理模式比较简单，并且劳务分包市场价格透明，公开竞争可以降低工程成本。

　　　　　　整体分包只能采用内部承包合同，分包人以总承包名义开具发票，税金并不会减少。一般企业的分包是以劳务分包为主，包周转材料的模式，模板、脚手架、机械费是按 9% 开具发票，人工费按 3% 开具发票。分包招标时，把招标文件分成两部分，招标时需要明确税率，上下游的发票可抵扣是最合理的报税方法。

问题 12： 新开工的项目需要分包招标，以往项目大清包税率 3%，营改增以后，小规模纳税人税率 3%，一般纳税人 9%，工程材料 13%，大清包、专业分包应提供多少税率的发票合适？

　　　　　　解答： 劳务分包（大清包）模式招标，许多企业是把招标文件拆开形成两份合同，劳务用工合同税率 3%，脚手架租赁、购买模板、其他材料的合同税率 9%，这样有利于分包人的税率抵扣，比如分包人购买的模板材料可以抵扣。选择劳务分包的一般是小规模纳税人，这样选择分包资源多，如果人工费部分按 9% 税率考虑，分包人会在报价时把税金考虑在价格中，实际是提高了中标价格。

　　　　　　专业分包可根据实际情况谈判，可按 9% 税率考虑，因为专业分包有销项税和进项税，可实现上下游发票抵扣。也可采用人工费部分3%税率，材料费部分13%税率。

问题13： 房地产建设项目主体结构由施工方完成，土方工程另行分包。现在计划变更为土方工程由施工方完成，施工方报价是税金9%再加3%，总包服务费2%，这样报价合理吗？

　　　　　　解答： 该报价计税不合理，收取总包服务费不合理，应该由施工方在报价中取税金9%，其他不能再计取。因为分包人提供给施工方发票，施工方可以抵成本，不能重复计税。土方工程包含在施工方价格中以后，再收取总包服务费不合理，因为总包服务费是针对建设方另行分包收取的，企业内部的管理费应该在分包合同中约定。施工方报价应该把管理费放入价格中，不能单列出来。如果是甲方指定分包的情况，建设方已经把分包价格确定，就需要以施工方管理的费用单列。

问题14： 某省今年9月份由于环保政策影响，钢筋、混凝土涨价，比如C30混凝土原来采购价格为325元/m³，涨价后为395元/m³，并且要求货到付款。施工合同中约定的材料调整差价是按照当期的工程造价信息，材料涨价5%以外的部分调差，工程造价信息中的价格跟不上实际现场材料采购价格的涨价幅度，这种情况施工方如何处理？

　　　　　　解答： 依据《建设工程工程量清单计价规范》（GB 50500—2013）条文说明中第3.4小节，材料价格的风险宜控制在5%以内，超出者由建设方承担风险。另，《建设工程工程量清单计价标准》（GB/T 50500—2024）第8.7.2条如下："其市场波动幅度超出5%时，可按本标准附录A的方法之一调整合同价格。"
市场价格和工程造价信息是两个概念，因为企业由于自身原因找不到合适的供应商，采购高价材料，此部分风险由施工方承担，工程造价信息是按照合同约定调整材料价差的依据。

问题15： 某工程是一个房建项目，合同中采用模拟清单报价，经过初步统计实际成本是亏损的，现在可以从哪些方面尽量减少亏本，降低本项目给公司带来的损失？

　　　　　　解答： 采用开源节流的方法经营项目。在投标报价时偏离成本是最大的损失，只能在施工过程中进行成本纠偏，用有效的管理方法合理优化成本，在结算阶段做出成本分析，找到争议费用，提高结算额，才可以保证项目不亏本。因为中标总价已经确定，无法改变，只能在施工阶段降低成本和结算阶段增加结算额。

在清标核对工程量时，是不能调整综合单价的，除非清单描述与当前设计的图纸不符，可列出争议项，等建设方认可再进行调整。比如：屋面瓦片在模拟清单中没有描述规格品牌，而在清标核对工程量时建设方提出高于模拟清单中的招标条件，这时可以要求调整综合单价。

建设方往往在模拟清单中把材料品牌规格这部分的风险规避细则写入合同中，把风险转移到施工方，所以中标以后扭转亏损的局面比较困难。

问题 16： 在分包招标时，拟定合同清单和条款需要考虑哪些以后可能"扯皮"的问题？比如外幕墙专业分包和劳务分包，在施工过程中哪些内容双方容易"扯皮"，可能会发生争议？

> **解答：** 在施工前要做好规划，专业分包人承包内容包括人、材、机，有一定风险在合同中，利润比较高，发生无法控制风险时可以双方坐下来谈判。劳务分包不承担风险，因为劳务分包只是组织工人到项目部干活，利润相对比较低。
>
> 专业分包主要争议是变更增项内容。总包方无专业能力施工才会进行分包，对特殊工艺不懂，专业分包人提出需要变更该项内容时，提出的变更增项价格合理可以结算。很有可能专业分包人会减少或改变工艺，降低施工成本，比如说外玻璃幕墙的支架在设计图中无标准，必须增加支撑后才可以达到验收标准，专业分包人要求变更以后增加费用。所以专业分包人主张变更，变更后可以获取更多的利润，在合同约定条款中需要约定调整比例及方法。
>
> 劳务分包可以在合同中注明工人实名制管理，以每月劳务队长申报产值为参考，申报超出合同产值后需要公司审核，虚报乱报要处罚或更换劳务班组，防止项目停工闹事。但是经过测算，实际分包人如果亏损，就要在现场谈判，采取补偿方式解决争议。

问题 17： 工业厂房为框架结构，楼层比较高，预算定额中无适用的定额子目，如果按施工方案中搭设方式推算，价格没有支撑依据，怎么填报价格？劳务成本分析应该怎么考虑？

解答：采用预算定额方法投标，必须列出全部适用的定额子目，比如满堂脚手架、楼层超高、独立柱脚手架、单梁脚手架等，应该满足投标价格。如果楼层超过 11m 时，可另行补充定额子目。

测算成本须求出实际消耗量，了解单项人工的价格，可以按照模板工和架子工班组报价对比分析。如果采用大清包模式，还应该考虑材料租赁费用、分包管理费和利润等。

问题 18： 某项目建筑面积 40000m²，带有地下室，审查发现 ϕ25 的钢筋工程量与采购数量相差 120t，现在主体结构还未完成，而钢筋班组是按建筑面积包干形式，如何核对钢筋工程量？

解答：每个项目事先策划最见效，本项目已经处于失控状态，即使找出其中原因也很难降低损失。问题中的情况有可能是由钢筋分包方浪费导致，也有可能是采购数据差错，这些因素都不能排除，需要找到确切数据对比分析。

目前可以从三方（商务部、项目部、分包方）进行核查数据，找到采购供货单和批次进场供货量，将钢筋区分规格型号进行统计列表，然后再找钢筋下料单，把商务部的钢筋计算表拿出来做对比。如果基础完成后现场没有剩余钢筋，就重点核查供货量。基础施工完成部位的供应钢筋量较少，通过钢筋区分规格型号对比，找到某种钢筋规格型号差距较大，而且钢筋用量较少的分项进行重点分析，再与下料单对比，通过这三个数据就可以分析出是哪个环节的原因。

问题 19： 申报进度款时，此部位仅是支模板完成，是否可以按该项报价的 70% 计取？清单报价中，模板包括安装拆除两部分，目前支模板完成并且验收合格，可以申请工程款吗？

解答：应按照工程量清单计价规范分项申报工程款，计量支付按照已经完成工程量统计。模板工程是措施工程，未完成此道工序不能申请工程款。实体工程量需要监理工程师验收合格后可以申请工程款，模板工程仅是完成模板安装部分，此工序并未完工，所以不能申请工程款。

问题 20： 项目开工时没有与分包方签订正式合同，只签订了临时付款合同，在施工过程中如何控制成本？

> **解答：** 可以采用倒挂账的方式解决没有正式合同的问题。可以采取借款给分包人，即债务方式解决，等待签订合同以后，再用工程款抵扣债务。
>
> 临时付款合同仅是一个价格合同，类似意向合同。工程款抵扣债务的方式可规避风险，如果在未签订合同之前发生争议，借支和工程款是两码事，要求还款和工程纠纷是不相同的两种处理方式。

问题 21： 建筑施工企业内部的采购、预算、成本之间如何使数据信息实现同步，从而减少每次价格更新时（投标时）填写、传递信息的步骤和时间？

> **解答：** 形成数据库并按每月或每季度更新。常用材料、地方材料、用量大的材料分别确定更新数据时间。常用材料一般按季度更新，其变化幅度小；地方材料根据时间按投标当月更新；用量大的材料要按月更新，因为材料波动比较大，对投标影响较大。
>
> 材料数据库一般由采购部门牵头更新，预算部门读取数据即可，成本部把控采购价格的合理性。

问题 22： 项目实际发生劳务费用 3000 万元，中标清单中统计出来为 2500 万元，投标报价有价格上限，只能调整才能中标，某项目人工费亏损 500 万元，怎么处理？

> **解答：** 投标时清单报价管理费是分开的，分包价格中包括管理费，与报价中的人工费对比，口径不相同才会有差距。
>
> 成本价格与投标报价没有可比性，亏损主要原因是在投标时没有测算出人工成本价格，如果是亏损的项目可放弃投标。现在发生亏损情况已无法挽回，只能降低投入成本以减少损失。

问题 23： 由于分包人施工进度比较慢，影响到工期，要求分包人退场，应该怎么给分包人结算？都有哪些费用应该考虑？分包人诉求的价格不在分包合同内怎么解决？

> **解答：** 因分包人施工进度违约，如果损失较大可以找分包人赔偿，并且清退分包人，解除合同。按分包人已经完成并验收后的工程量乘以合同单价结算。如果只是完成分包任务的其中一项，验收合格后可以按照比例进行结算，或者按照市场分包行情协商结算，结合实际投入成本综合考虑。分包人提出额外赔偿，如果理由充分可以

考虑费用，但是停工以及相应的间接损失可以向分包人提出索赔。

问题 24：施工方适合将哪些分项工作进行分包，比如防水、土石方分包时的利润如何分析？

  解答：劳务分包和专业分包的拆解需要看企业的实际情况，企业管理水平和企业资源决定分包性质和内容。比如防水工程，首先要看企业资质中有没有包括此分项内容，再考虑企业自身的管理水平情况，比如对质量、安全、进度的控制能力，最后还要考虑分包价格情况，权衡公司是采取购买材料方式还是找专业分包连工带料承包方式，企业采购渠道是否有优势等。

1.3　施工现场规范管理答疑

问题 1：因现场实际情况需要增加基坑支护桩，增加部分在围墙之外，需要将原围墙拆除一段，重新搭设加宽。请问增加此部分围墙是否能办理现场签证？

  解答：首先要确定，这是工程变更还是现场签证？是有施工图纸还是施工单位为了某种原因增设的措施？如果是建设方设计要求，那就需要做工程变更处理，按合同约定方式进行结算；如果是施工方当初搭设围墙疏忽大意造成的返工，这就不应该再增加费用。

问题 2：一个园林工程项目，涉及工程材料运送到山坡上的问题，措施费中的二次搬运费与此内容是不是重复？在施工过程中为防止结算时双方出现争议，该如何进行规避呢？

  解答：工程材料运送到山坡上的工作不属于二次搬运，办理现场签证双方另行议价即可。这个没有办法预防，了解现场地理情况后，施工方报价双方再确认，场地平整、道路畅通的条件下再施工，如果在施工场地内工程材料运输条件限制，发生了二次搬运费用，是施工方责任，场地内的工程材料运输是施工组织不力造成的，应由施工方承担。

问题 3：我是中建某工程局的商务经理，在项目部做管理。工程变更与现场签证每天都会发生，有没有好的管理方法？怎么管理比较好呢？

  解答：首先把现场签证和工程变更分类管理，现场签证是施工方发起的，工程变更是建设方、监理方、小业主方发起的，管理流程和文件性质有所不同。

现场签证文件应分情况处理，是什么事件引起的签证要考虑清楚。现场签证可分为合同漏项、工期延误、图纸变更后的拆改、材料变化、运输条件变化、甲供材供应不及时引起停工、现场条件不满足施工、停工窝工等，每个现场签证文件都是结算增项内容。工程变更文件收集整理就形成了证据，要做好收集任务。

管理方法就是形成流程制度，做好规范化管理。工程变更还可能牵扯到分包增项问题，需要做好上下游的增项价格谈判。

问题 4：我在项目部做商务管理三年时间，对一些签证变更的流程还不熟悉，怎么能快速了解？现场管理比较混乱，签证变更没有人管理，不知道哪些事项应该签证，怎么减少签证漏报情况？

解答：现场签证针对的是合同外的工作内容，是施工过程中发生的增加事项，此费用在已标价工程量清单中由计日工支付；工程变更为合同内工作内容，在施工中增减合同内的工作内容，此费用在已标价工程量清单中由暂列金支付。

现场签证主要是施工方申报增加结算价款的文件，按照部位时间签证分为：土方开挖时期签证、工程实体施工签证、其他签证；工程变更主要是建设方指令变更的文件，工程变更有可能是量的变化，也有可能是价的变化，还有可能是量价都做变化。

施工方可以通过现场签证、工程变更等方式增加利润，其又称作"二次经营"。想让现场签证与工程变更减少漏报，需要有造价基础知识，需要熟悉定额及清单计算规则、了解综合单价工作内容、分析合同约定条款，这些基础知识学会以后，通过施工工序和施工进度的管控可以将此文件收集完整。

问题 5：基础筏板与混凝土垫层之间铺设 SBS 防水卷材时，设计要求 SBS 防水卷材下面还增设 20mm 的水泥砂浆找平层，可以不做这道水泥砂浆找平层工序吗？

解答：这需要与浇筑混凝土班组约定清楚，混凝土垫层项不含随打随抹光的工序，如果分包合同不含抹光时，应另增加抹光的费用。可以通过提高桩头和槽底标高 20mm 实现随打随抹工序，但是如果建设方紧盯项目施工，到工程结算时还要扣除此项费用，那就没必要减少此工序。

要减少此工序，项目部必须与公司配合完成，管理目标相同。分包班组不能随意提高设计标高，需要项目部与分包人沟通后再实现，如果标高控制有差错，混凝土垫层或基础筏板的厚度就会发生偏差，所以对建设方和分包方都需要做好协调管理。

问题 6： 小型规模企业的建筑公司管理人员占多少比例？成本测算的时候，如何求出管理费用？

解答： 大型企业与小型企业的管理人员工资标准相差不大，主要是企业特性和项目特性的指标数据相差很多，做好模块化，配备项目管理人员，可以降低管理费用。

从项目特性考虑，按照建筑面积核算指标数据，高层住宅的管理费 60 元 /m²，别墅项目的管理费 120 元 /m²，甚至有些项目的管理费更高，主要是结构类型不同，现场管理人员配备就不同。

大型企业的管理人员配备齐全，比如中建系统，其形成了管理 CI 标准手册，岗位人员各司其职。小型企业的管理人员配备往往不足，会减少项目管理人员，一人多岗。

企业在建的项目数量也会影响到公司管理人员的项目均摊成本，有些小型的建筑企业项目数量较少，公司管理人员多，就会出现管理人员工资超标情况。比如一个小型规模的建筑企业，只有 5 个项目在建，其住宅项目总建筑面积为 250000m²，管理人员工资一般在 50 ～ 80 元 /m² 之间。

问题 7： 某项目建设方故意取消许多工程做法，比如地下部分的外墙保温、地下室外墙立面的抹水泥砂浆、混凝土基础垫层上的防水保护层等，在施工过程中应该怎么办？

解答： 取消工程做法就是工程变更，建设方有权变更施工图纸做法。比如地下室外墙立面的抹水泥砂浆做法取消，就会增加混凝土墙体修整及打磨费用，模板缝和螺栓孔都要修整平整然后才可以粘贴防水卷材。建设方取消工程做法，施工方可以在项目每周例会中提出变更后的施工措施方案，需要建设方项目负责人和监理方确认，然后办理现场签证增加费用。

混凝土基础垫层上的防水保护层取消以后，混凝土筏板的厚度需要增加 20mm，混凝土基础垫层需要增加随打随抹光的工序，可以事先找到建设方项目负责人协商施工措施方案，确认后可办理现场签证增加费用。

问题 8： 某项目因建设方拒不支付工程款，施工方随即停工，但施工方事实上没有接到停工指令，属于私自停工。在停工过程中，因一场大雨后地下室进水，造成墙面腻子损坏，现在复工，这个损失怎么计算？因停工期间，地上部位的外墙腻子脱落、起皮，现在修复费用可以找建设方赔偿吗？

> **解答：** 首先考虑停工引起的赔偿应由哪方承担，然后考虑质量问题引起的责任承担。
>
> 雨水流入地下室造成的损失，应该是施工方承担，在停工时没有做好雨季防护措施，建设方不支付工程款违约与此事关联不大。合同应有相关违约责任，因资金支付不足无法进行施工时，建设方可以按贷款利息向施工方支付滞纳金。
>
> 施工方停工前首先应该发律师函给建设方，停工时要做好基本防护准备，有人看管项目；其次要做好诉讼的计划，抓紧时间追讨工程款。地上部位的外墙腻子脱落、起皮不是停工造成的，应由施工方承担责任。装饰质量保修期是两年，停工期间装饰质量问题也在保修期内，修复费用不能找建设方索赔。

问题 9： 建设方把门窗工程分包，门窗洞口均已抹灰完成，在门窗安装时洞口边角损坏，建设方要求施工方项目部维修，这样合理吗？

> **解答：** 土建施工合同中包含总包服务费，总包服务费包括垂直运输机械、临水临电、场区道路、文明施工、临建宿舍、场地堆放、交叉作业、配合服务等，在安装门窗时，难免会碰掉抹灰边角，此费用包括在总包服务费中。如果在招标时，建设方未单列这项费用，施工方应考虑此费用含在其他清单子目中，作为有经验的施工方应该考虑此项费用。
>
> 如果门窗安装分包人主观故意损坏或者因门窗尺寸不合适而敲打掉的抹灰层，应由门窗安装分包人修复。在一般情况下，都是因为抹灰预留尺寸有误造成的，多数是施工方管理不到位所导致。

问题 10： 建设方提供的临电箱变总负荷满足不了施工现场实际用电的情况下，施工方另行增加一台箱式变压器，这个费用是否可以增补？

解答: 施工方进场条件是确保三通一平,建设方没有满足项目用电的施工要求,需要办理现场签证。

增加一台箱式变压器需要建设方确认,增加的费用可以协商,建设方如果没有同意或装作不知道,在结算时没有依据,会引发较大的争议。

问题 11: 施工图纸总说明中明确了高层住宅楼的后浇带的做法:"后浇带等主体封顶后60天之后浇筑",安监站也规定后浇带模板和脚手架在施工期间禁止拆除,这部分的模板和脚手架没有发生摊销,此费用施工方能增加吗?

解答: 此费用在预算定额中单独列项,有后浇带定额子目,该项预算定额已经考虑此工作内容,并且综合单价中已包括此项材料消耗量,不应另行增加。

后浇带仅是模板材料和钢管支撑,并不涉及外墙脚手架。如果施工现场将模板支撑与外墙脚手架连接,违反相关施工作业规定,则应由施工方承担责任。

问题 12: 与主体结构同步浇筑的混凝土是一次结构,二次浇筑的混凝土是二次结构,这样理解对吗?某项目是框架剪力墙结构,栏板和空调板可以按这样归类的施工工序划分吗?

解答: 在结构图上显示的构件可认为是一次结构,在建筑图上显示出来或图集标准中显示出来的构件可认为是二次结构,此划分主要是针对主体结构和二次结构施工是不同的两家分包单位的情况。

例如地下车库的出入口,二次结构完工才开始挖土方,以时间顺序不能确定此结果,在分包合同中注明各施工部位就不会产生争议。比如说屋顶的通风道,在结构图上不显示,而在主体结构施工时,变更通知单中有详细的通风道配筋尺寸,主体结构分包人认为此变更应由二次结构分包队伍完成。通过此案例分析可以了解到合同界面划分需要从多方面考虑,事先在分包合同中约定划分界限。

问题 13: 每栋楼相同部位的混凝土梁出现了细小裂缝,监理要求对主体结构进行监测,已经停工20天,第三方检测机构给出报告说明是温度裂缝。如何阐述是非施工方责任呢?可以获取停工期间索赔费用吗?

解答: 未检测到重大质量问题,不能说明此项目没有任何质量问题,正常情况下混凝土表面不应该有裂缝，可能是水灰比不符合要求的原因，是施工方的责任。

对混凝土进行检测，如果发现混凝土不符合相关质量规范要求，可以找混凝土供应商索赔。

问题 14：某项目的甲供材料为碳钢管件，验收时外观看不出问题，但是在焊接过程中出现裂纹、断口，建设方送去复检，发现管件质量有问题，后期费用和返工费用谁承担？

解答：甲供材是建设方供应到现场的材料，应该有合格证明，做完复试检测才可以施工，如果施工方使用不合格的材料，应由施工方承担责任。本案例中建设方只承担换回未施工的材料的费用，已经用在施工中的材料的后期费用和返工费由施工方承担。

问题 15：某项目地下室渗水非常严重，筏板基础原设计 400mm 厚，现在变更为 250mm 厚。项目部按照专家论证的修补意见修补完成，可是现在还是渗水，应该如何处理？

解答：需要做工程质量鉴定，认定渗水是不是建设方的变更造成的，与混凝土材料厂商有没有关系，防水分包质量是否合格，排除所有因素后，再出解决方案。

防水层和抗渗混凝土筏板基础是两道防水工序，找第三方鉴定机构出具报告，采取一定的措施方案修复渗水，修复费用可通过责任比例分担原则处理。

1.4 施工工期及工程索赔答疑

问题 1：某市政项目，因为建设方场地移交比较晚，现在已经超出合同工期，但是现场无任何资料能说明延期原因。前期管理太粗放，一些措施是口头交代，管理人员离职的比较多。想进行工期索赔和费用索赔，解决这个问题还有其他方法吗？

解答：可以采用索赔方式弥补损失，比如建设方审批的文件日期可以指证建设方耽误施工进度。找到开工时间相关文件，并且找到移交时间的证明，如现场签证日期或会议纪要等资料日期可作为辅助证据。指证与质证环节，指证时有推理，并且质证时没有任何辩论，按指证文件就有可能胜诉。

问题 2：某项目合同工期为 360 天，实际施工工期为 935 天，工程鉴定出具的定额工期为 799 天，逾期交房赔偿问题怎么解决？

> **解答**：工期定额可作为鉴定依据，根据建筑施工合同，建设方不能无理由地强制施工方缩短工期，这样属于违约，应另行补偿费用。
>
> 应计算为 935 天－799 天＝136 天，按照 136 天延误的时长计算赔偿费用，此项目应该由施工方承担主要责任，应赔偿超出定额工期的费用。赔偿费用可分为建设方和监理方驻场人员工资，对购房者逾期交房的违约金。需要建设方取得相关证据以后得到赔偿的分项费用，如有文件证明交房违约金数额，可考虑是否为施工方直接造成的，承担责任是否可以分担等问题。

问题 3：固定综合单价合同，现在因建设方原因停工，复工后材料价格上涨，在复工准备时是否能够针对涨价的材料提出价格调整？如果可以调整，如何调整合理？针对固定综合单价可以调整吗？

> **解答**：因停工影响导致材料涨价的风险由建设方承担，但综合单价调整是不可以的，材料涨价的费用可以编制在赔偿文件中。停工还有很多需要考虑，比如周转材的租赁、人工涨价、停工人员安排安置等赔偿，应另行编制赔偿文件计算增加费用。
>
> 材料调整价格可参考市场价，也可按照工程造价信息中的综合材料涨价幅度调整。参考市场价格调整操作比较麻烦，必须双方约定材料供应商招标和市场询价，综合分析后形成一个中准价格，然后双方谈判决定调整后的材料价格。

问题 4：某工程项目由于要求压缩工期，所有周转材料均为一次性投入，但投标报价时都是按预算定额正常摊销考虑的，找到建设方赔偿一次性投入费用，应该怎么计算呢？此事在会议纪要中明确了，应该怎么向建设方申请赔偿？

> **解答**：必须拿到工期变更指令才能施工，会议纪要只记录了会议交谈内容，并没有确认此事是否成立，只有建设方出具通知单，明确变更合同总工期，才可以索赔到费用。
>
> 接到变更通知单后，再出具相应的措施变更方案。比如模板周转次数减少、交叉作业浪费人工、夜间施工费等，赶工方案相应增加的费用要报送建设方审批，最后再施工作业。

比如模板周转次数减少，根据变更后的施工方案与原来的施工方案对比，模板周转四次变成一次，可以适当地调整模板的消耗量。模板周转是不能考虑为主要费用赔偿的，如果建设方考虑模板剩余周转次数可用在其他项目中，此项赔偿就更少。

问题 5： 某市政项目，地下通道全长 1.17km，总造价 3.27 亿元，合同要求工期 120 天，查询定额工期为 400 天，合同约定逾期一天罚款 16 万元。实际施工期间由于拆迁进度慢和管线改移影响工期，造成工期滞后 90 天，施工方变更施工方案，所有周转材料全部一次性投入，针对这种情况工期延误需要赔偿吗？赶工措施费要计算吗？

> **解答：** 主要原因是建设方不想承担相关责任，需要收集拆迁进度慢和管线改移影响的证据。拆迁进度慢，需要找出工程进度安排、拆迁时间记录，找出延误期间的停工证据。管线改移影响要找到改移的时间，是否占据在工期主线中，使施工不能进行。找到相关证据以后，施工总工期减去影响工期后，实际施工工期如果未超过120 天，不计算工期赔偿费用。
>
> 赶工措施费的计取应以合同约定的工期为准，仅凭周转材料一次性投入不能作为需要补偿费用的直接证据，需要把投标时的施工方案和现在实际作业情况进行对比，找出变更后另行投入的费用。如果不能证明在赶工期，所发生的费用都包括在报价中。定额工期只是编制施工方案的参考，不是赶工期的证据。

问题 6： 项目部要求劳务分包赶工期，分包人在结算时按照二次结构工程量增加 50 元 /m³，针对分包结算增加部分没有依据，应该怎么处理？

> **解答：** 需要找到改变原有施工方案引起的费用增加。找出改变方案的时间节点，考虑从什么时间段开始赶工，非赶工时间的工程量还是按合同价格结算，只计算赶工期间分包人完成的工程量。
>
> 比如找出赶工期间夜间增加人工的数量，考虑夜间作业降效费用，找出赶工期间分包人从外借调工人的车费及食宿费用，借调工人增加工资补助费用等。这些事项需要统计出来，如果在施工时没有做好相应的统计，与分包人谈判时就没有依据，可以让分包人按此内容逐项申报，细分每项报价，再与现场管理人员核实作业情况后再结算。

问题 7: 某项目结合现场实际情况，深基坑支护时发生图纸变更，图纸备案以后发现图纸标注尺寸不足，需要增加工程量，此项费用可以向建设方索要补偿吗？

> **解答:** 施工方案变更需要建设方同意，向建设方申请变化内容，征求建设方同意后再施工，并且需要建设方项目代表人签字，然后再申请因变更增加的费用。施工方私自变更最终出现质量问题、进度问题都是由施工方承担，并且不能增加费用。
>
> 深基坑支护是措施费用，因特殊性需要出具施工图纸，经过审批才能施工，尺寸变化较大或者支护方式变化还需要审批，应按双方认可的深基坑支护方案进行施工。

问题 8: 某单位按照各标段具备现场施工条件的先后顺序进行施工，但由于建设方要求缓建，导致高层住宅楼的工期延误，但是合同总工期是高层住宅与别墅同时施工，而纸质的停工通知书下发时间比较晚，施工现场实际已经停工很长时间。合同中约定人工费不调整，此停工事件可以申请人工费调整吗？索赔如何谈判？

> **解答:** 可以从通知停工的时间开始计算人工费，一般都是以报告形式先通知建设方，谈判内容差不多确定后再写成索赔正式文件，因为编写得离谱会遭到建设方的反感，摸清楚对方的一些想法后再编写内容会比较靠谱。
>
> 本项目中的高层住宅部分要求停工，必须拿到停工令才能停工，联系函只是项目部单方发出的，不具有较强的法律效力，停工以后还要有建设方下发的复工令才能复工。
>
> 人工费索赔只有在建设完成后才可以申请，现在还没开始施工，还不确定人材机的变化幅度，也许之后材料价格降低，建设方还会反索赔。

问题 9: 因建设方原因，项目进场后还未正式开工，现在办理退场结算，施工措施费双方争议比较大，提出按照已完单方造价/总单方造价结算，但是没有依据，怎么解决？

> **解答:** 一般情况下技术措施争议比较小，主要是组织措施，比如说项目还没有开始建设，只是临时设施完成，按清单中的比例分析，计算组织措施费为零，可是实际投入成本较高。
>
> 需要把所有的诉求列清楚，拿到事实证据，有理由时才可以在谈判

中争取到费用。比如现场临时道路是一次性投入，后期施工中只是维修养护费用，需要把该项投入的成本全部列出来；再比如临时活动房的基础和活动房主体分开列项，活动房的基础是一次性投入的费用，而活动房主体可以按折旧方式计算，证实这些事实已经发生，谈判时也有理由可争取到费用。

问题 10： 在施工过程中应建设方要求，为了抢预售节点而配合赶工期，此费用应该补偿吗？如果是施工方为避免超出合同工期遭到罚款而自行赶工期，这种情况有费用补偿吗？

　　　　　　　　解答： 在一般情况下建设方要求赶工期，需要出具正式通知文件，口头交代的事件在结算时建设方往往不予认可。施工方在总工期内自行调整进度需要经建设方同意后方可施工，没有建设方认可时，施工方自行赶工期没有补偿。

　　　　　　　　想要顺利计取赶工措施费，需要在事前写出一套赶工措施方案，建设方认为可行后，能够确保预期完成再施工。赶工措施方案中需要明确与原来方案的差距，显示出增加了什么内容，用什么方式赶工，都发生哪些费用等。如果在措施方案中未明确费用计取的内容，最终结算会引发争议。

问题 11： 施工现场某楼层内梁板柱模板、钢筋全部施工完成后，在准备浇筑混凝土时接到设计变更通知，导致停工十天，模板支架须拆除 60% 左右，钢筋重新制作。这种情况可以向建设方索赔吗？

　　　　　　　　解答： 这是变更引起的签证，不应该编写索赔文件，按照现场实际发生的工程量进行签证即可。

　　　　　　　　模板拆除和钢筋拆除主要是人工费，钢筋的材料费用可按拆改工程量的 40% 计算，模板材料费可以不用考虑。增加清单中的模板安装和拆除一次的人工费即可，钢筋拆除可按计日工考虑签证，浪费材料数量按照实际统计数量签证确认。

问题 12： 施工合同中明确不调整材料差价，但是施工中出现了材料大幅上涨情况，怎么样才能争取到材料差价的调整？有没有相关的法律条文支持呢？在施工过程中，建设方拿到开工许可证的时间比实际开工时间推迟两个月，建设方未按合同约定支付预付款，此情况可以索赔吗？

解答： 合同约定的条款要按约定执行，不应调整材料差价。但是可以在施工过程中从实际发生情况找到调整材料差价的理由，比如因建设方延误工期导致材料涨价，建设方变更材料品牌导致价格变化，可以重新认价等。因建设方原因导致的材料价格上涨可以调整。

开工许可证办理时间推迟两个月，但是并没有影响项目施工，这不是调整材料差价的理由。未按合同约定付款，可以重新协商付款办法，比如可以向建设方索要贷款利息。

问题 13： 某项目施工时建设方要求压缩工期，在年前的销售节点上赶工，目标是提前80天完成主体结构封顶。对于这种压缩工期的情况，可以索赔到哪些费用？可能会带来哪些风险？

解答： 压缩工期需要增加项目管理人员、分包队伍、机械设备、周转材料，间接增加成本还包括人工作业面降效费用、各工种交叉作业影响增加费用、夜间施工降效费用、加班工资补贴以及涨薪费用、安全文明施工方案增加费用等。

编写索赔报告时要注意索赔内容的真实性，找到该事件的直接证据，如现场照片、发生的分包合同、租赁合同、采购清单等，有直接证明性的材料提交给建设方。

压缩工期的风险有质量风险、承诺风险、建设方不支付风险。质量风险是指压缩工期超过合理范围之外，有可能发生工程质量问题。承诺风险在实践中经常发生，例如，建设方要求提前80天完成主体结构封顶，施工方在截止日前赶工70天，然而建设方不认可赶工费用。建设方不支付风险是指建设方讨价还价，口头交代没有形成正式文件，结算时发生争议的风险。

问题 14： 某项目处于半停工状态，原计划工期26个月完成，由于建设方的原因，延长了半年工期，建设方要求第三标段暂停施工等待通知。此情况如何编写索赔文件？本项目是总价包干合同，从哪方面提出费用比较合理？

解答： 延长工期可以分项列出索赔明细表，比如增加项目管理人员工资、分包队伍停工窝工损失、机械租赁或停滞发生的费用、材料涨价发生的费用、周转材料摊销增加费用，间接增加成本费用包括文明施工费用维护和摊销、分包工人工资涨价费用、设备折旧增加费用、作业界面停工的保护措施等。建设方要求暂缓施工，需要按暂缓施工文件要求编制索赔报告，结合发生的事实情况，将已经发生和复工后将要发生的增加的费用列清楚。

总价包干合同与建设方要求暂缓施工没有关系，暂缓施工属于合同外的签证。合同约定以外的内容可以根据实际情况增加费用，但是需要建设方认可所发生的事实。

问题 15： 按合同约定工期已经延误两个月，随后发生了不可抗力事件，工期再次延长，由此造成的工期延误损失是否由施工方承担？

解答： 合同工期的违约责任与不可抗力事件的责任不应合并。因工期延误产生的损失应由施工方承担，而因不可抗力事件造成的损失则由各方自行承担。如果根据当前工期情况，项目已延误两个月，但通过赶工方式使总工期不发生变化，则施工方对此不负责任。此后，由于不可抗力事件导致的工期延误应由建设方承担。

问题 16： 因为不可抗力事件停工，现在刚复工两天时间，相邻的施工工地又发生了安全事故，有关部门要求统一停工整改，请问索赔工期应如何计算？

解答： 复工前的工期影响是建设方责任，但复工后又停工整改造成的工期延误损失由施工方承担。因安全事故整改发生的停工损失，是现场文明施工不符合相关要求所造成的，应由施工方承担。

计算索赔工期时，停工整改的工期不考虑，只考虑不可抗力事件对应的工期补偿，结算时按照约定总工期再加上不可抗力事件导致延长的工期进行考虑即可。

1.5 预算定额疑点难点答疑

问题 1： 目前为什么有些地区非国有投资项目还在使用预算定额计价？预算定额计价适用性强还是清单计价适用性强？预算定额计价和清单计价最大的区别是什么？

解答： 有些地区非国有投资项目还使用定额计价，是市场决定的。特别是房地产开发项目，前期手续还未办理完成就着急开工，图纸只是初步设计阶段，常常是边施工边设计，这样能节省施工工期。这种情况下后补手续不影响施工，采用预算定额计价结算方式可以快速达成合约。还有工业厂房项目，建厂比较偏远，签订预算定额计价方式的合同有利于赶工期，早一日投产早一日能见到收益。在没有可控数据的情况下，采用预算定额计价下浮的方式交易，实质变为成本加酬金合同，施工方利润率固定，人工、材料、机械的价格到工程结算时按实结算。

预算定额计价适用于计划经济年代，清单计价适用于市场经济。目前清单计价适用性强，工程结算时采用清单计价，可以减少甲乙双方"扯皮"，对施工方有利。比如按完成工程量拨付工程款，采用预算定额方式进行工程量计算和计价，双方核对耗时较长，如果采用清单计价就可以快速确定工程量，及时支付工程款。

预算定额计价和清单计价最大的区别是分项不同。预算定额计价分项比较复杂，清单计价分项很明确，综合性强。

问题 2：某别墅项目，楼板空洞比较多，是小跃层的设计。现在需要做成本测算，时间紧、任务重，但核算建筑面积比较麻烦。请问成本测算是按实际建筑面积还是按照施工图纸中的建筑面积？哪个建筑面积测算出来更接近实际成本？

解答：应按照实际建筑面积做成本测算。首先，施工方与建设方工程结算按照建筑面积计算的清单项要按照实际面积结算，施工图纸中给出的建筑面积仅是参考；再次，劳务分包是按实际建筑面积进行结算的。比如先把建筑面积计算出来可控制分包付款节点，按照实际建筑面积为单价进行核算，是拨付分包工程款的依据。

在投标报价时计算建筑面积很重要，对估算造价影响较大。无论是对外报价还是对内管理，都需要计算出实际建筑面积。必须掌握建筑面积计算规范才能够做好成本测算，可以学习住房和城乡建设部标准定额研究所发布的《建筑面积计算规范宣贯辅导教材》，掌握精准的建筑面积为工程结算做准备。

问题 3：天津市某 LNG 加气站项目，现场道路由于雨季施工重车碾压，需铺筑 300mm 厚石子。雨季连续降水，石子铺筑了 8 次，预算定额的安全文明施工费中是否包含施工道路的石子铺筑费用？

解答：天津市预算定额规定，文明施工范围是现场面积，超出建筑物占地面积的四倍后另行计价。需要考虑现场道路铺筑的面积是否在文明施工范围内，如果是在施工现场铺筑石子，不应另行计算费用；如果是在通往现场的道路铺筑石子，则要考虑现场签证。

如果施工现场铺筑石子，但是现场路基承受不了重车碾压，路基软土处理部分可办理现场签证。如果施工现场为淤泥层或软土层，为确保正常施工，需要建设方确认现场实际情况，可采用钢板铺设道路，编写施工方案，办理现场签证。

问题 4： 合同约定按预算定额下浮的方式结算。请问，应在税前还是在税后下浮？税务局征收税是看合同交易额、结算额还是按入公司账户的钱？

解答： 投标时应在税前下浮，税金不参与竞争，如果采用预算定额方式结算，结算时是用下浮后的金额计算税金。只有交易才会发生税金，支付工程款的同时就要报税，建设方支付到施工方账户中每笔钱都是含税的。

流转税是由购买方承担的，因此购买方支付的金额中包括两部分：一为归销货方的销售款，二为归国家的税款。建设方就是购买方，支付工程款中包括税金。我国实行增值税以后，需要做到"三流合一"，即发票流、货物流、资金流的数据相同，结算付款就是资金流，建设方支付的工程款与开发票的数据应相同。

问题 5： 预算定额上的模板是按几次周转考虑的？预算定额中的模板是按租赁还是企业自有编制的？

解答： 预算定额中的模板周转次数是定额站测定的，从消耗量中可以查看到周转次数。要扣除材料损耗再考虑周转，许多地区的预算定额考虑 5 次周转。例如预算定额子目中的消耗量是 18.4m²，定额子目中的单位是 100m²，100/5=20（m²），20-18.4=1.6（m²），其中 1.6m² 是模板每次周转的损耗。说明该预算定额是按 5 次周转考虑的。

定额子目的模板是综合消耗量，有支撑体系（钢管、扣件）和模板、木方的消耗量。在实际施工过程中支撑体系是租赁方式，模板、木方是企业自行采购，有些地区的预算定额中模板的支撑体系是企业自行采购，这个需要根据地区预算定额分析，咨询当地的定额站即可。

问题 6： 我方正在与建设方谈判的是别墅项目，按照预算定额结算，需要在预算定额计价的基数上上浮吗？需要上浮几个点？

解答： 别墅项目按照预算定额计价需要根据建筑特性考虑，其中钢筋含量 50 ～ 60kg/m², 混凝土含量 0.45 ～ 0.55m³/m², 主要材料含量较高的工程不需要在预算定额计价的基数上上浮。预算定额中的钢筋、混凝土分部分项工程利润高, 含量越大利润越高, 别墅项目层数少, 基础和屋顶的钢筋、混凝土均摊到建筑面积中, 所以含量较大、利润高。

别墅项目按预算定额计价需要上浮的情况是由于造价人员对定额不熟悉, 套用定额时缺项、漏项, 没有考虑计算规则及说明, 只考虑预算定额计价上浮才是正常利润。

例如某些造价人指出模板工程的人工费较低, 可是模板人工费中支拆模板斜板时预算定额计算规则需要乘以系数 1.3, 通过计算规则调整后要比市场价高。例如外挑檐构件按现浇板计价, 人工消耗量相差较大, 造价人只有完全吃透预算定额, 才能不缺项、漏项、错套定额。

例如某些造价人指出别墅项目层数较少, 模板周转次数减少要增加成本。预算定额计算规则中, 有斜板的模板支撑材料消耗量需要乘系数 1.2, 通过计算规则调整后要比实际消耗量大。平板模板的一次周转和多次周转区别是模板材料出场费、资金占用利息, 本单体建筑减少周转时, 可放在其他单体建筑中使用, 或者另一个项目中使用, 不存在损耗、损毁模板, 成本不会增加。

综合上述情况, 经过测算和估算去验证预算定额上浮的方法可靠性再做决定, 仅凭借经验上浮是不可靠的思维模式, 需要有相关数据和经验支撑才能决定下浮或上浮。

问题 7: 外墙的玻璃幕墙为专业分包, 劳务分包合同约定是按建筑面积计算, 劳务分包结算时, 幕墙还要计算建筑面积吗?

解答: 劳务分包合同约定是按照建筑面积计算规则执行, 单体工程的全部构件形成的建筑面积要计算。玻璃幕墙分包与劳务合同没有任何冲突, 玻璃幕墙部分需要计算建筑面积, 除非劳务合同明确约定按照结构楼板面积或轴线间面积计算。

建筑面积计算规则中, 外围护结构需要计算面积, 装饰性构件不计算面积。外墙玻璃幕墙是外墙的围护结构, 应按照主框外边线计算建筑面积。

问题 8： 合同约定按预算定额下浮一定比例结算，工程造价信息中没有的材料进行认质认价。防腐木栏杆需要认质认价，询价为专业价格是包工包料，含材料、税金、运费、安装的价格，施工方提出需要增加施工企业的管理费、利润、税金。因为合同约定支付工程款为商业承兑，施工方支付专业分包人为现金，还要计算资金利息。这样考虑，增加相关费用合理吗？

> **解答：** 需要重新认质认价的材料，一般在施工过程中双方协商共同确定采购价格。针对金额较大的分项材料，可以采用二次招标方式进行采购，甲乙双方共同选择中标人确定材料价格。
>
> 可以划分为原材料、半成品、成品三种定价方案。原材料的集中采购采用二次招标方式解决；半成品要认定落地价格，组织甲乙双方和监理工程师进行招标确定价格；成品构件现场组装或专业的施工工艺，要由分包单位出具详细的施工方案，然后组织甲乙双方和监理工程师进行招标确定价格。
>
> 合同中约定的付款方式与分包付款无关，正常应该现金支付，建设方以商业承兑方式付款，属于施工方中标的让利条件。成品构件现场组装或专业的施工工艺，总承包如果不参与组织施工，建设方可以另行分包。专业分包要留给总承包服务费，专业分包的税金可抵扣到总承包，其他费用总承包不能再另行计取。

问题 9： 公司接了一个机场跑道项目，填报的钢筋单价为 6300 元/t，综合单价比较高，其中包括了现场临时围护和拆除围护内容。可以按照预算定额下浮 25% 进行成本测算吗？

> **解答：** 预算定额下浮方式进行测算适用于住宅楼之类的房建工程项目，市政类型的大型土（石）方项目以及主要工程量为混凝土的项目，必须了解市场价格行情与工程造价信息两者之间的差价。
>
> 市政类型的项目，可以通过优化机械碾压遍数，调整基础垫层配合节省材料等获取利润，但是市场价格变化幅度风险较大，主要赚钱的地方还是材料差价方面，主要材料是钢筋、混凝土、基础垫层这三项内容，还要考虑材料运费问题。
>
> 本项目列项少，工程量大，如果其中一项内容套用预算定额有争议时，可能涉及的金额巨大，所以必须在确定合同之前把每项定额子目或清单内容确定下来，然后再进行成本测算。

问题 10: 某项目是多层洋房小区,地上为八栋多层住宅楼,中间是地下车库部分,地下车库与多层住宅楼的地下室,仅是通道处相连。按照山东省消耗量定额结算,施工方提出:"因工程类别取费不同,楼座与地下车库相连需要把车库建筑面积相加。"应该怎么处理?

> **解答:** 对于采用预算定额的结算方式,当单体工程超出预算定额中规定的指标时,取费标准应进行相应调整。例如,建筑面积、檐高、跨度等因素的变化会导致取费标准的不同。然而,施工方有时会试图通过混淆概念来调整取费标准。
>
> 单体工程可理解为具有独立使用功能,比如一栋楼和一个地下车库相连,使用功能并不会影响,相连处通常会把使用功能范围界线划定为楼主墙外侧。比如一个体育馆就是一个整体不能切分,这样取费标准就比较高,施工方存在概念错误,主要还是想以此提高取费标准。

问题 11: 某项目的地下车库面积较大,砌筑和装修材料是从地面人工运输到地下室二层,中标清单内只有垂直运输费分项内容,可以向建设方申请增加费用吗?

> **解答:** 预算定额中包含了楼内的周转运送材料费用,还包括了材料从仓库运至楼内的费用,不应向建设方申请增加费用。
>
> 现场施工是依据施工组织设计进行作业的,如果由于建设方原因改变施工方案必须有建设方签字确定,然后形成签证再结算。投标时需要在施工组织设计中考虑费用,在没有改变施工方案的条件下,运送材料所发生的一切工作内容都包括在报价中。

问题 12: 因施工场地狭小,主楼所用的材料从地下室底板采用两台塔吊转运。施工方要求垂直运输费按照从地下室底板到主楼檐口高度进行计算,但是预算定额规定是按室外地坪到檐口高度计算,如果从地下室底板计算高度,预算定额已经综合考虑材料堆放场地的位置,这样考虑正确吗?

> **解答:** 场地狭小可以计取二次搬运费,施工方在投标时应考虑在清单报价中。如果仅是两台塔吊从单体建筑之间倒运,属于施工组织设计内容,不能计取二次搬运费。
>
> 预算定额中的垂直运输分为地下垂直运输和地上垂直运输,应按照预算定额分别计取费用。在两个单体建筑之间的垂直运输和水平运输都包括在各项的定额子目中,不另计算费用。

问题 13：钢结构工程的钢网架措施费中，钢网架滑移费用如何套取定额？

解答：钢结构工程包括构件的制作、运输、安装，钢网架措施是安装过程中的所搭设的措施。钢结构安装方式可分为工厂拼装完成、现场进行拼装。工厂拼装完成运输成本增加，预算定额内区别是构件的三类运输和一类运输，如果是现场进行拼装，运输成本减少，要增加现场拼装定额子目。

钢网架滑移费是钢结构安装时在现场拼装所采取滑动平台设备措施发生的费用，预算定额内的钢屋架一般考虑 10t 以内、长度 24m 以内的构件采用吊装施工。如果实际发生拼装要计算拼装平台以及滑动平台设备的费用，在施工方案中体现出来。

如果在招投标文件中，措施费中列有该项清单，考虑实际施工不需要滑动平台设备，报价时不应填写此费用。

问题 14：某项目是在边坡顶部施工，由于边坡较高，施工方计取了从边坡底部搬运材料至边坡顶部的费用，此费用是二次搬运费吗？

解答：预算定额中的二次搬运费不包括上坡负重的消耗。如有条件可使用垂直运输机械，不应计算二次搬运费，需要结合现场实际情况计算。

如果合同中没有约定，可以办理签证或补充合同，但是要有施工方案做支撑，双方协商确定价格。在施工方案中注明搬运方式，所发生的人工、机械、材料可以按实际发生进行现场确认，应分别统计办理签证。

问题 15：施工方案中土方工程为边开挖边外运，但是由于广州市内白天禁止运土车辆通行，施工现场场地狭小又无法堆放土方，建设方提供了一处场外距离 2km 的土方堆放点，双方已经办理签证。另外，开挖土方为淤泥，运送时做法是先转运到一个较近的堆放地，在此堆放地晾晒后，晚上再运至其他场地。审计人员认为合同中约定措施费包干，办理签证也不应该增加费用，应该如何处理？

解答：合同中约定措施费包干是以当前情况包干，并不是无限包干。如果施工方案中注明有淤泥的情况，并且已经编写了场外转运情况，施工方应自行考虑土方转场晾晒，投标时施工方应充分了解地区的特性及现场周围条件，将此内容包括在投标报价中。

如果地质勘探报告未说明地下有淤泥的情况，并且在施工方案中未体现，挖出淤泥后应另行办理签证，需要提供记录资料，比如现场照片、时间、部位区域、淤泥性质界定方式等，有必要时还可以做成视频文件等辅助资料，通过处理方案或者参照定额消耗量计算出人材机的消耗，单价确定可参考市场价和信息价格。

有现场签证的文件不等于必然增加费用，只能证明现场发生的事实情况，这个知识许多从业者概念混淆不清，也有许多是重复签证，审计时可能会扣除。

问题 16： 乡村道路预算用公路定额还是市政道路定额？室外道路工程与市政道路的界线在哪里？一般怎么区分，有什么依据？

解答： 公路和市政道路应按行政划分来区分，可依据设计图纸，按照土地规划性质选用定额。市政道路属于地区（市）管辖范围，公路属于国家管辖范围。

室外道路工程与市政道路一般以小区围墙为界，以内采用市政做法或定额注明规定，可使用市政定额。

1.6 地基处理及桩基础成本答疑

问题 1： 某项目施工方案中，土方按两步开挖方式考虑，为了不设基坑围护措施，采用扩大开挖基坑的工作面，实际施工时也采用两步开挖进行放坡。在回填土方时，把渣土填埋到第一步开挖处，可是此处占用了室外道路的规划面积，路面下的雨污水管道设计有灰土垫层，正好管道基础在渣土填埋处，需要重新挖除换土处理。这种情况可以办理现场签证吗？该费用由谁承担？

解答： 所发生的额外费用由施工方承担，不应再办理现场签证。施工方案中按两步开挖的方式是错误的，其影响到室外工程的基础设施的组织设计，属于违规作业。不能超过预算定额规定最大工作面施工，不得扰动室外设施的基础部位。土地购买者是建设方，施工方只有施工的权利，不能破坏现场地基土方，地基如果造成破坏，回填时夯实土方密度应大于自然土方密度。

问题 2： 桩基检测的费用是建设方承担吗？有些地区大应变检测、小应变检测是建设方委托第三方完成，有些地区小应变检测是施工方完成，大应变检测是建设方完成，此费用怎么界定？

解答： 预算定额的企业管理费中包括工程检测费用，制作安装到工程部位的构件都必须检测质量合格，由施工方承担检测费用（地区定额注明除外）。如果建设方另行分包桩基，该检测费用由分包方承担，因为建设方是将此分包项交付给分包方，质量合格才算完成任务。

如果合同中没有明确注明应该哪方承担此项费用，可依据法律法规认定该事件。参照《住房城乡建设部 财政部关于印发〈建筑安装工程费用项目组成〉的通知》（建标〔2013〕44号文）附件一："检验试验费是指施工企业按照有关标准规定，对建筑以及材料、构件和建筑安装物进行一般鉴定、检查所发生的费用，包括自设试验室进行试验所耗用的材料等费用。不包括新结构、新材料的试验费，对构件做破坏性试验及其他特殊要求检验试验的费用和建设单位委托检测机构进行检测的费用，对此类检测发生的费用，由建设单位在工程建设其他费用中列支。但对施工企业提供的具有合格证明的材料进行检测不合格的，该检测费用由施工企业支付。"

《建筑与市政工程施工质量控制通用规范》（GB 55032—2022）第3.4.1条："建设单位应委托具备相应资质的第三方检测机构进行工程质量检测，检测项目和数量应符合抽样检验要求。非建设单位委托的检测机构出具的检测报告不得作为工程质量验收依据。"

检测分为工程质量、构件和原材料三类。工程质量检测费由发包人承担，因其用于工程验收。构件和原材料检测费由承包人承担，因其用于验证所提供材料或设备（构件）的质量。但若发包人要求额外进行构件检测，则由发包人承担相应费用。

问题3： 某项目建设方将土方另行分包，剩余清理槽底和修整边坡的工作由施工方负责。分包方挖土机械作业没有达到挖土深度，再由施工方安排人工和机械小面积开挖，施工方另行按机械台班费用，支付了机械使用费180万元。合同约定采用预算定额计价下浮5%的方式结算，按照合同结算此项费用只计算了50余万元，施工方如何得到费用补偿？

解答： 预算定额规定基底和边坡余留厚度≤0.3m的人工清理和修整，可将分包方挖土机械作业没有达到挖土深度的部位进行工程量确认，找建设方签字核实，此工程量应该按机械作业零星土方计算，可办理现场签证，还要计算人工清运及汽车槽外运输的费用。

参考预算定额说明："机械挖土方工程量，按机械挖土方90%、人工挖土方 10% 计算，人工挖土部分执行相应子目人工乘以系数 2"，可知人工挖土方按本项目的全部土方工程量乘 10% 计算，然后再以人工挖土定额子目的人工消耗量乘以系数 2，这样计算出来可以保证不亏本。

计算出来 50 余万元可能是没有看预算定额规则，将现场签证的费用和预算定额计算的费用相加，应该超出实际发生的成本费用。

问题 4： 地下车库的下返梁两侧回填级配砂石，所用级配砂石材料全部是从基坑内挖出来，筛选比较好的砂石留在槽内使用。建设方认为，回填所用级配砂石没有购买，只计算回填的人工费。施工方认为，基坑内挖出的砂石本身应该按土方外运，所以筛选出来的砂石材料应计算费用，怎么解决合理？

> **解答：** 施工方只有施工建设的权利，没有使用土地权和建设方提供的土地利用权。挖出的土方、砂石材料都应该归建设方所有，或者外运后售卖的收入归建设方所有。
>
> 施工方将在基槽内挖出来的砂石材料作为回填材料需要提供材料合格报告，检验试验合格，并且在建设方准许的情况下才可以使用，筛选的人工费用由建设方承担，所以扣除砂石材料价格是合理的。

问题 5： 建设方对桩基工程采用专业分包，分包人打预制混凝土管桩预留超长，施工方在基础内施工时需要全部截桩，可以找建设方办理现场签证吗？桩头场外运输费用也比较多，怎么找建设方办理现场签证？

> **解答：** 合同中有约定按约定，无约定按规定。如果合同中的桩头包括外运就不能再计算运输费用以及垃圾清运费。如果合同描述不清楚，可以通过现场签证解决。
>
> 一般在合同中是按照图示尺寸计算出工程量并且约定价格的，分包人未压入土层的桩头属于超出图纸范围。按照规范要求，打预制桩要打至设计标高处，超出部分需要截桩处理，施工现场每根桩都需要截掉，甚至还要二次截取，此情况已经超出合同范围，因为桩头截桩是按根为计量单位，所以要增补费用。
>
> 由于桩头预留超长，机械挖土时作业臂受到限制，要先把工程桩截掉，然后再挖至槽底，最后截至设计标高，这样导致增加截桩以及掏挖桩间土方的人工，需要做现场签证。分包人为了节省送桩工序，截桩以后剩余废桩头需要外运，应另行计算费用，还应计取塔吊把桩头从基槽内吊运到槽外边增加的费用。

问题6： 在施工合同还未签订情况下，为赶工期现场先完成桩基工程，地勘报告中显示面层为 8m 左右新回填土，桩护筒拔不上来，是否可以找建设方办理签证？

> **解答：** 将桩护筒拔出来是合理的施工工序，应包含在报价中，不应另行计算费用。签订合同之前，施工分项内容可以放在合同之后再补签认，但是本事件不应办理签证。由于基础地质与常规情况不同，导致施工成本增大，在投标报价中要充分考虑此项费用，是专业分包施工应该预见的风险。

问题7： 考虑到某项目的地质条件为喀斯特地貌，施工方在打预制管桩的时候为保证桩基质量，没有进行送桩工序，现场监理、建设方同意本施工方案。但是在结算时，争议点是合同约定按清单计算规则（计算有效桩长），实际施工情况是按入土深度打桩（不送桩），那桩长度是按清单计算规则还是实际入土深度计算？

> **解答：** 建设方同意施工方案以后，需要编写签证文件再结算。原图纸中工程量正常结算，签证部分另行增加。
>
> 如果改变地基承载力，还需要取得设计单位同意，有设计变更才能顺利结算。施工现场建设方管理人员和监理工程师签认的资料，有违背原设计方案时不能作为结算依据。本项目结算时扣除送桩费用，增加桩材料费用。

问题8： 某项目的地基是锚杆施工，专项施工方案中已经描述需要预留土层施工，但是投标时，土方开挖清单费用中没有考虑挖桩间土的费用，建设方说："属于承包人可预见、应考虑的风险及措施。"这种情况结算应该如何处理？

> **解答：** 预算定额中的土方工程量不分开挖层数，而是考虑综合消耗量，预算定额说明中有挖桩间土的增加系数。本项目是综合单价合同，挖桩间土作业所增加的消耗量已包括在综合单价中。
>
> 专项施工方案与投标时的技术标不符时，需要建设方同意后方可变更施工方案。专项方案需要专家论证内容，但是论证事项不涉及预留工作面的内容，所以增加此费用可能性不太大。

问题9： 桩基施工完成后，因 5 根桩检测不合格，现在设计已经出具补桩方案，施工方单独补桩需要补偿移机、单独购置桩增加的成本和机械窝工等费用，这类事情怎么处理？

解答： 本案例中补桩属于设计变更，出具正式变更通知单按照变更结算即可。大型机械进出场需要增加一次费用，按照报价清单中的该项单价考虑，机械窝工停工等费用不应计取，因为某项构件变更引起的工期延长属于合同范围内。第三方检测属于建设方委托，复测费用应由建设方承担。

1.7 现场文明施工争议答疑

问题 1： 施工红线到施工场地比较远，建设场地比较宽阔。实际情况是建设方和施工方领导关系好，所以已经开始进场搭设临建了，还没有正式投标报价，所以没有编写施工组织设计。有哪个规范注明了临时用电的距离吗？这种情况怎么结算？

> **解答：** 一般情况下这样的工程最终结算要按照预算定额结算，预算定额范围要确定现场内的面积，即临时围墙内面积，如果现场没有砌筑临时围墙，比如天津预算定额是计取首层面积的 4.5 倍为现场面积。超出现场面积外所接通的临时用水电设施，办理现场签证即可。

问题 2： 施工方在红线内修建了一条永久性道路，现在当作临时道路使用，后期可变为室外工程的道路。请问此道路费用属于安全文明施工费吗？还是需要另行结算费用？

> **解答：** 需要看合同内容约定情况，经过规划审批的图样是室外工程的道路，临时道路是施工方的施工组织设计中用作工程材料临时运输的道路，两者区别在于性质不同，工程做法也不同，不得混淆。安全文明施工费中包括临时道路，在施工组织设计中已经明确铺设面积及工程做法。
>
> 如果施工方先修建室外工程的道路，按图纸工程做法完成，并且质量验收合格，应按投标报价中对应的价格结算，而且文明施工费中包含临时道路实际没有铺设，也不应扣减文明施工费，因为施工方做好了相应的措施防护，已经完成合同约定的各项内容。

问题 3： 甲方另行分包桩基和基坑支护工程，做基坑支护时需要破碎施工现场混凝土路面，建设方要求施工方完成破碎工作，该部分的费用建设方现场代表不确认签字，理由是在投标时勘探现场应考虑到该费用，应该如何考虑该费用？

解答：基坑支护尺寸应该按照建设方给出的基坑支护方案图纸确定，需要考虑工作面的尺寸，开挖尺寸范围内原有路面破碎应该由分包完成，如果建设方指定施工方完成就需要办理现场签证。投标时勘探现场时只能看到地表以上的现地，并不会看到地下障碍物，原有路面应该归类为地下障碍物，此方面所发生的费用需要建设方承担。

建设方另行分包项目是支护桩的打孔、浇筑、桩制作以及土壁支护，因桩基打孔时受原有混凝土路面影响，需要破碎时，应该由分包人找建设方进行费用签证，而不是施工方的作业任务。这种情形多数情况是项目管理松散，没有意识，建设方现场代表人乱指挥造成的。不在承包范围之内的工作不应指令项目经理完成。

问题 4： 临时道路施工时，现场的地质条件较差，挖开后路基内有部分为淤泥，需要进行换填土方处理，此项签证合理吗？

解答：建设方提供的施工现场地基内有淤泥要办理签证。合同约定建设方应做到现场三通一平，现场的场地平整要合格，这属于建设方的服务范围。

路基内出现淤泥需要向建设方申报处理方案，明确处理的方法、处理范围以及作业方式。还应该证明淤泥的分布情况，是场地原有淤泥还是雨季形成的淤泥，如果是雨季未及时排水形成淤泥，此项处理就属于施工方的文明施工作业范畴，由施工方承担此项费用。

问题 5： 某项目分两期施工，现场彩钢板围挡由建设方单独招标，我公司中标第一期的项目，该围挡搭设范围是第一期和第二期。结算时建设方从总合同价中扣除围挡折旧费用，我公司也参与围挡的拆除工作，应该如何处理？

解答：围挡所用的材料和人工费都包括在文明施工费中，报价中已经考虑此项费用。建设方应扣除此部分围挡折旧费用，后期拆除人工费应该是施工方承担，因为建设方只计算了折旧费用，搭设和拆除人工费都应该施工方承担。第二期不属于本单位施工，但是参与了拆除围挡工作，应该均摊此项费用，第二期的施工方补偿第一期施工方的围挡拆除用工费用。

问题 6： 施工现场办公活动房占用市政道路位置，建设方选择在 1km 外位置新建活动房，增加临时设施费用 18 万元，这笔费用如何处理？

> **解答：** 首先考虑活动房为什么要搭在市政道路上，应该在红线以内或施工现场围墙以内，如果因为施工现场狭小，必须搭在市政道路的位置，要经过建设方同意并于指定地点搭设。随意搭设活动房造成的风险较大，比如大雨冲刷活动房带来的损害，所以必须找到合适的搭设位置并且经建设方签字同意，或者在施工方案中详细确定位置。

问题 7： 为保证运输材料车辆的通行，某项目对地下室的混凝土顶板进行加固，将车辆通过的位置使用临时架体进行支撑，建设方认为此项属于措施费，不计取费用，此说法合理吗？

> **解答：** 地下室混凝土顶板加固属于施工方增加的措施，在投标报价中应该考虑，不能另行在施工过程中签证。混凝土顶板超过设计荷载时，采用加固方式是违规作业，建设方同意后需要有方案支撑，如有发生质量问题还要施工方负责，现场可以采用小车分批次运输材料从而解决水平运输问题。

1.8　工程结算争议答疑

问题 1： 在建的一个项目，合同约定结算方式为成本加酬金，约定在实际发生成本价格的基础上再加 8% 为结算价款。现在项目快要完工了，因建设方无法控制实际成本，双方协商只能采用预算定额计价方式结算。在结算时，审计方和建设方认为，预算定额子目中的管理费和利润采用测算实际成本方式确定较为合理，依据南京市相关计价文件，采用预算定额计价下浮 7% 为结算依据，然后扣除预算定额里面的管理费和利润以后，再增加 8% 的酬金结算，这样操作是否合理？

> **解答：** 这种方式与定额计价结算数值相差不大，人工、材料、机械和税金占总造价的比例较大，房建项目一般在 80% 以上，总体下浮 7% 以后减掉下浮后的管理费和利润下浮后的值，然后乘系数 1.08 为结算依据。
>
> 先计算出来定额正常结算的下浮数据，然后与这种方案的数据作对比，如果两者数据差值在 3% 以内可作为结算依据。双方发生争议时，工程鉴定结果是按以往经验考虑，不至于只按预算定额下浮 3% 甚至更多，所以双方协商处理为好。

问题 2： 某项目合同价款 3000 万元，施工方结算申报 1200 万元的二次倒运费和材料上涨费用。遇到这种情况如何审计？

> **解答：** 作为第三方参与审计服务，按照证据资料进行结算。结算价款的增减必须有相关证明资料，实际发生了二次倒运费而施工现场未办理现场签证或变更资料，可让甲乙双方补办手续或者提供相关辅助证据，并且拿到双方均认可的资料。
>
> 材料涨价的费用，按合同约定条款结算，如果合同未约定，可按照《建设工程工程量清单计价规范》（GB 50500—2013）条文说明中第 9.8 小节"由承包人采购材料和工程设备的，应在合同中约定主要材料、工程设备价格变化的范围和幅度，如没有约定时，材料单价变化超过 5%，超过部分的价格应按照价格指数调整法或造价信息差额调整法计算调整材料、工程设备费"进行调整。2025 年 9 月 1 日后，则按照《建设工程工程量清单计价标准》（GB/T 50500—2024）第 8.7.2 条"其市场价格波动幅度超出 5% 时，可按本标准附录 A 的方法之一调整合同价格"进行调整。
>
> 如果申报资料无依据，为体现公平诚信原则，遵循客观事实原则，可适当宽限时间让施工方寻找证据，三方达成共识，以公平诚信为目标据实结算。

问题 3： 某项目施工方已经中标，在施工过程中一栋住宅楼从 34 层变更为 41 层，一栋商业楼共 4 层，其中一个楼层高度由 3.6m 变更为 4.6m，施工方提出补偿方案，要求按照建筑面积计算超高降效增加费 36 元 /m²，脚手架增加 7 元 /m²。增加此金额应该按全部建筑面积计算还是仅按超出部分的建筑面积？应该计算超高费吗？

> **解答：** 在合同中没有约定变更措施费增加的计算方法时，可参照预算定额确定措施费用。住宅楼由 34 层变更为 41 层，增加了人工及机械降效费用，依据预算定额计算规则，分别计算出 41 层与 34 层楼的超高降效费用，两数相减求出增加的超高降效费用，然后采用预算定额计算出来的 34 层楼超高降效费用与中标价格中考虑的降效费用进行对比，求出报价浮动率按比例增减确定补偿金额。
>
> 针对商业楼层高由 3.6m 变更为 4.6m，是楼层超高，并非建筑物超高，应计算模板支撑超高费用。按照预算定额计算规则，楼层超高应计算满堂脚手架每增高 1m 和模板支撑超高增加费，依据相应的

定额子目计算出超高费用。

脚手架一般为租赁，租赁费是按租赁时间计算的，并不存在周转增加相关费用，住宅楼和商业楼增加楼层高度，计算这段高度之间的脚手架工程量即可。

问题4： 审计结算资料的三个问题：（1）项目签认结算范围与施工方施工的范围不一致，如何办理结算？（2）合同中明确约定是施工方的工作内容，但是建设方的项目管理人员在现场签证单中对此内容又同意由建设方承担，例如现场临时道路、活动房，如何办理结算？（3）合同中约定材料品牌与实际施工时采购材料不同，如何办理结算？

> **解答：** 项目签认结算范围只是统计施工范围，应按实际施工范围内容办理结算；合同中明确约定是施工方的工作内容，而建设方又补充签字确认，要核实清楚是否重复签证，如果不是重复签证内容，比如现场临时道路建设完成以后，因为其他原因又扩充场地，此工作内容另行结算；合同中约定材料品牌与实际施工时采购材料不同，属于材料变更，可通过双方认质认价办理结算。如果是施工方随意采购材料，并未经过建设方允许变更，属于偷工减料，建设方可以提出索赔或协商扣款，形成办理结算的依据文件。

问题5： 建设方把防水、保温、桩基、门窗进行专业分包，多家分包都使用此条临时道路，施工方可让这些专业分包人承担一部分施工现场内临时道路的费用吗？可以找建设方再增加费用吗？

> **解答：** 临时道路的工程量是按照施工方案铺设的，投标报价内已经包括，不应另增费用，除非现场需进行路基软土层处理或因建设方原因扩大临时道路面积，不应再签证。
>
> 防水、保温、桩基、门窗等专业分包占用临时道路的费用包含在总承包服务费中，不应另计取。如果投标报价时建设方没有考虑总承包服务费，可向建设方提出补偿。配合服务费包括水平运输、垂直运输、文明施工、临水临电等，其中临时道路包含在水平运输中，所以临时道路不能增加费用。

问题6： 某项目建筑规模150000m²，围墙、临时道路、临水临电等文明施工已经完成，建设方改变方案让我单位只做50000m²的工程，其余部分由建设方再找其他施工方完成，并且 50000m² 的工程中建设方又指定专业分包人。该项目的安全文明费的界面如何划分比较合理？

> **解答：** 按照建筑规模 150000m² 的文明施工场地投入计算出费用，然后未承建的建筑面积的文明施工做现场签证处理。参考《山东省建设工程费用项目组成及计算规则》2017 年安全文明施工费费率标准表，文明施工费占总造价的 4.47%，其中临时设施占 0.92%，可以计算出建筑规模 100000m² 的工程总价乘以 0.92% 作为补偿增加费。也可以按照实际投入临时设施的费用按比例计算，双方协商确定补偿增加费。
>
> 建设方将已经施工的部分又指定专业分包人，按照专业分包人的合同额收取总承包服务费。可参考《山东省建设工程费用项目组成及计算规则》中规定总承包服务费按 3% 收取。

问题 7： 一个工业厂房项目，工程已经建设完成，厂区的围墙已经建设完成，建设方要从围墙上另设一个大门，需要与外面马路接通，大概需要多少费用？另设大门还需要补办哪些手续？

> **解答：** 需要考虑拆除围墙的费用和新建大门及道路的费用，但是大门需要与市政道路接通，需要穿过绿化带，赔偿绿化用地费用，发生此费用大概是 15 万元。
>
> 需要考虑外面马路是乡村道路还是市政道路，需要交通运输部门的审批，与市政管理部门沟通，还需要报送规划部门。绿化属于市政部门管理范围，增加道路交通标识是交通运输部门管理范围，厂区规划图变更增加大门比较麻烦，需要找到规划部门。主要是办理手续费用开支比较大。

问题 8： 固定综合单价合同，在竣工结算时发现清单中同一种材料并且是同规格的材料填报有两个价格，审计方按照报价低的材料价格结算，这样的结算方式合理吗？

> **解答：** 这是投标报价失误导致的，此情况没有相关结算依据，需要双方协商处理。处理结果有三种情况，可以借鉴，如下：
> （1）按实际供货价，综合分析确定价格。
> （2）按照两个清单子目该材料平均价格结算。
> （3）按照清单对应价格结算。

问题 9： 现场签证单中写明了构件数量，在工程结算时，审计方有权对现场签证单中的工程量和单价重新确认吗？

> **解答：** 现场签证的作用是确认事实存在，双方在结算时还需要按合同约定的办法结算。现场签证是一个争议焦点问题，如果确认的计算式出现错误，问题就会推到建设方项目部，现场相关人员说不清楚怎么回事，审计方就会撤销签证单。
>
> 现场签证需要做到证据闭环，比如基坑内挖淤泥，首先需要确认事实存在，签证日期与工程进度一致，还需要附辅助证据，如施工图片、处理方案、尺寸草图等。在工程结算时，只拿到一份双方确认的现场签证单，审计方会产生怀疑，所以现场签证必须做到证据闭环、真实有效、符合情理。

问题 10： 招标文件中没有约定清单漏项问题的解决办法，在编制投标报价时下发了一个投标编制要求："缺项漏项在结算时不予计算"。中标以后合同约定按实结算，工程量偏差 5% 以内包干不予调整。现在结算正在进行中，请问在投标时下发的编制要求能作为合同的附件部分，对缺项漏项不予计算吗？施工时进入装修阶段后，原本要求户内统一精装标准，实际施工中都是按小业主要求来施工，每户都有增减费用，这又如何处理？

> **解答：** 合同有约定按照约定结算，合同中已经约定清单漏项和工程量偏差调整问题，此条款在结算时执行合同。在施工过程中，图纸内的漏项一般是装饰施工工序中漏项，也有一部分漏项是装饰构件设计不详造成的，这些施工工序和设计不详的争议可以想办法在施工过程中形成变更签证。合同约定变更签证是需要增减费用的，单列出来各项做成图纸外的事项应予结算。
>
> 户内装饰是主体合同事项变更，执行原合同增减内容。关于小业主另行要求的事项，是工程量和单价的变更，要按实际内容找建设方签字认可。如果是小业主要求提高材料质量标准或品牌要求，另行签证做认质认价处理。

问题 11： 室内楼梯抗震加固增项内容，实际施工是钢板焊在混凝土内，图纸设计中有，但是做法不太详细。中标清单内没有此项，属于清单漏项，审计时发现该项单价报送非常高，施工方解释说是专利技术所以价格比较高。这项问题应该如何处理？

解答：中标清单中的漏项可按类似清单计价，无类似清单应重新组价。专利技术是一个企业的资质，不能作为专项收费标准，由符合设计要求有能力的资质单位承建，属于专业分包项。

专业分包的费用应由事、项、量、价四部分组成，发生的事实清楚，其中组成价格的项要列清楚，然后审计消耗量，最后根据工料机分项确定价格。工料机、利润、税金列项做分析，利润率大于30%不能作为结算依据。

问题 12：分包结算时，发现施工现场实际做法与图纸要求不符，按图纸计算工程量会超过实际施工工程量。公司现在处于比较被动状态，即使通过现场人员了解到真实情况，仅只是单方面的信息，没有分包人和项目部双方签字书面资料，分包在结算时不认账，容易造成"扯皮"，应该怎么样控制管理？

解答：以合同结算为基础，施工现场实际施工与图纸不符时，应找到变更缘由，不要让分包无理取闹，按合同条款办事，有变更按变更结算。增补的工程量找项目部管理人员和分包人共同协商解决。

先结算没有争议的事项，没有依据的事项必须找项目部核实，把责任划分清楚，然后给出解决办法。在施工期间需要规范项目部的管理流程，必须按图施工。如果现场随意变更，反而要给分包人增加费用。

问题 13：清单报价中填报的临时道路做法是铺 20cm 厚碎石层，而施工方案中是采用钢筋网片做加强层，并没有注明铺碎石基层路基，这两处施工做法不符。措施费按建筑面积填报单价，应该如何结算？

解答：此事件是施工组织措施方案变更，需要建设方同意审批，并且签字确认，以此变更作为结算依据。

两处施工做法不符可以按实际施工做法结算，填报的单价按铺碎石组成，结算时可以重组单价，路面混凝土价格不变化，扣除原有的碎石基层，增加钢筋网片的价格。

问题 14：原中标单位退场，后面由我公司承接进行施工，原中标单位把已经完成的工作转交我公司。已经完成的临建房需要折算成一个价格与原中标单位结算，但是临建房是使用过的，此费用怎么确定？

解答：临建房一次投入费用，可使用在两个项目中，每个项目使用期为 2.5 年。搭建两层活动房的基础砌筑、抹灰、填土一般摊销费用为 20 元 /m²。由此临建房可以折合价格约 50%，购买临建房原价 350 元 /m²，即求得 350×50%=175（元 /m²），因临建房基础是一次性投入，所以结算价格应该是 195 元 /m²。

问题 15：招标时外墙仿古砖的材料暂估价为 40 元 /m²，中标以后建设方指定了材料供应商，按实际供应工程量结算。工程结算时按预算定额计算规则计算面积，预算定额中损耗率为 5%，此项目外窗面积比较小，实际损耗率达到 15% 以上，此事如何处理？

解答：在投标时应考虑材料损耗率，首先了解清楚材料暂估价中的品牌及规格尺寸，如果招标时没有说明规格，可以从损耗率中考虑。比如说："原计划砖的尺寸排布到窗边正好，现供货商供应规格改变或图纸优化，导致材料损耗增加超出预算定额含量。"也可以从供货质量中找原因，如因破损严重等因素导致损耗率超出预算定额含量等。总之，材料是暂估价格，采购多少价格就结算多少，不可以从材料价中找差价赚钱。

问题 16：图纸设计的入户门是木门，中标清单描述为钢质门，价格是 400 元，而实际木门市场价格为 900 元，钢质门为 1100 元，这与市场价格相差较大。需要做变更处理吗？应该如何调整？

解答：清单与图纸不符时，应考虑增减合同价格。此事件应该调减综合单价，从施工方角度考虑，如果建设方未提出变更单，就不需要另行做工程变更处理。
清单计价规定，工程变更在结算时，有适用于该项单价时，单价不变化，有类似适用于该项单价时，参照类似项的单价，有类似该项单价时，按照投标时的人材机进行组价，同时还要按照控制价与中标价同比下浮作为新组成的综合单价。本案例中如果按木质门施工，按照清单描述 400 元的价格基础上进行同比下浮，就是减少综合单价，所以不应该主动申请变更。

问题 17：总价合同中约定材料调整差价和工程变更在结算时可以计取。工程量清单中地下室顶板的做法包括陶粒混凝土找坡层，但是投标报价时没有计取陶粒混凝土找坡层的费用，施工时由于工期比较紧，而且当地没有成品陶粒混凝土，建设方同意将陶粒混凝土找坡层取消。在结算时建设方要扣除陶粒混凝土找坡层的费用，扣除合理吗？

解答：填报综合单价时，造价人员多数是采用预算定额组价方法，清单描述内容中包括此项费用，但施工方未考虑应承担责任。清单计价规范中规定缺项漏项是建设方责任，施工方对综合单价负责。此项内容是清单内的工序，现场情况是减少此工序内容，即形成工程变更。

施工方对综合单价负责，少报项或漏报项的可认为是不平衡报价，如果不填报可认为其价格已经包括在其他综合单价中，建设方的扣除是有道理的。如果投标价格低于标底价格时，应按标底价格同比下浮系数以后再扣除此项费用。

问题 18： 某项目计划签订总价包干合同，但是建设方没有参与核对工程量，采取先施工后补合同，地下室已经施工完成，建设方要求把工程变更与图纸工程量合并一起，然后双方再签订合同，此操作有什么风险？

解答：总价合同签订之前需要有核对工程量的过程，现在地下室已经施工完成，施工方所面临风险是清单工程量偏差。

变更工程量不应放在合同清单工程量中，变更单列工程量可以一次性报给建设方，因为总价合同不调整工程量，变更增减工程量按变更图纸计算，这样可以避免因清单工程量与图纸量有差距时发生扣减"扯皮"现象。

问题 19： 招标时建设方提供外墙真石漆（合成树脂乳液砂壁状建筑涂料）样板，中标清单中并没有对外墙真石漆进行描述，外墙施工时建设方给了新图纸，要求真石漆含量 $> 4kg/m^2$，清单报价分析表中含量为 $2.5kg/m^2$。可以调整外墙真石漆单价吗？

解答：新施工图纸可认为是质量变化的变更，招标时提供的样板只是颜色参考性，并没有规定技术参数和做法，肉眼观察只能看到颜色标准要求。中标后清单报价可作为质量标准，外墙真石漆含量 $2.5kg/m^2$ 是已中标工程量清单，此项可以按变更进行结算。

1.9 招投标阶段问题答疑

问题 1： 合同约定："由于发包人或业主变更引起的合同价款增减（变更引起的费用累计增减额 50 万元以内，单项变更价款在 1 万元以内的变更不予调整）每次每项的设计变更、联系单及签证，按照本合同约定的计价方式，金额超过 5000 元（含 5000 元）时给予结算。"建设方要求工程签证单每月随着报进度款申报，如不按时报送在项目竣工结算时不予结算。某个金额范围内的变更签证之类的不予结算这种情况，是不是霸王性条款？工程执行中是否有一定的合理性？

> **解答：** 是房地产项目交易中的常规做法，由市场交易情况决定，不存在霸王性条款与合理性的推论。
>
> 招投标阶段约定事项放在施工期间解决，施工过程中的管理控制是比较关键的。此约定避免了竣工结算阶段发生争议，在施工过程中解决掉对双方都有利，及时处理合同增减金额的每个事项可以提高双方效率。

问题 2： 防水卷材实际铺贴工程量与清单计算规则的工程量相差多少？如果没有时间去计算工程量，怎样估算出工程量？

> **解答：** 依据《房屋建筑与装饰工程工程量计算标准》（GB/T 50854—2024）中的屋面防水卷材计算规则："按设计图示尺寸以面积计算。1. 斜屋顶（不包括平屋顶找坡）按斜面积计算，平屋顶按水平投影面积计算。2. 不扣除房上烟囱、风帽底座、风道屋面小气窗和斜沟所占面积，相应上述部位上翻不增加。3. 屋面的女儿墙、伸缩缝、设备基础和天窗等处的上翻部分，并入屋面工程量内。"该规则中和实际铺贴防水面积相差较小，可按此规定考虑估算图示设计工程量。如果估算工程量，用 CAD 软件框选一下图纸平面面积，按照投影面积乘系数 3% ～ 5% 就可以，计算出来的面积就涵盖了平屋面卷边的工程量。在工程量清单中不计算附加层和搭接层的工程量，分析工料机测算时要考虑该量的变化，一般情况按估算工程量乘系数 1.2 求出材料用量。

问题 3： 投标报价时外檐门窗暂定价 300 万元，是否需要二次招标？在施工过程中，建设方是否可以指定分包人？还有在投标报价时，建设方指定外墙涂料价格 40 元 /m²，在施工过程中是否需要二次招标？

> **解答：** 此暂定价在清单计价规范中是暂估价，如果是国有资金项目必须招标，如果是房地产开发项目建设方可以指定。参考《工程建设项目招标范围和规模标准规定》第七条之规定"施工单项合同估算价在 200 万元人民币以上的"必须进行招标，参考《建设工

工程量清单计价标准》（GB/T 50500—2024）第 8.4.1 条："工程量清单中给定暂估价的材料和（或）暂估价的专业工程属于依法必须招标的，应以招标确定的材料税前价格和（或）含税专业分包工程价格取代暂估价，调整合同价格。"所以本项目外檐门窗需要招标，建设方指定分包人可以，但是需要施工方同意。

建设方指定外墙涂料价格 40 元 /m² 是属于对工程质量标准的要求，可以不进行招标，但是在投标时需要核实指定价格是否满足实际成本价格。房地产开发项目一般都是建设方有合适的分包人，指定的价格也是核实过分包人报价，如果在投标时询价价格高于指定价格，可以按询价价格填报，如果低于指定价格，可以按指定价格填报。

问题 4：房地产项目一般是模拟清单，合同约定主要材料超出约定范围值以后，超出部分可以调整差价，在投标报价中，综合单价的组成应该注意什么？

解答：应该注意报价价格与市场价格的偏差。清单中主要材料的填报价格需要贴近市场价格，才能降低材料价格的变化幅度风险。比如合同约定超出填报材料价格的 5% 以后可以调整差价，那 5% 以内的涨价幅度就需要施工方承担，所以采购的材料价格与填报价格不变化时，施工方不承担风险。

采用模拟清单投标和材料调整差价影响不是太大，如果投标时建设方不提供设计图纸，清单中列出的某种材料规格不明确，在投标时此类风险无法预估，所以建设方不提供设计图纸并且约定材料调整差价，对材料规格不明确的应该提出列为暂估价，在采购此材料时双方确认价格，双方都不承担风险。

问题 5：此工程是模拟清单招标方法，建设方在招标时没有给出招标图纸，只给出了一个工程量清单，投标时需要施工方填报综合单价，中标后施工图出来再核对工程量，重新签订合同确定价格。这样做会有什么风险？要考虑什么？

解答：模拟清单招标是房地产项目非国有投资项目常见的方式，建设方为了赶工期，没有招标图纸即开展招标工作，等待施工图纸完善后就立即开工，在施工过程中再确定合同价格。

从施工方角度考虑，投标时填报综合单价时有风险。中标后双方只核对工程量，综合单价不再修改，有可能填报的价格会偏离成本。

填报综合单价时价格考虑要合理，如果建设方把已建项目的清单工程量增加或者指标含量增加，施工方还是按照指标方法分析，所填报综合单价会降低，图纸完善后核对时工程量减少，综合单价不变会使得总价格降低。

施工方采用模拟清单报价，可参照已建项目的工程量清单中的综合单价乘以当前模拟清单工程量，然后求出总价，再与模拟报价的总价对比分析。如果求出模拟清单的综合单价和已建项目工程量清单的综合单价相差不大，就证明投标总价格偏差不大，在中标后双方核对工程量时，工程量偏差不会影响到利润空间。

问题6： 采用工程量清单计价模式投标，由于投标时间比较紧张，只能按照建设方给出的工程量报价。在施工过程中发现工程量偏差较大，我方提出要求重新核对工程量，但是建设方表示合同已约定工程量，不作调整，如果有偏差即是施工方让利，这个情况施工方如何解决？

> **解答：** 工程量清单计价规范中规定工程量由建设方负责，综合单价由施工方负责，结算时工程量按照图纸工程量调整。如果采用总价合同时，在报价合理期限内施工方需要按照图纸核实，发现工程量偏差较大时需要在澄清会议上提出，建设方会更正工程量，双方核对完成的工程量为结算工程量。
>
> 如果建设方在招标时要求核对工程量，而施工方没有参与核对，并且合同中已经明确约定结算时不再核对工程量，在该情况下工程量偏差应该由施工方负责。

1.10 合同约定争议问题答疑

问题1： 某项目已经进场施工，但总承包与建设方还没签订合同，总承包又转包给分包方，所以到现在也还没有给分包方签订合同。现在分包方要申请进度款，但是没有合同，怎么统计出付款额度？

> **解答：** 分包方可按当地预算定额统计的工程价款作为参考，也可以根据施工成本加上 10% 利润作为付款额度参考。支付工程款时，需要见到合同才会付钱，预先统计是做好经营管理，让总承包方和建设方心中有数，当前做成本统计时也有参考意义。

问题 2： 某项目的防火门工程，采用专业分包模式，现施工阶段分包人只完成了防火门的门框的安装，还未安装门扇，应该怎么计算已完成产值进行付款？

　　　　　解答： 采用倒挂账的方法解决。先付款给分包人，不进行核算，这笔钱先挂在账目上，算作公司借给分包人的钱，等分包人完成结算时扣除借款数额。

　　　　　没有核算就付款，如果超过实际发生价款会引起麻烦，分包人拿到钱以后对剩余部分可能拖延工期，或以各种理由要求涨价，对施工管理影响极大。在分包报价时做到预控，列表将工序分开让分包人报价，采取合理分项单价中标。如果在分包报价时未采取此策略，也可借鉴其他项目数据或以询价方式进行工程款计算。

问题 3： 合同中明确为建设方自理部分或超出合同约定范围的部分，实际已经施工完成，在工程结算时应如何处理？

　　　　　解答： 不在合约范围内的部分可按工程变更处理，建设方自理部分可参考市场价格，也可以执行合同中的变更签证条款，如果需要重新组成单价，需要双方协商确定价格。如果增加部分超出合同总价的 15% 时，可另签订补充合同进行结算。

问题 4： 某项目为绿化工程，中标清单工程量是 3000m²，施工过程中绿化改种其他植物，因为植物品种多，所以工程量需要重新核对，申报的工程量为 4000m²。在工程结算时应该按照 4000m² 结算吗？其他植物的价格如何计算？

　　　　　解答： 此绿化改种其他植物是工程变更，应按照合同约定的工程变更的计价方法进行结算。如果费用超过合同总价的 15%，双方可签订补充协议。

　　　　　如果施工过程中未签订补充协议，合同中未明确工程变更结算方式，应双方协商价格，可按照市场成本价格据实结算。其他植物的价格可参照市场价格或者已建项目的单价协商解决。

问题 5： 合同中约定延期支付工程款按银行相关利息计算，由于建设方拖欠工程款，导致施工方无力向分包方支付，分包合同约定每月 25 日付款，逾期支付违约金。对于此工程款支付问题应该怎么处理？

　　　　　解答： 分包方、施工方、建设方之间的付款承担连带责任，分包方可以向法院起诉施工方，连带起诉建设方。如果建设方资金周转不足，可采用商业承兑汇票方式解决，即建设方向施工方开具商业承兑汇票，施工方可以转给分包方。

从施工方角度考虑，需要考虑建设方是否有能力偿还债务，如果建设方有能力偿还债务，商业承兑汇票6个月到期就可以支取，如果知道建设方无力偿还债务，就要立即写律师函追讨工程款。

问题6： 合同中约定主体结构中的混凝土、钢筋可以进行材料价差调整。二次结构的圈梁、构造柱属于主体结构吗？可以参与材料价差调整吗？

解答： 主体结构包括二次结构，圈梁、构造柱是二次结构的构件。参考工程质量验收报告，双方验收条件是要求二次结构完成后才办理验收手续。但是混凝土装饰构件不能认为是二次结构，比如墙面的混凝土装饰块。在施工时一般把主体承重结构称作主体框架结构，把填充墙的砌块、圈梁、构造柱、压顶等称作二次结构。合同中约定的主体结构可以调整材料价差内容，从字面意思可以理解为包括圈梁、构造柱的材料。

问题7： 某种进口管材采用专业分包，分包数量为55t，单价54000元/t。最终供货数量为91t，市场价65000元/t。分包方提出："招标文件中明确了该材料数量，因技术状态导致数量变更，且材料为进口，规格与原规格不同，施工方应该承担技术状态更改导致的市场价格浮动部分价格。"施工方认为按原单价54000元/t结算，该争议如何解决？

解答： 合同约定供货范围之内的数量，不应调整价格。供货范围之外的数量应调减价格，因为采购数量增加以后价格要更优惠，就像批发价格要比零售价格更优惠的道理一样。

成本价格三要素是交易时间、交易对象、交易数量，交易数量增多要优惠，交易对象没有变更，这个因素可排除。交易时间超出合同约定范围就得补偿超出部分的价格涨幅。

如果供货商为销售经营商，应该库存更多的材料，材料涨价时应该通知施工方价格上涨，增加部分供货价格抬高。如果是在合同约定时间范围内，应该按合同约定价格结算比较合理，如果超出合同约定时间范围，超供货部分的单价应该调整。

问题 8: 在投标报价时，工程清单报价表需要整体调整总价，合同约定工程变更时，主材单价参考合同内已有的主材单价，消耗量参考类似清单消耗量，这时应该调整主要材料单价还是调整定额子目消耗量？

解答: 需要考虑工程成本，然后再决定怎么调整。为了确保中标，调整主材单价或材料消耗量必须在建设方认可的范围内。

在投标时还要考虑结算。主要材料价格超出 5% 以后，建设方承担超出部分的风险，需要分析该类材料价格超出后的增减变化，如果材料涨价超出约定幅度，调整消耗量不影响价差。调整消耗量是以预算定额为标准，需要根据企业的管理水平决定，如果管理水平比同地区的施工企业管理水平强，材料损耗相对降低，报价中的材料消耗量可调低。

根据经验常识，调整材料消耗量幅度较大时有可能废标，调整主要材料价格一般不会废标。

1.11 周转材料及施工组织措施争议答疑

问题 1: 高层住宅采用铝模施工，包工包料单价多少？

解答: 价格与楼层数量、标准层数量有关，假设楼层 75 层，四层以上为标准层，剪力墙结构，应该配 3 套铝模板周转使用，铝模板可考虑 25 次周转摊销，使用期为 5 年时间，可供两个标段使用，即 50 次周转。

材料及支撑系统合计 1500 元 /m²，人工费用 28 元 /m²，回收价值为 30%，按照组合钢模板周转寿命为 50 次。计算为：（1500−1500×30%）/50=21（元 /m²），28+21=49（元 /m²）（按模板接触面积计算）。

一次性投资期间的价差预备费为：1500×50%× [（1+10%）×（1+10%）×（1+5%）−1] =202.88（元 /m²），摊销成本为 202.88/50=4（元 /m²）。

可确定价格为 28+21+4=53（元 /m²）（按模板接触面积计算）。

问题 2: 爬升架与悬挑钢管脚手架相对比，采用哪种架体施工的费用比较低？

解答: 爬升架适用于层数 30 层以上的高层建筑，悬挑钢管脚手架适用于 30 层以下的建筑，可根据不同项目结构类型进行选择，还需要根据建设方要求及工程质量标准找出合理的架体施工方案。但是仅从经济角度考虑，30 层以上的高层建筑，采用悬挑钢管脚手架施工费用也比较低。

悬挑钢管脚手架费以建筑面积为单位折算，约 32 元 /m²。其中人工费用占 20 元 /m²，材料租赁费占 8 元 /m²，其他费用占 4 元 /m²。

爬升架采用租赁方式，架体租金约 650 元 /（月·延长米）。以一栋 45 层楼为例，建筑面积 13500 m²，其中标准层建筑面积为 300m²，外墙周长约 80m，主体结构地上施工工期 10 个月，租赁费用 650×80×10/13500=38.52（元 /m²），架体提升与拆除人工费约 18 元 /m²，折合 56.52 元 /m²。

问题 3： 分包合同约定外墙脚手架和模板内支撑系统按照建筑面积固定包死，人工费和租赁费共计 75 元 /m²，合同约定是年底按产值支付进度款 75%，现在要统计产值，外墙脚手架已经完成但还未拆除，并且施工过程中有 6 个月处于半停工状态，如何给分包方支付进度款？

解答： 模板内支撑系统和外墙脚手架应该分开考虑费用。外墙脚手架拆除费用占此项总费用的 25%，应按 75%×75% 支付进度款，模板内支撑系统工作内容全部完成按 100%×75% 支付进度款。

人工费和租赁费也应该分开考虑，根据劳务市场价格，外墙脚手架的人工为 23 元 /m²，模板内支撑系统搭设拆除为 20 元 /m²。人工费可计算为：75%×75%×23+100%×75%×20=27.94（元 /m²），模板内支撑系统和外墙脚手架的钢管扣件用量按 1：1 考虑，租赁费可计算为：75−23−20=32（元 /m²），考虑到外墙拆除时间一般情况不超过 15 天，可适当扣除一定比例的租赁费用。

支付进度款可按照 27.94+32 ≈ 60（元 /m²）考虑。在 6 个月内处于半停工状态的情况，可适当补偿租赁费，正常施工 7 天可以完成一个楼层工作，如果在此期间只完成了 2 层楼的混凝土浇筑，可计算为：180−7×2=166（天）。假如现场钢管扣件用量为 200t，租赁费市场约 32 元 /（t·天），要补偿损失 200×32×166=1062400（元）。

在计算支付进度款时要与分包人协商，补偿分包人损失可放在办理分包结算时支付，不能超额支付工程款，产值付款可以协商确定。

问题 4： 一个旧小区维修项目，屋面是琉璃瓦，拆除后又重新铺设，怎么估算造价？旧小区的楼房是六层砖混结构，只能采用汽车吊运送材料，必须每栋楼使用一台汽车吊。汽车吊是 1300 元 / 台班，此费用怎么报送给建设方合理？

> **解答：** 材料运输、屋面拆除、屋面铺设应分别考虑价格。屋面瓦的估算首先考虑主要材料，人工费和材料费占的比例较大，先求出每平方米琉璃瓦的用量，了解每块瓦的市场价格后再进行估算，挂瓦条可以按照 15 元 /m² 估算，市场上一般瓦屋面人工费为 50 ～ 60 元 /m²，机械费用占比很小，可以按 5% 考虑。
>
> 拆除可考虑是保护性拆除还是破坏性拆除，旧的琉璃瓦是否还可以利用，有些部位是否不需要拆除挂瓦条。估算拆除费用可根据现场实际情况，听取专家建议后再估算费用，一般全部破坏性拆除费用 25 元 /m²，包括建筑垃圾清运费用。
>
> 汽车吊运送材料可以套用修缮定额的人工运料爬楼的费用，如果建设方按签证机械台班，可按实际结算。

问题 5： 此项目为多栋别墅项目，合同约定按预算定额计价结算，施工方因模板周转次数减少，有些部位甚至没有周转，想要提出索赔，这部分费用怎么考虑？总体施工工期按照合同约定没有缩减，属于正常施工，可以索赔吗？

> **解答：** 不可以提出索赔。周转次数是施工方应该考虑的，内容包括在价格中。按预算定额计价结算与实际模板周转不能并论，实际施工节省的工序也不能因为省减而扣除。
>
> 别墅项目按照预算定额计价结算时，好多构件需要乘以系数，比如混凝土斜屋板模板的人工和周转材料均要乘系数。别墅项目中缺项漏项以及按定额计算规则漏算的部分较多，如果按照预算定额计算，施工方是不会亏本的，但是许多预算人员不注重计算细节，就容易导致项目亏损。此合同工期没有缩减，而工期没有影响到模板周转，所以索赔不成立。

问题 6： 因建设方原因，外墙脚手架延期拆除，按现场的租赁单价和建设方确定的延长时间计算。但是签证单中没有确认停工影响天数，审计方提出采用预算定额中外墙脚手架的工期为基数，减去实际工期求出延期拆除的时间，请问预算定额中外墙脚手架是按多长时间统计的？

解答： 外墙脚手架延期拆除费用需要找到预算定额中包含的工期，然后实际使用工期减去定额工期，但是还应考虑合同约定工期与定额工期的对比，如果合同约定工期缩短，需要同比缩减定额工期。

预算定额中的工期是依据工期定额确定，分为一类、二类、三类地区，找到对应表格内作业天数，如果该项目有四栋单体以上，按一个单体工期计算，可根据项目实际情况考虑工期定额内规定的作业天数。

问题 7： 现场签证内容是脚手架搭拆，按预算定额结算是 30 元 /m²，实际劳务分包费用是 50 元 /m²，如何与建设方结算费用？

解答： 要执行合同约定方式结算，如果合同未约定现场签证的结算方式，需要考虑参照预算定额或者按实际价格结算。

实际投入费用与预算定额计价对比只是单项对比，脚手架租赁、劳务用工超过了预算定额计价时，只能说是实际成本大于约定结算费用，此种情况无法找建设方索要差价。

问题 8： 某项目为四层办公楼，每层建筑面积比较大，施工方案配置两层新模板。高层建筑的模板要周转 4～6 次，而该栋楼只周转了 2 次，项目是政府投资项目，以工程量清单中套用预算定额的方式结算，建设方代表、监理工程师都同意增加该费用，但是害怕最终结算时审计方不同意。此类情况在哪里可以得到合理的补偿呢？

解答： 模板周转次数减少时，可以放在下一个项目周转使用，周转材的成本并没有增减，只是模板材料的场外运输费用增加，再可以考虑购买周转材料资金的利息，或者堆放仓库的管理费用以及看管费用。

合同约定按照预算定额计价，预算定额中综合考虑了模板周转次数，不能因为工程项目特殊而调整材料含量。运输、堆放、看管等因素都是施工方自身考虑的，不应另行计取费用，所以从模板周转材料方面考虑增价是错误的。

建议从措施费的其他项目考虑，比如可以从基坑支护改变为钢板桩、场地外扬尘治理、环保措施、政策影响、现场外的设施保护等事项进行考虑。还可以从清单计价规范中找到调整依据，比如人材机价格上涨，材料价格涨幅超过 5% 的部分由建设方承担等，合理找到依据进行调整。

问题 9：某项目施工方案的墙模板配置一套，梁板模板配置三套。请问房建项目标准层墙柱梁板模板应该如何配置模板？对于胶合板模板、铝模板或其他模板，哪种比较经济适用？

解答：一般情况下需要配置三套模板进行周转使用。配三套模板与配置一套模板的成本相同，只是投入资金利息变化。如果减少配模数量可能引发质量风险，质量不合格施工方会增加成本。

需要结合建筑特性和企业特性考虑选用模板材料。多层建筑可选用胶合板模板，在本项目使用的模板不发生外运成本，就是合理成本价格。企业项目比较多时，可以采用周转次数多的铝模板，周转次数增加可以降低成本。如果企业项目较少时，不应选择价格高的模板，要从经济投入和使用周期方面考虑实际成本。

问题 10：分包人没有做脚手架的扫地杆，预算定额是按照综合脚手架考虑的，扣减了扫地杆的租赁费和人工费，这样核算对吗？

解答：此项包括在施工现场的安全文明施工中，由项目出具处罚单扣减费用，不应在预算项中审核增减。合同价格中某项费用有或没有，是预算费用问题，但此项内容属于偷工减料问题，减少可能会发生安全事故，应由项目部进行处罚，约定扣减费用。

问题 11：某项目的外墙综合脚手架采用整体提升全钢结构提升爬架，分包报价为 70 元 /m²，现在只做主体结构，二次结构不做了，怎么考虑分包成本结算？

解答：爬架的成本可以分为安装费、拆除费、租赁费。可以先把分包合同价格求出来，然后把报价内容细化，把拆除的价格分离出来。例如合同价格是针对 10 个月工期，安装费分包报价 10 元 /m²，拆除 5 元 /m²，那剩下的 55 元 /m² 是租赁费，主体结构（地上部分）施工 7 个月就是 55×7/10 =38.5（元 /m²）。

招标时可以要求分包人在报价中填写成本分析表，采用细化分解成本的方法在施工过程中对成本进行有效控制。但是需要注意分包人不平衡报价因素，需要与参与投标的各分包人报价进行对比，求出合理报价明细。

问题 12: 工业厂房项目为钢筋混凝土结构，楼层高度 8m，室内搭设满堂脚手架怎么计算成本费用？预算定额是按照每增高 1m 计算一个超高，实际成本怎么计算比较方便？

> **解答:** 房建项目搭设满堂脚手架和模板支撑由模板工完成。测算出模板工楼层超高的用工消耗就可以计算出成本费用。
>
> 建筑市场价格中，楼层每增高 1m 增加模板人工费 8 元 $/m^2$。例如楼层高度 3m，人工价格 40 元 $/m^2$，如果楼层为 8m 可以计算为 40+8×4=72（元 $/m^2$），即按照模板接触面积计算人工成本价格是 72 元 $/m^2$。
>
> 也可以按照满堂脚手架的体积进行测算成本，综合单价为 10 元 $/m^3$，模板人工价格按照原来 3m 的基础上，再加上超高脚手架体积部分的费用。

1.12　岗位绩效管理问题答疑

问题 1: 成本经理不可以与建设方协商合同争议和工程结算问题吗？为什么都是商务经理去做？

> **解答:** 成本经理和商务经理不同之处是对内管理与对外管理的事情，成本经理管企业内部经营，商务经理管企业对外合作。从招投标开始分析，投标阶段需要接收到投标信息，商务经理考虑的是如何拿下这个项目，成本经理考虑的是如何能赚到钱；施工过程阶段商务经理主要任务是维护甲乙双方合作关系和拨付工程款，成本经理需要管理整体企业运营，任务还是比较重的；竣工结算阶段商务经理按照过程中发生的增减项申报结算并进行核对，成本经理需要收集数据和核算成本。从这三个阶段可以看出两个岗位只是分工不同，协商合同争议和工程结算问题是商务经理的职责。

问题 2: 公司内部管理比较混乱，5 年前的工程都还没办理结算；公司与分包之间签订了哪些合同，项目部也不清楚；采购部门的采购数据不真实，材料采购价格是领导的亲戚掌管。我刚入职半年时间，在商务部门，任职商务经理，手下带领四个预算人员，相关资料不齐全，不知道怎么安排任务。目前处于这种状态，应该怎么展开工作？要不要辞职？

> **解答:** 把现在能做的资料统筹归类，然后整理成一个册子或者文

件目录表，便于快速查找。所有文件资料都放在网上存储，形成一个纸质和电子版文件库，由网盘与各电脑连接，每天工作的文件和以往来往函件都存储起来，形成自己的资料库。

办理工程结算需要有相应的证据文件支撑，找不到现场签证与工程变更文件对结算无意义，因为合同价款已经确定，结算文件中没有增减项就匆忙完成工程结算等于没有做。先不要着急完成工程结算，需要把文件资料收集完整。

采购价格数据做成本核算时才会用到，先把紧要的工作任务处理掉，保持项目正常运营为上策，随着工作的不断深入，可以通过项目部的每个供应商进行确认，再找采购员确认，最终落实材料采购合同。

项目部的商务经理比较累，特别是民营企业，再换工作也不能保证哪个企业比现在的状态要好，在公司半年至少是认识了各岗位上的人，如果再进入一个新公司就更难了。慢慢展开工作，带领手下的人去做事情，让他们先计算工程量，因为工程量计算工作会占去预算员大部分的时间，可以让他们协助整理资料和开展工作中的琐事，鼓励每个人，调动人员的积极性，努力改变现状。当然，两年后领导看到你的成果，你在公司就立足了，会有更大的升职空间。

问题3：刚学习成本管理，我在一个施工企业是商务主管，现在想转向成本管理，很迷茫，请问成本控制主要控制什么？

解答：公司层面的成本管理主要是降低内耗，增加对外结算，提高项目利润。即降低企业内部的人工、材料、机械消耗量，增加对建设方的结算费用。

成本管理需要从多个维度考虑。成本管理是以保证企业良性发展为基础而做的一系列措施，从进度、质量、安全、价格、信誉这五个要素考虑，是一件比较复杂的事情。

问题4：在项目部已经做造价工作四年，再学成本管理还是继续深耕做工程造价好？现在比较迷茫，应向哪个方向发展？在公司做成本管理需要做什么？

解答：有四年工作经验就应该学习成本管理内容，刚毕业的学生一般是要先学习工程造价，入门以后再考虑更深的知识。学习工程造价要掌握算量、计价，然后再考虑成本管理知识内容，因为算量、计价的内容多数是重复劳动，发展到一定时候会有瓶颈期，发现自己处于"温水煮青蛙"状态时，就会开始迷茫。

需要学习成本经营方面内容和施工过程中的签证、变更、工程结算知识，施工全过程管理在每个时间点都需要认真对待。算量、计价只是片面的知识，管理方面涉及知识比较广。

问题5： 有一个修缮项目，公司派驻了一个预算员在现场做项目跟踪，但是他还是新毕业生。还有一个预算员在办公室，计划是在计算完图纸工程量后也安排驻场。我在公司应该怎么去管理项目？

解答： 施工过程中的资料比较重要，比如现场拆除，需要清楚实际拆除的数据，考虑该数据是否超出了施工图纸范围，如果发生施工图纸与施工现场不符的情况，需要做签证处理。

又如在墙体上增设管道时，现场需要凿洞、堵砌和抹灰，如果按施工图纸计算，只能计算电钻打孔费用，但是实际施工因为现场条件所限（框架梁影响管道标高做了降低处理）必须开洞，这需要做签证处理。

安排初级预算员去现场做项目跟踪，可以让他每天把施工部位的照片拍回来做分析，记录相应部位发生的事情。新手预算员在现场以跑腿性质居多，实际施工中造价过程管理还是由公司管理人员监督完成。

1.13 施工成本优化争议问题答疑

问题1： 某项目为污水处理厂工程，采用清单计价投标时每个单位工程都记取一次大型机械进出场费，但是工程结算时没有发生进出场或者没有资料记录进出场的实际台班数，实际使用的是卷扬机运输方式，而清单中填报是塔吊施工，审计方能扣除此费用吗？

解答： 工程结算的要求是证据充分、证据链条闭合，需要考虑投标的施工方案和专项设计施工方案是否相同，改变施工方案必须有建设方、监理方的认可同意。本争议处理办法就是补充相关证据，证实在施工时采用卷扬机运输施工，然后重新组成运输的综合单价即可。

问题2： 建设方已经把住宅楼的施工图纸给施工方，现在进场施工。但是建设方这时候又给了一份变更图纸，在标准楼层中增加一层的变更，我公司怀疑建设方给的变更图纸没有通过规划局审批，应该怎么撇清此图纸与工程竣工验收的关系，建设方承担全部责任？

解答： 施工方无辨别施工图纸真伪的责任，施工图纸需要有建设方盖章签字、设计方签字，并且需要有双方交接图纸的日期，只要施工图纸符合施工条件就可以，如果影响工程竣工验收可向建设方提出索赔。

在标准楼层中又增加一层是重大工程变更，超出了合同约定范围，工程变更引起工程量超出 15% 以后，在暂列金不够支付工程款的情况下，也可以增加补充合同。

问题 3： 框架结构的工业厂房项目，工程变更为楼层加高，从建安成本考虑，楼层每增加 1m 大概增加多少费用？这样估算有什么依据？

解答： 框架结构工业厂房项目楼层每增高 1m 估算造价增加 5%；门式钢结构厂房项目楼层每增高 1m 估算造价增加 2%；住宅项目楼层每增加 1m 估算造价增加 10%；地下车库每增加 1m 估算偏差比较大，因为地下车库有降排水和支护土壁的影响因素，考虑这些因素还得根据当地的土质和地下水位判断，一般这样的项目有专项施工方案，深基坑还需要专家论证。地下车库的这些费用摊销到地下建筑面积内，求出的指标数据无任何意义，所以地下车库层高变化不会进行估算。

估算依据是结合常规建筑的工程量进行分析，楼层高度变化按工程量增减比例考虑，还要考虑一些措施作业的难度，比如楼层高度增加导致模板支撑加强，钢支撑含量增加。估算应综合分析，与已建项目做对比分析，找到变化规律。

问题 4： 图纸二次设计中的工程量与中标清单工程量不符，二次设计的工程量比中标清单量大许多，结算时怎么处理？需要办理现场签证吗？

解答： 图纸二次设计改变使用功能、结构加强或减弱、材料变化时，都按工程变更结算。构造外形设计不详，通过二次设计进一步明确，可认为在中标清单中包含，不作增减。

图纸二次设计是工程变更，不需要补充新的证据，不能做现场签证。双方认可的二次设计文件，按变更后图纸中的工程量计算，因为中标清单中的工程量正确性由建设方负责，最终要按实际结算。

问题 5：建设方要求施工方对外墙装修进行二次深化设计，因为原设计单位只认可外墙石材分格效果，但是对细部节点不做审核。现在已经装修施工完成，因为墙体厚度不同，窗立樘位置发生变化，影响到内外墙的墙面工程量计算，应该找原设计单位确认办理签证吗？石材幕墙深化设计图纸节点参数尺寸与结构施工图纸不符，尺寸是错误的，在结算时应按石材幕墙深化设计图纸尺寸吗？

> **解答：**深化是变更图纸或进行图纸优化，可以找建设方协调完成后再施工，在深化过程中，变更不会影响结构安全时，不应增减工程量。细部设计节点不属于原设计单位责任，图纸深化以后仍有缺陷是施工方责任，导致的工程量变化由施工方承担。

问题 6：某 2024 年项目，主体结构完成后，建设方变更了装修设计，由简单装修变成酒店精装修，装饰工程的造价从 800 万元增加到 3000 万元。主体结构部分使用政府资金，批复 1.7 亿元，主体结构已花出去 1.2 亿元，装修的费用建设方某领导自己出。应该把装修部分划分出来重新招标吗？

> **解答：**依据《建设工程工程量清单计价规范》（GB 50500—2013）条文说明中第 5.2.5 条："暂列金额由招标人根据工程特点、工期长短，按有关计价规定进行估算确定，一般可以分部分项工程费的 10% ~ 15% 为参考。"工程变更是由暂列金支付的，在合同执行过程中超出暂列金无法付款，应另补合同作为付款依据。施工方不用考虑出资渠道，以施工合同为准，可以另行招标确定。

问题 7：房建项目的外墙施工时，采用吊篮架还是采用钢管脚手架施工比较经济合理？从施工工序考虑，如何更方便适用？

> **解答：**一般情况下，高层建筑使用吊篮架，多层建筑使用钢管脚手架。因为外架内立杆距墙面距离在 20cm 左右，立杆间距 1.5m，不利于施工，脚手架有连墙件，三步两跨伸入墙体连接。
>
> 多层建筑外墙高度不超过 24m 时，可以考虑使用钢管脚手架，也可以节约工期，架体高度超过 24m 时，采用吊篮架比较方便适用。
>
> 从成本角度需要综合考虑，强风沿海区为了安全不使用吊篮架，环保检查外架全封闭施工使用钢管脚手架更合理，吊篮架会影响屋面施工。工期、质量、进度、价格必须综合考虑才有可比性。

问题 8: 已签订总价合同，施工方将设计图纸进行优化，建设方同意并签字确认，优化图纸以后导致总造价降低，优化减少的造价属于施工方的利润吗？

> **解答:** 总价合同是包括图纸中招标时的工作范围，施工方将设计图纸进行优化属于图纸变更，工程变更在结算时可以增减合同额，不管哪方提出的变更，都应按工程变更结算。
>
> 图纸优化不能减少施工工艺，涉及工作内容变化时，影响设计质量标准，需要设计方审核。如果随意改变设计质量标准发生事故，施工方应承担责任，所以优化时要考虑变更带来的风险。

问题 9: 某项目分为两个标段，第一标段因为容积率问题，开工后由 28 层楼变更为 24 层楼，第二标段因为改户型结构，造成地下车库建筑面积增加。合同中约定措施费 191 元 /m² 为包干价。是否应该按照产值比进行调整？

> **解答:** 包干价通常基于投标时的施工图纸制定，如果施工图纸发生重大变更，原先约定的包干价条款可能需要重新协商。首先要分析此包干价的定义，包干价是合同约定范围内容的价格，即招标时图纸中的事项。施工过程中出现变更增减时，需要变更措施费用。固定是相对合同固定，合同法不支持绝对固定无限风险承担。
>
> 可以按照组成 191 元 /m² 的明细分项进行分析，因工程变更影响到措施的分项，按比例调整。

1.14 其他项目问题答疑

问题 1: 某项目的规划设计还未通过就施工，建设方要求进行工程主体结构检测，该检测费用应该由哪方支付？

> **解答:** 规划局未报批就施工的情况属于违章建筑。工程规划完成，并且设计院完成施工图纸后才能施工。此项目是先施工后办理手续的情况，先进行质量检测对施工方有利。
>
> 规划局未报批的项目，此工程施工时不能接受监督，质量监管部门不会验收。前期手续完成后再申请主体结构检测，属于实体检测项目，比如做混凝土回弹试验，这笔费用本身就是施工方应该支付的，所以施工方现在支付与报批完后再支付相同。但是除了正常检测费用外，额外增加费用应由建设方支付。

问题 2： 建一个工业厂房，把钢结构分包给一家钢结构加工厂，可以让这个加工厂签订两个合同吗？钢结构材料加工合同发票税率为 11%，安装合同发票税率为 3%，这样可以吗？

> **解答：** 可以签订两个合同，也可认为钢结构制作和安装是两家施工企业，只要加工厂的资质能承揽此项目就行。制作是购买原材料然后加工，购买材料的发票税率是 11%，材料费和制作人工费的比例约 7：3，可以抵 70% 的税。安装费一般占总合同价的 12%，可以按劳务费开票。
>
> 总体来说，按劳务费开具的 3% 税票是不可抵扣的，这样分开要考虑施工管理中的问题，比如超付工程款、合同约定界面划分等问题。一般钢结构专业分包税率按 9% 开票，签订一个合同现场管理比较方便。

问题 3： 投标时建设方未指定材料品牌，合同约定材料价格按照工程造价信息中的综合价格结算。但是实际施工时采购的材料品牌高于工程造价信息中的综合价格，应该如何办理结算？

> **解答：** 施工方自行提高材料质量标准或购买高价格材料，材料价格超出约定价格时，在办理结算时发生争议，施工方应承担材料价格超出部分，但是从创建优质工程的角度考虑可适当给予奖励。

问题 4： 分包合同可以按预算定额计价方式签订合同吗？比如安全文明措施费、规费、税金都列出来，与对建设方签订的合同一致可以吗？

> **解答：** 分包合同一般是按固定价格方式签订，极少数是按照预算定额计价方式签订合同，采用预算定额计价在施工过程中管理困难，分包结算也"扯皮"不清楚。
>
> 分包合同一般是按建筑面积、体积或者面积、项或构件数量为单位计价，安全文明措施费、规费、税金的分项是综合单价，全部包括在单价内。营改增实施以后，分包合同签订时税金单列出来，分包人开税票要明确税率，有利于价格组成分析。

问题 5： 某项目开工以后，建设方还没有完成临时用电的铺设，并且同意施工方采用柴油发电机替代，以满足施工条件，现场签证中确认了按实际发生补偿费用，补偿费用＝（发电机组台时运行签证数 × 台组时费 － 核定发电机组容量动力 ×

0.8×运行签证数量×电网价格）×（1+税率），这个计算电费补偿标准的公式怎么解释？

　　解答： 此计算公式对施工方的结算有利，并未扣除合同内包括的电量消耗，公式中只说明了计取电量的方法。从施工方角度考虑，如果柴油发电机是施工方自有设备，还应对柴油发电机计算出折旧费进行现场签证；如果柴油发电机是采用租赁方式，租赁费用要远远大于施工用电的费用，应该按实际租赁费用补偿。

　　这个计算公式很明确，先求出发电的功率再乘发电时长，求出发电度数以后再乘电网价格，然后增加税金就是结算补偿费用。

问题 6： 某项目是专业分包桩基工程，因地质问题，施工一个月后仅打桩 18 根，分包人重新报价，应该怎么测算成本与分包人谈判？

　　解答： 此情况需要根据实际情况做初步统计，桩机按租赁费计算，现场人工工资、燃油、电费按实际统计，把实际发生的成本拿到再与专业分包人谈判。再采用预算定额计价测算一下，根据实际地质情况，测量出钻孔入岩的长度，套用预算定额中桩基入岩的定额子目，一根桩可以分段测算。

　　双方谈判时，根据实际发生成本与预算定额测算成本对比，可综合考虑价格，说服专业分包人。需要搞好双方关系，如果分包人退场或者停工损失会更大，延长工期会增加成本，所以必须说服分包人，重新确定合理价格才是正确的解决方式。

问题 7： 混凝土供应商已经申请三次调整价格，因为市场上原材料供不应求，导致混凝土价格上涨，混凝土供应商不愿意按合同约定与当时签订合同时的信息价为基准调整，混凝土供应被当地的几家供应商垄断。遇到这种问题如何解决呢？

　　解答： 混凝土属于地方材料，地方材料涨价是施工方要考虑的风险。工程造价信息是指导参考价格，并不是与供应商交易价格的数据，遇到这种问题可找建设方索要相应的补偿。

　　施工方与建设方的合同一般约定材料涨价 5% 以上可调整，工程造价信息中的参考价有可能是推迟一个月的数据，供货价格和建设方的结算数据不能混在一起，可以拿到实际供应单价给建设方参考调整价差。

问题 8： 此项目进入结算阶段，合同含税金额为 330 万元，不含税 300 万元，税金（10%）是 30 万元，建设方要求签订一个补充协议，把税率调整为 9%，多出的 1% 从结算金额中扣除，这样合理吗？

    解答： 税率变化是政策性影响，工程结算时按实调整。建设方付款时需要发票，有多少金额的发票就支付多少工程款，需要"三流一致"，发票流与资金流一致，结算额要与开的发票相同。所以要根据实际开具的发票税率结算。

    如果按预算定额或清单计价结算时，可依据付款数额区分税率的变化差值。比如上述 330 万元，如果工程款支付按 10% 的税率已付款 200 万元，结算金额为：（330−200）×（10%−9%）=1.3（万元），在结算时应扣除。

    税率变化对抵扣的影响是施工方应当考虑的事项，与建设方支付工程款和结算无关。然而，涉及施工方下游企业的进项税，应在政策文件生效前完成统计和抵扣，这属于施工方的管理责任。

问题 9： 工业厂房项目建设，施工场地为基本农田，按照设计要求，厂房建设时需要清除地坪范围内的耕植土，基础必须埋在稳定土层下 200mm 处。建设方委托另外土方公司清除了耕植土，施工方开工后，在开挖基槽时发现一部分基础开挖深度范围内虽已达设计标高，但是基础底部还有池塘淤泥，应该怎么办理现场签证？

    解答： 首先需要与建设方沟通，发布联系函，明确基础底部还有池塘淤泥存在，然后考虑建设方给出的处理方案。擅自深挖至原土层以后再找建设方要签证会很被动，这样办理现场签证就比较困难，未预见的事项让建设方想办法或者参与处理，建设方认可此做法后再施工。

    在办理现场签证时，施工方需要画出草图大样，标出尺寸和深度，甲乙双方需要签字确认。在工程结算时，此草图是现场签证的附件，可以直接计算出超挖工程量及回填工程量。如果槽底面积较大时，还需要设计方出具回填方案，回填夯实或者灰土换填还需要有夯实系数。

问题 10： 某项目施工时，土方分包队伍负责回运土方，施工方进行回填，但是卸车的土堆距槽边比较远，发生了二次倒运。预算定额中的场内运输超过多少公里可以计算二次搬运费？

解答： 此项不应计算二次搬运费，应该是现场签证费用。可以写报告申请让建设方约束分包人卸车到位，现场管理配合的事情必须在现场解决，如果施工方没有做出任何回应，此事情到结算时会发生争议。

土方回填的定额子目中包括 5m 以内取土，预算定额说明中明确了作业范围和内容，可以以此为依据找到建设方理论，通过谈判的方式减少损失。

问题 11： 施工合同约定："技术措施费中，合价包干的项目，不作调整，但因工程规模及重大技术方案变化引起的单个工程变更费用超过 2000 万元（含）时，据实调整该变更引起的技术措施费合价包干项目。"争议焦点是如何解读"单个工程变更费用"。第一种解读是单个工程的变更费用，这里主语是"工程"，进而引申为一类或所有变更费用；第二种解读是单个的工程变更费用，这里主语是"工程变更费用"，引申为一张联系单或孤立的一个变更事件。这怎么理解呢？

解答： 投标报价是按单体项目划分的，每栋楼为一个单体。单个工程变更就是每个变更的意思，这个事项引起的变更价格超过合同约定金额时应调整。

对于住宅项目，每个单体建筑的变更措施费用通常不会超过 2000 万元。因此，本合同约定，在一般情况下，施工单位的技术措施费不作调整。

问题 12： 某项目建设方直接分包的分项比较多，精装、园林、通风工程、消防另行分包，地下二层为人防工程在总承包合同中，但是人防水电安装工程建设方指定分包人。这些可以向建设方索要总承包服务费吗？

解答： 总承包服务费针对的是需要施工方提供服务的内容，比如垂直运输机械、现场临时道路、临时水电接通等。

精装、通风、消防工程可以要总承包服务费，因为每个单体建筑内施工方是有提供服务的。园林工程是室外项目，临时道路拆除后才会施工，临时水电园林绿化也没有使用，所以不应计取总承包服务费。

人防水电安装工程是在总承包合同中的，总承包服务费不可计取，但是施工方可以要到管理费，需要分包人缴纳一定比例管理费。

问题 13: 中小型建筑企业没有企业定额，采用模拟清单招标的项目，投标时可套预算定额吗？一般情况怎么做才会对施工方有利？

> **解答：** 模拟清单招标的项目多数是房地产项目，没有确定正式施工图纸就开始招标。多数招标清单采用表格填报形式，施工方可使用预算定额套价，也可自行组价。定额体现了一个地区的平均施工水平，没有企业定额的情况下可以参照预算定额组价。
>
> 编制企业定额对施工方比较有利，贴近企业实际成本报价可降低风险，因为模拟清单到清标时需要核对工程量，施工方无法控制增减工程量是会带来利润还是风险。这时候采取降低风险方式能确保企业稳步发展。

问题 14: 某项目 2018 年 4 月份中标，2018 年 9 月份签订施工合同，到 2019 年 6 月份具备进场条件，开工前由于市场价格变化，使人工费、周转材料费用、机械费、材料费上涨，施工方向建设方提出涨价的诉求，但不知道怎么编制价格上涨依据，以及价格对比分析，此事件应该怎么处理呢？

> **解答：** 依据工程造价信息中主要材料价格，将投标时和开工时的材料价格作对比分析，把主要材料在造价中所占的比重求出来，然后乘以涨幅系数，加权平均计算出材料涨价比例。也可以与建设方商量，在综合单价中直接替换主要材料价格组成新综合单价。
>
> 人工费涨幅需要查询工程造价信息的发布情况，如果没有及时更新，可以等到过了 6 月份再谈判，一般人工费每季度公布一次。
>
> 周转材料费用和机械费上涨，需要结合租赁合同以及租赁市场情况再确定，拿到 2018 年 4 月份和 2019 年 6 月份的租赁合同作对比，确定实际涨幅情况，或者让租赁公司出具市场租赁价格变化的情况说明，双方谈判以后确定价格。

问题 15: 因图纸中桩承台的剖面图与平面图标高不符，在施工过程中出现标高差错问题。这时候砖胎模施工完成，钢筋下料也已经完成，又将其拆除，钢筋重新下料，人工清理槽底修复，发生该项费用约 5 万元，建设方已经办理签证，在结算时审计方回复是施工方责任，此争议如何处理？

> **解答：** 图纸会审时有设计交底，标高差错问题应该在图纸会审时提出让设计回复，如果施工中发现图纸尺寸或标高有差错，施工方应承担相应的责任。

签证单只是证明事实情况，审计方理由是重复签证。如果图纸差错部位不影响下一个节点施工，并且图纸对应关系没有差错时，可以让建设方采用图纸变更方式解决。如果在施工过程中发现图纸问题，只能说明施工方未尽到审图义务，应承担相应的责任。

问题 16: 在装修施工时，建设方给装修单位安排了一个客运电梯运输材料，总承包方做了电梯轿厢保护措施，这项费用应该怎么结算，有没有相应的说法？

解答: 总承包方可以计取总包服务费。总包服务费中包括文明施工措施、临时设施、垂直运输、配合服务等工作。如果是单独提供服务或改变原有施工方案时，应该另行签证处理。如果施工方案与现场施工条件不同，并且施工方案中没有体现这部分措施项，此项保护措施应该办理现场签证。

问题 17: 某项目因工程变更单下达比较晚，模板支撑完成后又拆除，重新配模板，已经下料成型的钢筋无法使用，此费用怎么计取比较合理？

解答: 由工程变更引起的损失，非施工方过错时，可以找建设方签证处理。模板重新制作的费用可以放在变更单中结算，拆除的费用可以按预算定额工日消耗比例计算，钢筋重新制作安装可以按签证计算工程量，钢筋旧料改尺寸可适当签证人工，再将钢筋废料计算出工程量确认即可。

第 2 章 成本知识测试及解析

2.1 成本测算和成本思维知识测试及解析

题 1:【单选题】房建工程中人材机所占成本比例一般是多少？

    A.22∶70∶8。   B.15∶75∶10。

    C.13∶70∶17。   D.30∶60∶10。

答案解析: 人工费在总成本中占 20%～25%，材料费在总成本中占 65%～70%，机械费在总成本中占 5%～8%。

题 2:【单选题】测算风险费用时，哪类风险测算计取为最高？

    A. 人工涨幅变化风险。

    B. 材料涨幅变化风险。

    C. 专业分包变化风险。

    D. 设备配置变化风险。

答案解析: 材料费用在总成本额中占多数，市场变化对其影响较大。专业分包风险一部分由专业分包人承担，可降低风险系数。过程管理水平高可将承包风险费用转变为利润，材料涨价不可控，所以材料测算时风险费用更高。

题 3:【单选题】有一个外墙保温工程项目，如何测算确定采用分包成本低还是采用自行施工成本低？

    A.通过施工人员技术能力及管理能力，地方关系协调能力，地理环境熟悉情况和报价情况进行判断。

    B.通过测算对比，采用分包的价格高于自行施工价格时，自行施工方式成本较低。

    C.采用分包方式能降低成本，自行施工材料涨价后会增加成本，一次性包死能降低成本。

    D.自行施工成本最低，向外分包每一层都有利润空间，把分包利润挤出来计算到自行施工费用内，成本最低。

答案解析: 劳务分包和专业分包通常选择的是在特定领域具有专业的分包能力的队伍，这些领域可能超出施工企业自身的管理范畴，因此需要从这个角度来考虑分包决策。以专业分包为例，如桩基、防水等工程，还需要考虑当地的关系网络因素。

题 1 答案 A

题 2 答案 B

题 3 答案 A

专业分包商往往在本地区已经建立了行业关系，因此，在评估其报价时，不仅要考虑技术能力，还应该将其在地方关系协调方面的能力纳入考量，这样的综合评估更为合理。

题4：【单选题】测算工程材料录入数量时，录入的数据应按照什么数据录入？

　　A. 从图纸上计算工程量。

　　B. 定额消耗量或企业定额消耗量。

　　C.经验数据消耗量。

　　D.从图纸上计算出工程量后加 2% 的损耗。

答案解析： 优先采用施工企业内部测定的材料消耗量填写。企业无内部测定的消耗量时按照地区定额填写数据，根据工程项目选用该地区定额站测定的材料消耗量。

题5：【单选题】施工项目内共 12 栋楼，其中 3 栋靠近马路边无法放坡开挖基坑，使用钢板桩支护土壁。应怎样测算成本？

　　A. 分摊到各栋号内测算。

　　B.分摊到该部位这三栋楼内测算。

　　C.另外做测算表与各栋测算合并计取。

　　D.可以分摊到各栋楼内测算，也可以分摊到该部位 3 栋楼内测算。

答案解析： 分摊到该部位栋号内测算，到后期核算成本省事。做核算分析时要独立核算，租赁时间不同和租赁价格不同，混在一起做测算时到后期核算无法确定价格。

题6：【单选题】临时活动房和办公用房在项目上使用完后，回收率是多少？

　　A.0%。　　　　　　　　　　　　B.10%。

　　C.30%。　　　　　　　　　　　　D.50%。

答案解析： 测算时计算的是购买成本费用，在使用过程中要维护、维修、拆除、清洁等，会发生人工和材料相应的费用，该费用抵扣回收率保持不增加，其他成本可视为零。

题 4 答案 B

题 5 答案 B

题 6 答案 A

题7:【单选题】房建工程测算项目管理费时,分摊到建筑面积内一般单方造价是多少?

A. 50 元 /m²。

B. 30 元 /m²。

C.建筑面积 90000m² 的项目为 30 元 /m²,50000m² 的项目为 50 元 /m²。

D.建筑面积 50000m² 的项目为 30 元 /m²,10000m² 的项目为 50 元 /m²。

答案解析: 一个项目部每栋楼 34000m² 需要配备 8 人,可兼职其他事务,每月项目管理费为:8000 元 / 人 ×8 人 =64000 元;工期 24 个月,按建筑面积分摊费用为:64000 元 / 月 ×24 月 / 34000m² ≈ 45 元 /m²。

一个项目部每栋楼 76500m² 需要配备 11 人,可兼职其他事务,每月项目管理费为:8000 元 / 人 ×11 人 =88000 元;工期 24 个月,按建筑面积分摊费用为:88000 元 / 月 ×24 月 / 76500m² ≈ 28 元 /m²。

题8:【单选题】购买能使用六次的胶合板,使用完后应该测算成本回收率是多少?

A. 5%。   B. 10%。

C. 30%。   D. 0%。

答案解析: 使用六次的胶合板的回收价值,与施工过程中胶合板损耗部分重新购买的费用相抵,回收率可视为零。

模板使用一次,卖掉或者转到别的项目上使用,考虑到运输费用、保管费用、资金利息占用等,回收率可视为50%。

题9:【单选题】一个住宅工程项目,建筑面积 34000m²,共 4 栋楼,每栋为 18 层,无地下室,标准层为 3 ~ 18 层。如何配置模板?

A. 每栋配 3 层模板周转 6 次。

B.其中两栋配 3 层模板周转 6 次,剩余两栋可以在栋号之间倒运周转施工。

C.每栋配 4 层模板,周转 4.5 次。

题7答案C

题8答案D

题9答案A

78

D.使用铝模板，减少浪费提高周转次数。

答案解析：一般可选择可周转 4 次或 6 次的胶合板，考虑周转次数为楼层数的整数倍时成本最低。本次配模可选用可周转 6 次的胶合板，18 层楼配 3 层模板正好周转 6 次。需注意，过度减少配模数量且施工进度不变情况下，会导致人工成本上升，甚至超过模板成本。

考虑到运输成本比较高，资金的时间价值也会导致成本增加。总体来说，一个项目配模如果能正好在该项目中摊销完，则成本最低。

题 10：【单选题】工程项目成本测算时，通过哪种方式确定测算人工费？

A. 依据以往分包施工合同价格确定测算人工费用。

B.根据过往合作的施工队伍报价，对所有报价进行二次平均计算，选取最接近平均值的一家作为测算人工费用的参考标准。

C.通过消耗量分析和将以往数据与市场报价作对比分析的方法来确定。

D.通过工料机消耗量分析方法确定。

答案解析：在数据库内查找，然后和市场分包报价相对比，再做消耗量分析分项做测算，分项数据作为分包合同的一部分。

题 11：【单选题】成本测算时，首先要了解哪些工程信息？

A. 建筑面积、层数、层高、首层建筑面积、檐高、结构类型。

B.建筑面积、现场面积、地理状况、使用功能。

C.建筑面积、工程地点、用地总面积、使用功能。

D.建筑面积、层数、结构类型。

答案解析：测算是以单栋测算的，必须了解建筑面积规模、结构类型以及图纸中的各个尺寸（层数、层高、檐高），考虑首层建筑面积影响到运输方式和对平均建设规模大小的测算。

题 12：【单选题】不平衡报价有哪几种？

A. 专业不平衡报价、清单子目不平衡报价、工料机不平衡报价、措施不平衡报价。

题 10 答案 C
题 11 答案 A
题 12 答案 A

B.清单子目不平衡报价。

C.专业不平衡报价、清单子目不平衡报价、工料机不平衡报价。

D.专业不平衡报价、清单子目不平衡报价、措施不平衡报价。

答案解析： 采取专业不平衡报价策略，可通过填报资金配置的不平衡，使施工方更早获得更多资金。采取清单子目不平衡报价策略，可在结算时根据甲方工程量的变化进行有利的价格调整。采取工料机不平衡报价策略，是指对于甲供材或甲指定材部分，通过施工过程中的变更再认价办法提高价格。措施不平衡报价策略，是指提高综合措施费，降低分项措施费，这样在施工过程中实体工程量发生变化时，对增减技术措施部分的清单价格影响较小，从而获利。

题 13：【单选题】 建筑工程利润与投入资金相比，利润回报率有多少？

　　A. 7.5% 以内。　　　　　　　　B. 15% 以内。

　　C. 30% 以上。　　　　　　　　D. 40% 以上。

答案解析： 基础投入总成本额的 5%，主体结构投入总成本额的 10%，装饰投入总成本额的 3%，总体投入资金大概为工程总成本额的 10%，利润可以为工程总成本额的 5% 以上。

利润与投资相比，可达 40% 以上的利润回报率。

题 14：【单选题】 企业数据库应该怎么修改调动？

　　A. 依据历史数据，借鉴市场数据，对比实际成本数据，然后做分析修改。

　　B.依据分包报价数据，做二次平均值方法，按照合理低价数值做修改。

　　C.按照实际成本数据做记录，与历史数据对比，存档做数据库。

　　D.借鉴市场报价数据，按照造价信息公布的指标数据做修改。

答案解析： 数据库是通过历史数据进行修改后得来的。通过掌握历史数据后评价市场报价，完工结算后形成实际数据，然后做分析修改。

历史数据是企业运营过程积累下来的数据。借鉴数据是企业需要时寻找过来的数据。现实数据是施工完成后统计出来的数据。

题 13 答案 D

题 14 答案 A

将来数据是经分析后修改确定的数据。

题 15：【单选题】完工后核算成本，核算方法和核算的对象是什么？

A. 进行财务部门清算，对财务支出进行分析对比，研究各数据做分析。

B. 以单栋楼体作为核算对象，现场共同消耗摊到各栋，实行列表分项核算的方法，分析对比做评定。

C. 核算对象以项目为单位开始收集数据，数据收集完成后与结算金额进行对比分析。

D. 施工过程中按分部核算完成，完工后汇总做统一核算。

答案解析： 单体核算作为企业数据有借鉴作用，其组合方便，容易与市场形式观念产生共识。依据结构类型、使用功能、单体面积、地理条件等信息，能反映出建造成本数据。

以单位工程为核算对象，连体地下室的工程以正负零或以主楼地下室外墙为分界。

列表核算时，收集完整的数据，分析对比，评定结论。

题 16：【单选题】施工现场会议纪要已经四方签字，甲乙双方认可做法，结算时甲方推脱不予结算。今后对待该类事件应该怎么管控和处理？

A. 会议纪要不是结算文件，需转变成变更签证形式才有效。

B. 先拿到证据让审计部门领导看，然后找甲方审计部门领导解决。

C. 找到双方当事人当场证实会议纪要内容的真实性，如果故意不予结算可走法律程序。

D. 会议纪要不做结算，类似事件增项先结算再施工。

答案解析： 要做到证据有唯一指向性，形成闭合链条，有证人、证言、证词，有实物有影像资料。事件做完后用签证或变更形式再做确认，文件的发布和实施是两个概念，目前可证实会议确有发生，但会议中商讨的事件实际发生了没有，还得有明确指证文件。

题 15 答案 B
题 16 答案 A

题 17：【单选题】施工过程中怎样控制工程量是最好的办法？

A.实行目标责任奖罚制度，设立各分层工程量核算机制。

B.实行量化管理，细块化切分工程量，形成甲方工程量、实际工程量、分包结算工程量作对比的控制办法。

C.监督施工每个环节，不定期抽查供货数量，设立抽查小组监督。

D.规定消耗量，按照规定原则实行管理，实行责任承包制超出规定由分包承担。

答案解析：实行六量管控原则，做好预控和管控。先细块化切分工程量，然后对每块进行管控，达到动态控制。六量即：

图示量，即按照施工设计图纸尺寸计算出来的图示用量。

定额量，即按照图示工程量计算套用定额后的消耗用量。

计划量，即消耗量投入前期计划使用量。

实际量，即通过消耗计量汇总后确定的量。

结算量，即甲乙双方核算后确定的工程量。

分包量，即总承包施工企业向分包商结算的工程量。

题 18：【单选题】在进行材料定价时，有哪些影响因素？

A.地区差异和交易时间有一定影响。

B.交易时间、交易人、支付方式三方面有影响。

C.交易时间和地区差异以及交易人都有影响。

D.地区差异、交易时间、交易人、支付方式都有影响。

答案解析：成交价与交易时间、交易人、支付方式有关系。货物供货时间不同价格也就不同，供货人不同价格也不同，货到付款和货到欠款的交易价格也会不同。

材料定价方案如下：

（1）合理安排交易时间，既不囤积货物，又不影响进度。

（2）筛选出价格较低的商家，以找到合适的交易对象。

（3）以资金合理分配为原则，约定货款的支付方式。

题 19：【单选题】工程材料采购时，采用预招标方式，有多家供应商报价，如何确定交易价格？

题 17 答案 B
题 18 答案 B
题 19 答案 D

A. 选择最低价格进行交易。

B.选择合理低价进行交易。

C.选择老客户中最低价格成交。

D.选择一个新客户和一个老客户最低价格成交,新客户和老客户谁报价低就让谁供应的比例占大数。

答案解析:例如可以选择五家供应商,老供应商两家,新供应商三家,最后新供应商中留一家。这三家作为候选人,然后选择竞价谈判。

这种方法的优点是,老客户想涨价时新客户不涨,就能够对老客户的价格进行一定的控制。供应过程需要引入价格竞争才能做到成本最低。

题 20:【单选题】投标报价进行成本测算时,工程风险费用一般计取多少?

A.计取总成本额的 3%。

B.计取总成本额的 5%。

C.计取材料费的 3%。

D.计取材料费的 5%。

答案解析:以 2008 年钢材价格幅度最大为例,某项目由于钢材造成的风险损失占总成本额的 1.37%,人工费和其他风险可按总成本额的 2% 考虑。

风险分为可预见风险和不可预见风险两类。可预见风险人为因素居多,如指挥失误、工伤事故、贷款利息、二次搬运、领导检查、环境保护等;不可预见风险为不可抗力因素,如气候变化、政策变化、工料机涨价、自然灾害等。

题 21:【单选题】房建施工项目开工前要投入资金,正常模式下甲方付款按形象进度付款,合同约定基础施工至正负零,支付完成工程量的 80% 工程款,主体结构施工完成支付工程量的 90% 工程款,工程竣工后支付总价的 95%,留 5% 做质保金。如何投资成本最低?

A. 一次性投入总成本额的 10%,过程资金不足可让分包人垫资施工。

题 20 答案 A
题 21 答案 C

B.分三次投资，基础总成本额的 5% 在基础施工前投资一次，主体结构施工时投入主体结构总成本额的 10%，装修阶段施工时投入装修成本额的 3%。

C.分三次投资，总成本额的 5% 在基础施工前投资一次，主体结构施工时投入总成本额的 10%，装修阶段施工时投入总成本额的 3%。

D.根据施工企业情况，有经济实力的企业可投资 15%，无经济实力的企业可让分包承包人垫资施工，工程款收回时结算。

答案解析： 分三次投资。

基础施工一般情况下三个月左右。施工前期投入总成本额的 5% 作为开办费，劳务分包人工费比例大，农民工农忙期间要拿钱，这时工程施工基础完成，工程款支付不需要再投入资金。材料供应一般三个月付款是正常情况，按百分比付款即可。

主体结构施工阶段资金投入总成本额的 10% 作为运营资金，施工时间长需要垫资，垫资资金推给分包单位，分包报价时也要计算成本。装修施工阶段资金投入总成本额的 3% 即可，工程款已经收回 50% 以上，资金周转运作已经正常。

题 22：【单选题】工程项目成本测算分项的精度能达到多少？

    A. 千分之一。   B.百分之一。

    C.千分之五。   D.百分之三。

答案解析： 以企业实际施工能力为基础进行分析测算，以"切西瓜"的分解形式进行计算，偏差会很小。适应企业承包模式，与市场分包行情口径一致，可降低到千分之一偏差。

2.2　成本估算和造价结算争议知识测试及解析

题 1：【单选题】工程单项估算时，要考虑分项利润，下列说法正确的是？

    A. 按照人工和材料比例决定估算利润取值。

    B.分项估算时，按照分项成本价格的 8% 考虑利润及管理费与其他。

题 22 答案 A

题 1 答案 A

C.分项估算时，按照分项人工费的 24% 考虑利润及管理费与其他。

D.可按照分项成本价格的 8% 考虑利润及管理费与其他，也可按照分项人工费的 24% 考虑利润及管理费与其他。

答案解析： 人工费和材料费的比例不同，会导致估算数据偏差较大。按照人工和材料比例分析，2∶8 以上可按照分项成本价格的 8% 考虑利润及管理费与其他。

题 2：【单选题】某高层建筑基坑支护挡水采用型钢水泥搅拌墙施工，桩径为 D850，桩中心间距为 600mm，桩长 25m，墙长 200m。施工工期 90 天，水泥（32.5 级）掺量 20%。估算时考虑方法错误的是？

A. 型钢损耗估算时，拔出来的损耗要考虑在内。

B.型钢水泥搅拌墙按照墙体体积为单位进行估算，型钢按照吨位和租赁时间摊销到墙体积内进行估算。

C.型钢水泥搅拌墙按照墙面面积为单位进行估算，型钢按照吨位和租赁时间估算。

D.估算时，桩成孔工程量按设计图示体积计算，采用套接一孔法施工，完全重叠的部分不计算两次工程量。

答案解析： 型钢水泥搅拌墙按照体积为单方价格进行估算。施工时三轴型钢水泥搅拌墙是将水泥和土搅拌然后插入型钢形成的止水围护墙，孔径影响估算偏差很大，所以按墙面面积估算方法不可取。

题 3：【单选题】已知天津市某高层住宅楼的基础为钢筋混凝土灌注桩，规格为 D700，采用泥浆护壁方法施工。新建项目钢筋混凝土灌注桩规格为 D900，只是桩径变化，其他作业方式都相同，估算时应考虑的方法是？

A. 泥浆护壁成孔按延长米分项估算，钢筋、混凝土也采用分项进行估算。

B. 泥浆护壁成孔按延长米分项估算，钢筋、混凝土按已知单方价格按方量估算。

C.按照灌注桩估算单价，统一按单方价格按方量估算。

题 2 答案 C

题 3 答案 B

85

D.无法按已知条件估算。

答案解析：泥浆护壁成孔按延长米分项估算，钢筋、混凝土按已知单方价格按方量估算。因为成孔桩径对价格影响较大，混凝土浇筑人工费差异不大，钢筋在桩基础内的含量差异也不太大。

题4：【单选题】小区围墙和施工现场临时围墙估算时，应分项估算，下列说法正确的是？

A.小区围墙估算应按照墙长按延长米为估算单位，求出单方价格。

B.施工现场临时围墙估算时必须按照墙面面积求出单方价格。

C.超出 2.2m 高的围墙估算时按照墙面面积求出单方价格。

D.砖砌围墙按延长米为估算单位求出单方价格，铁艺围墙按照墙面面积求出单方价格。

答案解析：小区围墙和施工现场临时围墙，根据实际情况确定估算单方价格的单位。

题5：【单选题】设计相同的房建项目，户型基本类同，地区差异会影响到工程量变化。比如某施工企业在天津地区施工多年，承接了河北省保定市某工程项目，估算数据时会产生工程量的差距。影响平米含量的主要因素有三种，下列选项中哪一个不是主要影响因素？

A.抗震级别的影响。

B.地基的影响。

C.城市规划的影响。

D.各地区设计院设计的图纸影响。

答案解析：地区设计院设计的图纸是有设计标准的，设计院人为因素不能列为地区差异的考虑项。

题6：【单选题】工程成本估算时，分包模式改变会影响到成本价格。下列说法错误的是？

A.在一个项目中分包老板越多，分包利润越低。

B.专业分包比劳务分包的利润要大许多。

题4答案D

题5答案D

题6答案B

C.施工过程中分包模式改变会影响到工程成本。

D.一个项目的分包模式是根据企业内部管理模式而决定的。

答案解析： 专业分包从经营成本分析，利润不会很高。专业分包与劳务分包相比，专业分包前期垫资较大，劳务分包前期基本不用垫资，从工程款支付方面讨论，劳务分包无质保金。利润是和投资相对而论的，单一地按数据分析不会显示出利润。估算时了解分包模式后，将承包价格交由市场决定，就可以进行一定的成本控制。

题7： 【单选题】下列答案对房建工程中的二次结构估算说法正确的是？

A.按照历史数据，利用砌体、脚手架、钢筋、混凝土、模板、植筋的总费用求出单方造价成本进行估算。

B.按照砌体的方量进行估算，二次混凝土的体积扩大2倍并入砌体方量内，然后估算单价。

C.按照砌体的方量进行估算，二次混凝土比砌体单价高的部分，可按砌体成本乘系数1.1进行成本估算。

D.通过砌体、构造柱、圈梁、过梁、压顶、其他部分的总体积求出单方造价成本进行估算。

答案解析： 二次结构中占比较大的是人工费和材料费用，措施费用占比相对较小，所以利用历史数据将各分项相加求单方造价进行估算的方法不成立。

估算误区提示：本案例不适用二次混凝土体积扩大2倍估算方法和乘系数法，因为各建筑物内的二次混凝土占比不相同。

题8： 【单选题】某项目需建设混凝土粮仓，高度17m，筒径8m，混凝土壁厚300mm。已知已建高度25m、筒径12m的仓筒造价成本，估算新建该仓筒的造价成本。估算时考虑方法正确的是？

A.按照容积求出单方价格，按容积为单位，用扩大单元法估算。

B.按照混凝土方量求出单方价格，按照混凝土体积为单位，用扩大单元法估算。

C.按照外形体积求出单方价格，按外形体积为单位，用扩大单元法估算。

题7答案D

题8答案B

D.无法按照构筑物估算，按照分部分项估算。

答案解析： 按照混凝土体积为单位，采用扩大单元法估算。筒径不相同，按照混凝土体积估算。

题9：【单选题】某地区修一条市政道路，沥青混凝土面层，300mm厚三合土基层。关于估算成本需要了解的信息，下列说法正确的是？

A.需要了解地区的交通状况。

B.需要了解当地的民俗风情，搞好地方关系。

C.需要了解路面面层和基层、地质条件和地理位置。

D.需要了解材料运输距离和交通状况。

答案解析： 路面面层估算偏差占总偏差的10%，基层占总偏差的15%，地质条件占总偏差的35%，地理位置占总偏差的40%。道路估算成本难度是了解地理位置和地质条件。

误区：交通状况和运输距离都是由地理位置所决定，单一了解地理位置估算的偏差较大。

题10：【单选题】某项目是房建项目，12层和18层的户型相同，除楼层数外各专业都相同。用单方价格评比方法，估算时要怎样考虑估算成本？

A.考虑基础和屋面是均摊在单方造价中的，12层的楼单方造价高。

B.18层的楼单方造价高，因为楼超高后垂直运输和脚手架都会增加成本。

C.户型相同的房建项目，楼层数量多少对单方造价无太大影响。

D.12层和18层的建造工期影响到造价成本，时间越长成本越高，所以应主要考虑施工工期。

答案解析： 小高层房建项目楼层数对单方造价的影响约占5%，估算时必须考虑。基础的造价成本有可能超出标准层的造价，屋面的造价有可能是楼层造价成本的三分之一，所以均摊考虑是必要的。

题9答案C

题10答案A

误区：小高层的楼超高对垂直运输影响较小，因为垂直运输机械是塔吊施工，塔吊型号选用与楼层数关系不大。12层和18层的楼脚手架是型钢悬挑脚手架，周转使用是无影响的。工程量较大工期就长，18层的楼工程量较大，单方造价并未增加。

题11：【单选题】某模具厂投资项目，要在河北省建设生产5000套/日的厂房及配套项目。已知在北京市已经建设完成相同规模的厂房及配套项目，现在要估算本项目的建设资金，应怎样考虑影响估算造价的因素？

A. 相同建设配套和建筑面积的厂区，建造资金相同。

B.主要是建造时间和建造地区的地材影响估算造价。

C.主要是建造时间和建造地区的地理位置及交通影响估算造价。

D.各地区施工单位报价不同，估算造价会受到影响。

答案解析：厂房属于房建项目，影响估算造价的主要因素是时间和地材变化。工程材料占成本价格的比例约70%，人工费占成本价格的20%，时间变化会相应影响估算成本。地材的选用和地材的价格也是影响估算成本的主要因素，各个地区材料有所不同，地材在房建工程中约占成本的15%，地材变化将直接对成本造成影响。

误区：地理位置及交通影响不能列为建造成本。

题12：【单选题】某厂区需做电缆桥架设备基础，采用混凝土基础，尺寸为4000mm×2500mm×800mm，全长4500m，共360个。估算成本时下列说法错误的是？

A. 应考虑钢筋、模板的水平运输费用，可不考虑混凝土运输费用。

B.钢筋、模板的水平运输费用和混凝土运输费用都应考虑。

C.应考虑钢筋、模板的水平运输费用，对于混凝土运输费用，每个基础墩超过运输车容量时可不考虑。

D.可不考虑长途人工作业施工降效的费用。

答案解析：混凝土通过罐车运输，如果不是超大的设备基础墩，不需要泵送就可浇筑。

题11答案B
题12答案B

题 13:【单选题】审核施工单位申报的钢筋工程量时，要让施工单位提交结算书并提供软件计算稿或者手工计算的计算稿。初步审核完后通知施工单位核对工程量。对于框架结构的工程量核对顺序，下列说法错误的是？

A. 先核对柱类构件。因为柱构件简单，错误问题只有输入错误。设计不会出现柱尺寸错误，详图和平面图配筋不符不影响核对结果。

B.柱核对完后核对梁，梁构件核对烦琐，尺寸位置输入钢筋信息核对，但错误较少，核查部位明显，核查较容易。

C.柱、梁、板、墙、基础，按照排列顺序核对。

D.从基础开始逐步核对，一栋楼按照施工顺序从基础到楼顶逐个构件进行核对。

答案解析： 先核对争议比较少的构件，两人核对时已经"磨合"好了再核对争议比较多的构件。这样核对速度比较快。

题 14:【单选题】一个农贸市场冷冻仓库，高度 40m，脚手架搭设时不得在墙体上预留架眼，实际工作方式为加强合并双立杆，通过专家论证后作业。结算时定额内没有明确合并双立杆架体的费用，定额内也无架体搭设高度超过 24m 的子目。下列说法错误的是？

A. 施工方报送单价乘系数 1.5，按申报结算单价折中结算，单价乘系数 1.25。

B.人工费按系数 1.5 计算，钢管扣件按市场价计取租赁费。

C.施工方报送单价乘系数 1.5 或进行增项结算申报，要考虑工料机消耗乘以市场单价分项按实结算。

D.无依据参照的工作内容，双方通过认价谈判按实际发生结算。

答案解析： 双立杆架体只是立杆增加数量，架体租赁不能按系数计取费用。

题 15:【单选题】在工程开工前必须要进行设计交底，设计人员和施工现场人员开一个交底会确定设计图纸中的疑问和错误，且设计人员应该全过程跟踪指导施工。下列说法错误的是？

题 13 答案 D
题 14 答案 A
题 15 答案 D

A. 在项目开工前要审图，设计回复内容要进行记录交底，交底涉及经济较大变更的项目施工方必须让设计出具变更资料。

B. 在施工过程中，有时在交底时设计补充资料只是一份草图，施工方必须事后找到正式变更资料。

C. 对于图纸上的建筑构件，必须要清晰理解设计意图，防止在施工过程中出错，造成资源浪费。

D. 施工方施工至某阶段发现图纸有问题，要根据经验自行解决或联系设计师更改内容。

答案解析： 图纸中的问题不可根据经验自行解决，必须联系到设计人员，经同意再施工。未联系设计人员自行解决之后设计人员会推脱责任，一旦发生质量问题或图纸错误，自行解决所造成损失由施工方全部承担。

题16：【单选题】 某区已施工完成，但由于相关作业施工指令仅为建设方现场代表的口头指令，事后建设方以各种原因推脱不办理变更手续。施工方试图以签证形式上报建设方结算，结算争议时再找建设方项目负责人确认。这种方式可行吗？下列说法正确的是？

A. 这种方式可行。建设方现场代表不签认，则进行现场取证，如证据齐全，可在结算时找建设方索赔。

B.这种方式可行。事后找建设方项目负责人确认就行。

C.这种方式不可行。合同外的签证增项数据较大，会引起很多争议，建设方审计和第三方审计都会要求提供资料的，后期去找会很麻烦。

D. 这种方式不可行。这些问题要在项目上解决，口头指令没有签认的，在会议纪要中写明原因和事情经过，在项目上谈判确定。

答案解析： 签证形式上报的价格是无法撤回的，因为签证是合同外结算的价款。增加过多合同外事项会引起更大的争议。变更就是变更，口头指令未确认的费用应包含在合同内，不得混淆。审计方对合同内的事项一般不会产生疑问，但合同外增项的事项更容易被审出漏洞。　　　　　　　题16答案D

题 17：【单选题】砌筑直形墙子目与清单砌筑砖基础子目中的页岩砖，其材料相同价格却不相同。由于变更增加挡土墙内容，使用页岩砖但清单无子目适用。重新组价的材料采用什么方式报价结算？

A. 按照类似墙体清单子目，同属于墙类构件，套用近似清单组成价格。

B. 按照合同中该类材料的最低价格重新组价。

C. 按照合同中同类材料的加权平均价或数值平均价格结算。

D. 以上三项都可以结算，双方谈定即可。

答案解析： 变更增项的结算争议，通过谈判方式处理。合同没有明确该项问题的处理方法，法定文件或规则也没有明确该类问题的处理方法，只有通过协商确定处理，该项费用涉及金额太小，走诉讼方式很不合理。

题 18：【单选题】某单位施工的同一期的工程项目，两栋楼的结构类型、楼层数和首层面积相同，只是房间布局有变化，审核工程量时怎样审核比较快？

A. 随机抽查其中几个构件，再进行精确计算，计算出来的重量和施工单位申报相同，就可以审核通过。

B. 找到计算人，询问计算过程，图纸难度大的地方考一下他，没有什么大问题就可以审核通过。

C. 把两栋楼作对比分析，先把钢筋总量汇总统计求出建筑面积含量，分析对比，然后每层对比分析，看有无计算错误，有错误的话是何原因，没有问题就可以审核通过。

D. 找到以往工程指标含量，两栋指标含量接近时再随机抽查其中几个构件，没有什么大问题就可以审核通过。

答案解析： 工程指标的作用是参考估算的，随机抽查构件只能证明抽检合格，不能代表全部合格，能力比较强的计算人员也会有失误的地方，所以要排除这几项。两栋楼的结构类型、层数、首层面积相同，只有通过对比分析方法找到是否有错、错误原因和差距因素，通过这样的对比方法才可以进行审核。

题 17 答案 D

题 18 答案 C

92

题 19:【单选题】某公司承接的某工程项目因为建设方不及时支付工程款停工，现在起诉到法院，法务部门出场与建设方打官司，成本部门需要做的主要工作是什么？

A. 成本部找到支付工程款的日期，证明建设方未及时支付工程款，拿着付款凭证交给法务部门。

B. 成本部找到工程施工进度表证明施工进度，拿着实际施工进度交给法务部门。

C. 找财务部要付款凭证，找项目部要工程进度表，整理分析建设方不及时支付工程款的证明文件。

D. 组织财务部、项目部、法务部开一个会议，收集相应的证据。

答案解析： 成本部门要进行独立的运营分析和决策分析。要找到付款凭证和工程进度表进行分析，与法务部沟通并提出合理的建议，必要时还要在开庭时旁听。

题 20:【单选题】某工程项目施工，因雨季山洪冲刷，建设方已建的护坡挡土墙倒塌砸坏我方的搅拌机、水泥库、已经浇筑完成的首层混凝土顶板。因这样的不可抗力因素找建设方索赔，应该怎样考虑？

A. 已经建好的首层混凝土顶板、因洪水冲走的水泥和其他材料应该找建设方索赔。

B. 砸坏我方现场的机械设备、浪费的材料和已经完成的首层混凝土顶板写成正式文件找建设方索赔。

C. 先找建设方协商索赔的事项，然后写成正式文件找建设方索赔。

D. 先停工，等到建设方和监理催着开工再谈索赔胜算较大，等他们求我方开工，我就提出损失赔偿诉求。

答案解析： 首先考虑护坡挡土墙是建设方另行承建，非我方承建内容的质量问题导致事故。其次考虑索赔的事件流程，索赔要按照规定编制，不可胡编虚报，索赔谈判不成就容易走法律诉讼。该索赔事项原因是不可抗力，谁的损失谁承担，砸坏的机械设备属于施工组织措施项，不应找建设方索要损失费用，已经供货和已建工程的破坏造成的损失应该由建设方承担。

题 19 答案 C
题 20 答案 A

题 21：【单选题】某工程项目二期工程，图纸中是混凝土满堂基础，施工过程中设计变更图纸，室外门厅原来的砖砌条形基础改为混凝土条形基础。合同价格中没有条形基础清单子目的综合单价，应怎么进行结算？

A. 重新组成清单综合单价报送建设方审核，谈判确定结算的综合单价。

B. 参照该工程项目的第一期中的清单子目条形基础综合单价，对比分析工料机价格，报送建设方审核，然后谈判确定结算的综合单价。

C. 合同价格中没有的清单子目项，报送建设方要虚报一点，建设方审核完后正好接近工程成本价格，这样不会吃亏。

D. 套用该地区相应的定额子目报送建设方，找到可行的报价依据。

答案解析：有约定按约定，无约定按规定。合同中没有的清单项属于清单漏项，应按照合同约定方式进行结算。首先考虑合同中约定的办法，若无约定的办法，前一期合同约定的综合单价可以作为参考。第一期的合同与第二期的合同为同一施工单位，清单报价中相同项目应该消耗量相同，可调整第二期的工料机价格报送建设方，这样依据更加充分。

2.3 劳务分包班组管理知识测试及解析

题 1：【单选题】某企业有多个项目施工，其中 B 项目在主体结构施工期间钢筋供应不足，项目着急使用材料，于是从 A 项目借来80t。相应成本经营管理流程正确的是？

A. A 项目材料借调到 B 项目，必须由借料分包人发起，再由出借方分包人确认。流程经过项目部衔接，采购部发出指令并签字，交接到成本部确认调动数量。

B. A 项目部材料员清点钢筋根数，然后签字确认。到 B 项目部再由 B 项目的材料员清点钢筋根数签字确认。

C. A 项目钢筋出场要过秤称重，到 B 项目再过秤称重，双方项目交接汇总到采购部统一管理。

题 21 答案 B
题 1 答案 A

D. 让A项目部的分包人到B项目部运钢筋，签字并确认数量。最终把确认的数量交到采购部汇总统一管理。

答案解析： 项目应该形成独立核算的材料出入库管理方法。借调材料需要分包人和项目部都清楚并确认，这样有利于控制材料消耗量。

题 2: 【单选题】总承包应该如何与分包单位搭建战略联盟，达到互赢的结果？如何打造一支过硬的分包队伍？

A. 把劳务分包单价提高，让分包人有钱赚自然会有互赢的结果，长期合作就变成了过硬的分包队伍。

B. 采用选用育留的方法，首先选择合适的分包队伍，充分利用分包优势完成项目任务，积极培养，搞好关系，最后留住优秀的分包人。

C. 把劳务分包单价提高，把工程付款比例下调，这样可以拖住分包人的合作时间，达到留下优秀分包人的效果。

D. 从市场上收集优秀分包人信息，采用招标方式引进分包队伍。摸清分包人脾气后逐步拉近关系调整付款比例。

答案解析： （1）在合作初期，属于双方买卖交易，建立了初步信任关系。（2）施工过程是分包队伍实现自身价值的时候。（3）建立长久合作伙伴是目标，培育信任是双方施工过程中磨合的结果。（4）发展成战略联盟，利益共同才是最好的状态。

题 3: 【单选题】某房建项目分包招标采用清单报价方式，在施工过程中分包人提出人工费上涨 10%，要求按合同价格上调 5%。怎么解决该类争议？

A. 清单固定单价不调整，无论如何都不能同意分包人调整合同价格。应清退分包人，重新招标，另选合适分包对象。

B. 调研市场价格，另找分包人报价，然后拿着报价与合作中的分包人谈判。

C. 如果今年秋收以后人工费涨价了，约每工日上涨 1.3 倍，秋收以后施工内容是砌筑内外墙，可按清单砌块墙的单价乘 1.3 倍，如果未完成全部工程量砌筑，可按已完部分乘以涨幅

题 2 答案 B
题 3 答案 C

进行结算。

D.暂按照分包人要求谈判，到结算时再核实进行最终谈判。拖住分包人结算时间，利用分包人着急拿现金的心态，最后以最低成本结算。

答案解析： 分包清单形式，可以控制到每个单元每个部位，更精细化管理。不管事中或事后解决都要找到解决办法，敷衍分包人或否定分包人都会产生更激烈的矛盾，导致项目停工。

题4：【单选题】编制分包招标文件时，要根据项目的不同特性有针对性地进行编制。下列说法错误的是？

A.高层建筑，一般采用建筑面积包死的方法，因为标准层较多，变更少，采用包死方式容易管理。

B.联排洋房，一般采用主体结构分项包干，装饰清单形式，工程量在结算时核算，变更多，容易控制。

C.厂房综合楼，一般采用清单形式，工期长，付款节点容易控制。如果按面积控制付款时容易付超。

D.独立别墅，一般采用固定总价包干，工程量少，工期短。

答案解析： 独立别墅，一般采用清单形式，工程量在结算时核算，变更多，施工方案变化大。

题5：【单选题】施工过程中分包付款时，超付款分包人容易违约，也会失控，少付款分包人要闹事。如何控制付款比例和节点？

A.中标前先让分包人缴保证金，施工过程中按照已经完成工程量的85%的比例付款，结算时付至95%，保修完成后结清。

B.中标前先让分包人缴保证金，施工过程中付款比例可根据实际情况调整，结算时付至95%，保修完成后结清。

C.不同项目要不同对待，按照施工工期、项目特性、工程量的难易程度等方面进行分析，采取不同的控制办法。

D.实行项目监督制度，按分包单位每天用工数量来控制付款。每月按照每个工人出勤数的95%结算，工程完成后结算至95%，保修完成后结清。

答案解析： 通过分包全过程资金盈亏幅度变化图分析，直观找

题4答案D
题5答案C

96

到项目特性与工期的曲线图，再结合工程量的难易程度分析每个节点是否超付款。

题6：【单选题】施工过程中分包三要素是工程质量、工程进度、工程安全，在工作面展开的情况下，由多家分包队伍公开竞争，实行奖罚规则产生效益。关于具体奖励落实方案，下列说法错误的是？

A. 在招标时，三家队伍可采用竞争质量和进度的方法先挑施工段，而在实际施工过程中未按承诺做到时进行处罚。可以从付款比例上钳制只喊口号不行动的分包人，过程中多付款给带头做事的分包人，这样冲锋在前面的分包人心理也会平衡。

B. 同在一个项目的两家分包人，质量和进度都排后的情况，分包人自然会低调，当然开工时定的处罚是落实不了的，但这时候处罚就变成了一个撒手锏，成为项目部和成本部掌握的把柄。

C.在同一项目内，质量和进度方面都领到奖励的分包人，结算时的争议统统取消，分包人高兴的同时结算也能够顺利完成。带头冲锋的分包人能够先结算，既领奖励还得到表扬。未得到奖励的分包人也按带头分包人结算事项进行处理。

D.把进度奖给一家分包人，把质量奖给另一家分包人，让分包人心态感觉平衡才会有动力做好项目。

答案解析：奖励的目的是产生效益。用平衡的方法处理，分包人知道质量和进度两项奖励分别要发给两家分包人，下次合作的项目各个分包人就会产生优秀不优秀都有奖励的心态。

题7：【单选题】某项目分包招标，计划一地块由四家分包单位完成，选定四家分包单位后，如何安排分包人挑选施工段的顺序？

A. 采用挑选"带头大哥"的方式，四家分包在一个施工段，总会划分到一个最优的施工场地或楼型，只要在施工过程中承诺能带头冲锋做好质量和进度的安排，可以由他先选择施工段，然后剩余三家采用抓阄方式分配。

B. 和领导关系好并且长期与公司有合作的分包单位先挑选好的施工段，其次排顺序。

题6答案D
题7答案A

C.同时约到四个老板一起抓阄，听天由命的方式可以解决他们心理上的不平衡，以后无人会埋怨，因为是自己挑到的施工段。

D.听从项目部和采购部意见，采用三个部门综合评定的方式确定。

答案解析：成本与工程进度和质量有关，进度快、质量好，成本也可以降到最低。让分包人抢施工段并承诺保证进度、质量，分包人拿到好的施工段可以节约分包劳务成本，这样施工过程中会更有竞争力。

题8：【单选题】分包招标时设定保证金，在分包人中标后保证金转变为履约保证金，再转变为质量保证金，最终保修完成后退还。这样操作的目的是什么？

A.中标单位投标保证金转换为履约保证金，再由履约保证金转换为质量保证金，这样有利于遏制分包人各节点违约情况。

B.让分包人交保证金是用于财务资金周转，分包人的资金到企业账户中可产生利息。

C.分包人缴的保证金越多越好，施工过程中分包人制造事端可以扣押保证金，从而制服分包人。

D.这三类保证金退还再缴比较麻烦，交一次最后退还财务可以节省手续流程。

答案解析：从工程进度各节点分析，通过投标保证金、预付款、基础完成付款、指定付款节点、完工付款、质量保证金这六个节点可以预防每个节点分包人出现违约情况。

题9：【单选题】某企业针对管理水平提高做出了具体方案，对钢筋损耗量实施控制，下列哪一种办法比较有效？

A.签订分包合同，明确约定分包用量超出2%以上时的处罚力度，通过约束分包人使用量控制钢筋损耗量。

B.增派材料员到施工现场进行监督，发现浪费即进行处罚。每批材料必须有购货数量，每次用料都经过监督人员签发才能运往施工部位。

C.增派材料员到施工现场进行监督，增加门卫岗，进场数量和出场数量必须经过材料员和门卫签字。夜间安排巡逻队伍，定

题8答案A

题9答案D

点值班看管。

D. 实行项目责任目标制，由项目部管理。分包人约定执行四级管理原则，发现浪费要处罚，处罚到具体的浪费人员。项目部和分包人共管，钢筋实行出入库管理。

答案解析：材料供应信息链形成后，可控制相互制约。采购部、分包人、项目部三方形成制约，通过责任人共担的原则才能达到控制目的。成本部可以采用部位控制的办法，如每层做一次审核或一个部位完成做一次审核。

题 10：【单选题】分包结算主要由合同价格和增项价格组成，结算的难点是发生在过程中的增项。过程中的减项一般很少，分包没做的直接扣除就可以。下列结算办法对企业长期发展有利的是？

A. 同一施工段内找到合适的分包人带头解决争议，就能起到带头作用。按照最低成本分包人带头结算完毕，施工段的其他分包人也跟着结算，共性争议也就减少了，能加快结算进度。

B. 哪个分包人和成本部拉近关系先给哪个分包人结算，结算完后其他分包人着急拿到结算款，就会减少共性争议，加速结算。

C. 同一施工段内哪个分包人争议少就先结算，适当放宽争议原则，争议少的分包人结算完成，同一施工段的其他分包人也跟着结算，共性争议也就减少了，能加快结算进度。

D. 同一施工段内的分包人统一召集到成本部开会，把另提争议的问题交给领导解决。领导压制分包人另提的争议，然后提出争议的分包人和领导一起谈，出于面子和长期合作的考虑，分包人就会主动放下争议。

答案解析：想要留住分包人，就要让分包人心态平衡，并不是多些利润让步就能让分包人留下来。以人为本的管理才是成功的，心态没管理好，让利再多分包人也感觉是应该得到的。只有把结算处理得让分包人心服口服，这样分包人才会对成本部门感恩，对企业认识形成高度，才会有下次合作的机会。

题 11：【单选题】中型企业分包单位数量能达到 100 多家，其中同专业同类分包人有 3 家以上，对于分包结算流程，下列哪条是可借鉴的优秀的管理方案？

题 10 答案 A
题 11 答案 B

A. 所有证据资料都交到成本部，由成本部出具结算报告。成本部拿到报告后与项目部核对，最终签字盖章生效交给分包人。

B. 实行项目部计算工程量、成本部审核的制度。分包结算事项由三部分组成：合同内、合同外、争议增加项。成本部只解决争议增加项，合同内和合同外结算由项目部完成，成本部只参与审核。

C. 安排成本部预算人员到施工现场全过程跟踪，成本经理统一管理各项目部安排的人员，结算时先安排预算人员初步结算，最终交给成本经理审核并统一签发。

D. 让分包人报送结算书，由成本部审核。增加合同额的证据由分包人提交，如果无证据找项目部询问，分包人提供不出证据不予结算。

答案解析： 实行两级结算制度，要求项目部每个角色都确认事实，这样有利于管理，有利于在施工过程中对分包人的管理。同时也解决了成本部不了解施工现场的问题。让各层各部门之间产生责任归属，将证明增减合同额的文件在结算书中以附件形式附后，明确各部门职责。

题 12：【单选题】 项目实行分包招标，成本部要考虑很多内容。下列说法错误的是？

A. 项目部选定分包班组必须结合企业情况确定，是选劳务分包还是班组分包取决于企业合作实力。

B. 高层住宅、别墅洋房、桥架基础等标准构件较多的建筑和部位采用劳务分包能降低成本。工业厂房、构筑物、室外工程、设备设施等无标准构件、工艺复杂的项目，适合采用班组分包。

C. 企业规模为中型或大型，并且项目较多时，采用劳务分包更合理。小型企业、承揽工程种类多并且复杂的，采用班组分包比较合理。

D. 找到价格最低的劳务队伍和价格最低的班组分包队伍进行比较，考虑项目配备管理班组分包的人工增加成本。比较哪个合适就选定哪个。

答案解析： 企业应适应市场规则，结合企业自身实力去选择施

题 12 答案 D

工队伍，还应根据项目特性决定选队伍的方式。价格低，成本不一定会低，也可能价格低但投入成本会很高。

题 13：【单选题】大型企业采用公开招标的方式选择分包人。先综合打分，求出平均值，平均值以上的单位再参与二次平均，求中值来评选中标单位。对于具体实施方案，下列说法错误的是？

A. 通过七个方面评定选择合适的分包人：工程质量、分包价格、工程工期、管理水平、外部资源、个人信用、垫资能力。对这七个方面做加权打分评定。

B. 二次平均值的方法能找到队伍实力较强的单位，其报价适中，配合项目管服，能够胜任本项目分包。

C. 二次平均值法有两个目的：一是选出最适合本项目的施工队伍；二是通过二次平均值，让领导了解分包人的实力，从而选出有能力完成项目的队伍。

D. 适合项目的分包人才是最好的分包人。有实力干高层住宅的分包队伍，让他干工业厂房，价格高还做不好。合适的活选合适的队伍，每个项目特性不同，选择的分包也不同。

答案解析：领导有一票否决权，选施工队伍不需要看此结果。根据二次平均值法仅能比较价格要素，不能判断施工队伍是否有实力。成本运营要按照成本优先原则处理，所以该说法错误。

题 14：【单选题】在施工过程中，现场临时搭建的办公用房位于塔吊的作业范围内，需要进行防护。然而，分包合同中并未明确规定此项防护工作是由总包还是分包负责。尽管临时办公用房的基础设施是由总包完成的，但由于责任划分不清晰，双方产生了争议。项目经理无法找到解决方案，导致工程停工一周。最终，在与分包方协商并签署零工费用协议后，工程才得以复工。这些事件是在哪级控制上发生的？

A. 这是在一级管理控制上发生的，分包合同上没有注明分包人应该做的事按常理不用做，但通常都是分包人完成，这是选择分包人失误造成的，因为分包人不理解分包意图。

B. 这是在二级管理控制上发生的，这体现在分包合同约定中，合同涉及的范围有争议，是合同起草人失误造成的。

题 13 答案 C
题 14 答案 D

C. 这是在三级管理控制上发生的，清单控制一般由项目预算员把控，影响小范围的价格调动。由于清单描述不清楚造成的争议，是成本部失误造成的。

D. 这是在四级管理控制上发生的，企业内部管理失误造成的。制定企业标准应该包括此类零星工作，用签证零工控制分摊到各分包合同中。

答案解析： 安全文明施工的维护费用包括在分包合同中，其中一家分包人完成零星工作，结算时摊销至该项目其他分包人，相应扣除费用加到完成零星工作的合同中。

题 15：【单选题】某项目开工后实行分包公开招标，通过二次报价方法确定分包人。该项目分为两个施工段，要确定两个分包队伍，但两个分包人报价最终价格不同。如何变成相同的价格方便施工过程管理？

A. 选定一家合适的分包人报价作为基本价格，其他分包投标人谁接近基本价格谁中标。

B. 经过第二轮报价，选出三到四家分包人进入最终竞价环节。在此阶段，分包人需自主降低价格。最终，以倒数第二名分包人的报价为基准价，将倒数第一名分包人的报价适当抬高，使得这两家分包人的价格相同，并确定他们为中标人。

C. 选定一家合适的分包人报价作为基本价格，报价比基本价格低的适当提高价格以达到统一价格的目的。

D. 在分包招标过程中，先测算出合理的分包价格。在接近该测算价的投标人中，选择最合适的分包人中标。测算出的价格将作为最终签订合同的标准价格，无论分包人在投标时填报的价格是多少，最终签订合同时必须以测算价为准。这样一来，两家分包人签订的合同价格是相同的。

答案解析： 只有分包人为了中标自主压低报价，同一个项目内两个施工段的价格相同，这样施工过程中的管理才会比较简单。若同一个项目两个分包人价格不同，有些分包人就会以价格低，而质量标准高或进度太快等原因叫苦，出现变更或其他情况就要求涨价，心理总是不平衡，冲锋前进时总在后头。其

题 15 答案 B

在施工时给工人的价格也会不同，高价中标的分包人给工人价格略高，同施工段的工人会选择高价施工段内的分包人，这就导致了谁价格低谁就招不到工人。

题 16：【单选题】某小型企业分包资源枯竭，想通过朋友介绍或已合作的分包人介绍引进几家分包人。请问要怎么引导才能使分包人成为可靠的合作伙伴？

A. 选中其中一家实力最强的分包人，然后谈判，可适当放宽分包价格引导分包人交易。

B. 初步建立信任关系后，再招标确定分包人。

C. 通过中间人介绍，摸排分包人是否合适。

D. 外部所有资源报价都拿到后，选中一个合理低价报价表，分别找报价高的分包人谈价。拉近关系，透露"内部价"让分包人信服，再次调低价格二次报价。

答案解析：第一步先建立信任关系是主要的，间接性关系都很脆弱。首先有关系人去搭桥把分包引到企业内部参观，找到领导谈判拉近关系，通过吃饭交心等方式留住分包队伍。可以带分包人带图纸参观工程所在位置，让分包人聊聊自己的见解和心态，确定是否有合作意向。

题 17：【单选题】营改增之后，分包人缴税变成 3%。根据项目特性需要进行劳务分包，同时模板、脚手架材料也由分包人提供，材料和租赁费用税率为 16%。请问在签订分包合同时应该怎样操作？

A. 按照人工费与模板、脚手架的比例分析，人工费乘以 3% 加上材料和租赁费乘以 16% 进行综合分析，求得综合税率签订合同。

B. 综合分析，然后依据分包人情况确定税率。把分包价格除税后进行比较，3% 和 16% 税率是固定的，开多少票都与报价无关。

C. 劳务招标中的价格分为两类：人工费用和周转材料及机械费用，这样有利于控制成本。

D. 让分包人分别以 3% 税率和 16% 税率报两种价格，哪种合适就选择哪种方案。

题 16 答案 B
题 17 答案 C

答案解析：（1）符合营改增，招标要求人工费税率 3%，材料和租赁税率 16%。（2）报价分析容易。清包工是多少钱、周转材料是多少钱，这样分类有利于参考市场价作依据分析。（3）对于由人工费或租赁费引起的市场价格波动，可以明确应调动系数。（4）多家投标文件对比报价，可以约束分包人报价范围，使报价更接近成本。

2.4 工程造价估算指标知识测试及解析

题 1：【单选题】待建高层商业项目，楼内某层为设备管道层，标准楼层高 3.2m，设备管道层高 2.1m，估算造价指标时应如何考虑？

A. 求出竖向构件墙柱的差异，然后再考虑墙面、地面、顶棚的差异，再考虑门窗工程量之间的差异。

B. 只考虑竖向构件及墙面的差异影响，地面、顶棚差异较小，不考虑。

C. 求出竖向构件墙柱的差异，然后再考虑墙面、地面、顶棚的差异，再考虑门窗工程量之间的差异。最后楼内的设备价格与构件价格相互对折，求出差异指标。

D. 把设备管道层的全部构件求出价格，折算到指标中调整指标。

答案解析： 结构层高在 2.2m 以下的计算半面积。设备管道层与标准层面积计算有差异，构件含量也有差异，要把全部构件求出价格，折算到指标中调整指标。

题 2：【单选题】估算工程造价指标时，待建项目是剪力墙结构，已建项目是短肢剪力墙结构，要进行差异分析，下列说法错误的是？

A. 高层的构件对比要看标准层，标准层工程量在单体中占比较大。对于构件的含量，可以在图纸中直接框出长度，然后对比调整指标。

B. 对比建筑平面图中显示的混凝土墙，连梁或暗梁不考虑。

C. 楼层面积相同时不同竖向构件承重不同，短肢剪力墙中的钢筋含量较高，所以，在估算剪力墙结构与短肢剪力墙差异时，要进行钢筋含量指标分析。

题 1 答案 D
题 2 答案 C

104

D. 对剪力墙结构与短肢剪力墙结构进行差异分析，即将混凝土墙较多的单体建筑减掉混凝土墙较少的单体建筑，求出差异工程量，然后乘以构件价格求出指标差异值。

答案解析： 在整体差异分析时，剪力墙结构与短肢剪力墙结构中的钢筋含量影响差异值较小，可忽略不计。

题3：【单选题】待建项目是毛坯交活，已建项目是精装修项目，对比估算指标差异时要考虑墙面、地面、顶棚装饰构件的差异。下列说法正确的是？

A. 考虑墙面、地面、顶棚装饰构件，要对单价较高的构件另行计算出价格，然后把价格分摊到指标中。

B. 考虑墙面、地面、顶棚装饰构件，要分析各个房间或部位的使用功能，功能不同的部位，相应含量也不同。

C. 房建项目，待建项目公共部位是地面贴大理石，已建项目全部地面贴大理石，要先对比公共部位，然后进行差异分析。

D. 待建项目的阳台墙面毛面打底抹灰，已建项目的卫生间墙面粘贴面砖，要分别计算工程量求差异，不可合并计算。

答案解析： 房间或部位的使用功能，阳台或卫生间的部位、公共部位或户内的部位，对墙面、地面、顶棚装饰构件的差异分析无影响，估算指标是用替换构件的方法进行分析的。

题4：【单选题】估算工程造价指标时，基础内要考虑分析的问题是什么？下列说法正确的是？

A. 基坑支护与基坑边坡的差异、筏板基础与梁式基础的差异、基础和屋面的均摊价格差异。

B. 基坑支护与基坑边坡的差异、基础和屋面的均摊价格差异。

C. 基坑支护与基坑边坡的差异、筏板基础与梁式基础的差异。

D. 筏板基础与梁式基础的差异。

答案解析： 基础和屋面的均摊价格差异分析，是指在楼层数不相同的情况下做均摊分析，所以不是基础内分析的事情。基坑支护或边坡处理都是针对基槽内工作所做的施工方案，要考虑分析因素，筏板类型的变化也是基础内要考虑分析的。

题3答案A
题4答案C

105

题5：【单选题】房建项目估算指标时，需要结合图纸分析差异值，下列说法错误的是？

A.要看建筑总面积、标准层面积、楼层数、户型、结构类型、楼层高度、有无地下室、门窗、屋顶造型、外墙装饰、附属构件等。

B.要看建筑总面积、标准层面积、楼层数、结构类型、楼层高度、有无地下室、外檐门窗、屋顶造型、外墙装饰、附属构件、建设地点等。

C.要看建筑总面积、首层面积、楼层数、结构类型、楼层高度、有无地下室、外檐门窗、屋顶造型、外墙装饰、附属构件、建设地点，还要考虑场外交通情况，以及材料供货来源情况等。

D.要看建筑总面积、首层面积、楼层数、结构类型、楼层高度、有无地下室、外檐门窗、屋顶造型、外墙装饰、附属构件、建设地点，还要考虑现场布置情况，结合施工方案进行分析。

答案解析：场外交通情况以及材料供货来源情况不必考虑。场外交通属于建设方考虑的范畴，估算指标时施工单位只考虑可控因素。材料供货来源是采购中的考虑因素，需要在施工过程中考虑。

题6：【单选题】高层建筑的造价要从时间对材料价格影响、地区差异性影响、结构特性影响三方面考虑，各因素影响到成本的比例占多少？

A.时间对材料价格影响占总成本的5%，地区差异性的影响占总成本的3%，结构特性影响占总成本的2%。

B.时间对材料价格影响占总成本的5%，地区差异性的影响占总成本的5%，结构特性影响占总成本的1%。

C.时间对材料价格影响占总成本的1%，地区差异性的影响占总成本的1%～3%，结构特性影响占总成本的1%～2%。

D.时间对材料价格影响占总成本的5%，地区差异性的影响占总成本的5%，结构特性影响占总成本的1%～2%。

答案解析：地区差异会影响砂石料、土方、基础处理及降水的

题5答案C
题6答案C

106

成本，其中砂石料的成本差异主要体现在运输成本上。根据我国工程量清单计价标准，材料价格变化幅度超过 5% 时，涨价风险由建设方承担。材料费约占总造价的 70%，但所有材料不可能同时上涨 5%。即使材料费上涨 5%，对总成本的影响也仅为 70%×5%=3.5%，不足以达到总成本 5% 的变化幅度。因此，其他选项是错误的。

题 7：【单选题】在我国，项目的详细可行性研究阶段，估算允许误差是多少？项目的工程设计阶段，估算允许误差是多少？

A.项目的详细可行性研究阶段，允许误差 ±10% 以内；项目的工程设计阶段，允许误差 ±5% 以内。

B.项目的详细可行性研究阶段，允许误差 ±15% 以内；项目的工程设计阶段，允许误差 ±10% 以内。

C.项目的详细可行性研究阶段，允许误差 ±15% 以内；项目的工程设计阶段，允许误差 ±5% 以内。

D.项目的详细可行性研究阶段，允许误差 ±10% 以内；项目的工程设计阶段，允许误差 ±10% 以内。

答案解析： 项目的详细可行性研究阶段的估算依据是工程设计任务书中规定的项目投资限额，并可据此列入项目年度基本建设计划，允许误差 ±10% 以内；项目的工程设计阶段，已有全部设计图样、详细技术说明、工程现场勘察资料，又称投标估算阶段，其估算允许误差 ±5% 以内。

2.5 成本知识疑点难点测试及解析

题 1：【单选题】施工项目的工程签证单由技术人员负责，但有时候技术人员失误，过段时间形成隐蔽工程，其他人也不知道多发生了费用，这种情况怎么规范处理？

A. 设立绩效考核指标，督促技术人员按时完成工程签证工作。

B. 设立目标成本，实行奖励机制，谁去办就奖励谁。

C.实行月结算制度，按月汇总签证单，没有报上来签证单就处罚项目部。

题 7 答案 A

题 1 答案 B

107

D.设立工程签证指引数据库，无论工程施工到什么部位，都有相应指引协助技术人员完成签证。

答案解析： 签证是新增内容，用奖励机制为宜；变更是责任管理，用考核机制为宜。为什么技术员不去办理？还不是因为办完费力不讨好。成本管理者为项目服务，而不是为项目设卡。管理首先得制订目标成本，签证是否办好是人的责任心问题，考核是没有什么作用的。设立指引数据库的作用是为没有签证意识的技术人员提供参考，公司可以设立，但不是主要解决办法。

题2：【单选题】项目需要对农民工实施实名制管理，请问需要哪些部门配合？

A.需要公司配合进行合约管理，需要项目部配合执行。

B.需要劳务班组统报花名册，银行办理储蓄卡每月发放工资。

C.需要项目部与劳务班组配合完成。

D.需要项目部与劳务班组以及每个工人配合完成。

答案解析： 农民工实名制管理针对的是资金发放不到位，最终产生的农民工上访问题，解决资金流问题就要专款专用，从合约规划上单独列出来，在各层级分包人承包价格中设立专款。如果采用劳务大清包形式，要把劳务费和模板材料周转费分开，针对劳务人工费单独写明，从合约管理方面足额发放至项目部，由项目部执行分发给劳动工人。花名册和储蓄卡都是走形式的，从合同定义中解决才是根本，可以每日统计工人数量，每月结算工资，并按合同约定足额发放，从统计和发放两方面证实工资问题已经得到妥善解决。

题3：【单选题】企业成本管理过程中，劳务分包需要通过以下哪种方式确定才能得到最低的成本价格？

A.通过市场询价了解分包队伍报价的方式，再通过以往项目分包价格对比，求出最低的成本价格。

B.通过项目测算，结合市场价格信息确定分包价格。

C.通过打听别的企业项目价格，以压制分包报价方式确定最低成本价格。

D.让分包人报价，谁的价格最低谁中标，同时签约的时候约

题2答案A

题3答案A

定合同一次性包死不作调整，这样得到的就是最低成本价格。

答案解析： 分包最低成本要从过程管理求得，分包价格要与市场价格接近，以提升企业资源为目标。通过市场价格和分包报价，再结合以往项目报价进行分析，这样有利于企业长远发展，最低价格不一定是最低成本，在分包招标竞争的同时要考虑分包人综合实力。有的分包人会以最低价格中标，进场以后要求涨价，这样低价中标高价结算，综合成本就会上升。

题 4：【单选题】土建劳务分包在进行招标时，可选择以下两种方式之一：提供清单报价表和施工图纸，或者以建筑面积包干并提供施工图纸。如何选择比较合理？

A. 提供清单报价表和施工图纸的方式比较合理，因为报价越细争议越小。

B. 以建筑面积包干并提供施工图纸的方式比较合理，因为价格包死方式不作调整成本最低。

C. 两种方式都可以，根据企业情况进行选择。

D. 要看企业特性和工程特性，根据项目确定分包报价表。

答案解析： 企业特性是要看企业的劳务组织，看企业的资源是劳务分包资源还是班组分包资源，考虑企业与分包人合作时间长短，若是长期合作以建筑面积承包包死比较省事，管理强度低，新合作分包人需要细分报价。看工程是住宅高层、别墅项目，还是工业项目，住宅高层适合以建筑面积分包，别墅项目适合主体结构建筑面积包死，二次结构和抹灰以清单报价形式，工业建筑要按照清单工程量的方式分包。还需要考虑工程变更内容多少，例如住宅变更较少。

题 5：【单选题】建设方要求住宅项目使用铝模施工，公司需要考虑是购买还是租赁。哪种方式成本较低？

A. 公司采用购买方式的成本较低，因为租赁公司管理费用和利润很大，自己买来用可以降低成本。

B. 考虑租赁方式，因为公司回款慢、资金压力大，贷款利息很高，所以租赁方式是比较经济的。

C. 公司购买或租赁方式要结合企业特性和工程特性考虑，分期

题 4 答案 D
题 5 答案 C

开发的房建工程购买铝模成本较低。

D.可以部分购买部分租赁，在实际施工过程中采取成本较低的方式解决。

答案解析： 要结合企业特性和工程特性考虑。铝模周转次数是50～70次，住宅楼比较适合采用铝模施工，例如高层20层、周转4栋楼时，就超出了铝模使用寿命，其购买成本是比较低的。企业将铝模投入使用的周期是最多3个项目，最长时间是5年。租赁也需要每个项目与租赁站进行结算，实际投资利息计算并不是很高，所以购买成本从企业特性角度考虑也是较低的。

2.6 成本知识综合测试及解析

题1：【单选题】增加工程利润的主要管理手段是什么？

A. 在招标时采用不平衡报价增加利润。

B.在施工过程中管理好签证变更索赔。

C.施工过程中转风险为利润。

D.压低供应商价格。

答案解析： 风险分为可控制风险和不可控制风险，把可控制风险转变为利润，降低消耗，是主要的管理手段。

题2：【单选题】在工程投标时未发现缺项漏项，在施工过程中建设方要求完成此项工作，主要责任是哪个部门？

A. 成本部。　　　　　　　　B.商务部。

C.项目部。　　　　　　　　D.采购部。

答案解析： 商务部责任是对外，缺项漏项和增项都属于商务部责任。

题3：【单选题】成本管理的重点是什么？

A. 转风险为利润。

B.控制材料消耗量。

C.制订企业管理制度和管理标准。

题1答案C

题2答案B

题3答案A

D.监督项目部每一个管理人员。

答案解析： 成本管理目标是利润和业绩，所以选择转风险为利润。

题4：【单选题】"开源节流"在工程成本管理中具体指的是什么？

A. 是财务部门的一个核算口径。

B.是指降低内耗，对外增加结算费用。

C.是企业内部的一个制度规章。

D.是企业内部的一个考核标准。

答案解析： 开源节流是指增加收入，节省开支。

题5：【单选题】签证与变更的管理流程有所不同？下列说法正确的是？

A. 签证与变更的流程都是由施工方发起。

B.签证的流程由施工方发起，变更的流程一般由建设方发起。

C.签证与变更的流程，施工方、建设方都可以发起。

D.签证与变更的流程需要根据合同文件约定考虑应由哪方发起。

答案解析： 签证的流程是施工方发起，因为签证针对的是一个新事件，不发起就不会增加费用，施工方要主动申请费用。变更的流程一般是建设方发起。

题6：【判断题】低价中标高价结算是通过签证、索赔来增加合同结算价格的方式。

答案解析： 工程结算价款与合同价格、变更、签证、索赔等有关，其中工程变更是建设方掌握，所以只能通过签证、索赔来增加合同结算价款。

题7：【判断题】工程质量、进度、安全与利润相关，因为不发生风险就是降低了成本价格。

答案解析： 工程质量、进度、安全都会影响到成本价格，例如提高工程质量分包人要增加相应费用，进度延误要增加机械设备租赁费，安全事故发生要赔偿。

题4答案B
题5答案B
题6答案对
题7答案对

题8：【判断题】施工现场材料损耗可参考预算工程量来控制。

答案解析：中标工程量、图示工程量、结算工程量、实际使用量、计划采购量、结算工程量形成六量对比，以图示工程量为标准，可校验各数据的正确性。

题9：【判断题】供应商资源合作较少，使材料供应时谈判价格不能压低，这是不可预见性风险。

答案解析：供应商资源合作较少是可预见性风险，因为该风险在项目开工前可以预见，并从市场上引进供应商。

题10：【判断题】影响成交价格的三要素有交易时间、交易人、交易数量。

答案解析：成交价格与交易时间、交易对象、支付方式有关。不同的货物供应周期会导致价格差异，不同的供应商也会给出不同的报价。此外，货到付款和赊销的交易方式也会影响最终的成交价格。

题11：【判断题】材料采购时找三家供应商报价，报价最低的供应商成本价格最低。

答案解析：报价最低的供应商成本价格不一定最低。可以在报价中制造竞争，逐个供应商谈判价格，从而压低价格。到施工过程中材料价格变化时，可采用以量控价的办法实现成本管理，把价格降到最低。

题12：【判断题】砌体材料损耗率较大，可以在分包合同中约定材料消耗量，到结算时如果超过约定消耗可以扣除分包工程款。

答案解析：需要在招标时即与分包人约定材料消耗量，写清楚分包人的管理水平，包给分包人材料消耗量，但是材料价格由总承包人掌握，材料价格变化时可调整。

题13：【判断题】分包签证零工控制可以实行量价双控，可实行此方案：每工日需要完成多少工程量，需要写在签证单中，方便以后核对。

题8答案对
题9答案错
题10答案对
题11答案错
题12答案错
题13答案对

答案解析：干多少活签证多少工日，形成企业标准。

题 14:【判断题】分包垫资做工程，如果一家分包人连续三个项目同时施工，其资金压力会比较大，所以需要采取错峰承接管理方法避免压垮分包人。

答案解析：根据房建项目合同付款比例，节点付款时分包垫资最多，三个项目节点付款重合后分包在一个时间点上垫资会超出分包人垫资承受能力。

题 15:【判断题】某别墅项目，模板班组分包时把地下室和地上模板签订统一分包价格，导致地下室用工消耗低，施工至正负零时分包人退场。其主要原因是项目没有做好控制管理。

答案解析：这是由于分包合同颗粒单元细度不够造成的，如果在合同中设计地上部位与地下部位价格不相同，用工消耗量较少的部位降低价格，就不会导致分包人退场。

题 16:【单选题】投标时向分包人询价，分包人虚报，到选取分包队伍时，分包人降低价格超出了 10%。对于这种没有明确意向交易时分包人随意报价的情况，应该如何管理？

A.发现虚报价格 10% 以上时杜绝分包人中标。

B.发现虚报价格 10% 以上时对分包人进行罚款。

C.发现虚报价格 10% 以上时降低分包人再次承接工程的权限。

D.发现虚报价格 10% 以上时警告分包人。

答案解析：分包资源库设 A、B、C 三个等级，A 级可承接利润高的项目，以此类推可控制分包人虚报价格的情况。

题 17:【判断题】分包需要在分包招标时投入大量精力进行管理，并且在施工过程中相应管理措施要执行到位。

答案解析：事前管理分包人，在合约规划时做好管理要比施工过程中再管理更有效。

题 18:【单选题】下列哪些工程事件构成工程变更？

A.更改工程有关部位的标高、基线、位置和尺寸。

题 14 答案对

题 15 答案错

题 16 答案 C

题 17 答案对

题 18 答案 A

B.建设方安排零星用工。

C.监理工程师验收钢筋不合格，需重新绑扎。

D.混凝土试块不合格。

答案解析： 更改工程有关部位的标高、基线、位置和尺寸是设计图纸变更，零星用工应该为签证，钢筋绑扎不合格、混凝土试块不合格是施工方责任，不应是工程变更。

题19：【判断题】签证的利润没有索赔利润大，因为索赔可以不按合同约定价格计算。

答案解析： 签证利润 5% ～ 10%，索赔利润 −5% ～ 0%。

题20：【多选题】工程结算过程，需要有哪些辅助证据？

A.施工组织设计。　　　　　　　B.现场照片。

C.会议纪要。　　　　　　　　　D.材料试验报告。

答案解析： 材料试验报告是证明质量合格的证据，并不是工程结算的辅助证据，不合格的材料需要重新检测，是否符合质量标准与工程结算费用无关。

题19 答案错

题20 答案 A、B、C

第3章　施工成本工作方法十八讲

3.1 工程造价执业之路——奴、徒、工、匠、师、家、圣

古人用"奴、徒、工、匠、师、家、圣"七个层次来演绎人生道路，当今也不例外。

奴：非自愿工作，需要别人监督鞭策。

徒：能力不足但自愿学习。

工：按规矩做事。

匠：精于一门技术。

师：掌握规律，并传授给别人。

家：有一个信念体系，让别人生活更美好。

圣：精通事理，通达万物，为人立命。

工程造价行业是以经济学、管理学为理论基础，从建筑工程管理专业上发展起来的新兴学科。借用上述七层次来分析，似也合理。

奴——从一些刚刚开始参加工作的人身上可以看到这个阶段的影子。少部分人不知道将来要做什么，也不知道未来是什么样子，从小到大都是伸手向父母要钱，很多人心里只是想着找到一个公司待上一段时间，解决了吃喝住，再有个零花钱最好，没有什么大想法，工作上一切听从领导安排。

这个阶段转行概率很高，虽然在学校学的造价专业，但是在实习几个月期间心态变化很快，一部分人懒得动手动脑，觉得工作性质不适合自己，就另谋职业，另一部分人找不到正确的培养锻炼机会，比如被单位安排到处打杂，所以能够成为学徒的往往是比较努力、精明和机遇较好的人。

徒——对某行还不是很了解，处于刚开始学习的阶段，也就是所谓的"菜鸟"，这时候一般会有一位工作经验较丰富的师傅带领，开始了简单操作。但有的人心态开始变化，急切想要加薪和改善工作环境等，有的想着投机取巧混成"领头羊"，羡慕师傅工资高还不用那么辛苦，嫉妒别的同事天天玩都比自己受苦受累赚的工资多。

这是一个打基础、学知识的重要阶段，但这阶段徘徊的人很多，有的人很快就选择了跳槽，同时学习各种知识参加各种考试来包装自己。这个阶段也往往是能够决定将来发展方向与速度的关键阶段，只有静心修炼基本功，才有机会进入师傅层面的水平。这个阶段学习"扎马步"看似单调简单，做不好这个动作往往容易"走火入魔"，从哪个老者身上学习"旁门左道"感觉很管用，习惯了这样发展，从而荒废时光，但是自己的功力其实没有得到扎实的提升，等到需要依靠收入养家糊口时也就只能"混饭吃"了。

工——指善于按照要求将某一事情做好的人，比如有"能工巧匠"之说。一件事重复做下去，效果是不一样的，正因为能够熟练掌握做事的方法，所以工资也会稳定。这样重复做的人心态很平和，最起码能保证"饭碗"，适当时还会有奖励，找个好单位能加薪，

这样稳定、安全、有保障，同时能提升自己的能力。

这个阶段的人是企业需要的人，他们懂计算机应用，人也很勤快，常说"出师"了，也就是用经验对比的方法积累了四五年时间，有能力成为做事情的人了。这个时间段一部分人已经满足现状，结婚养家糊口过日子，追求生活享受人生。但新知识积累慢了，在企业也就是充当一台机器，只有不停运转才能不被淘汰。这是一个"瓶颈"阶段，只有放下安逸的工作，突破原有的自己才能成为强者。随着时代变化和行业发展，行业的兴衰也影响着工匠人的命运。

匠——精于技术，在大量的时间里充分磨炼，对自己有更高的追求。在重复做事中不断吸取经验，把一件事做到最好。这个阶段人会分化成两种心态，一种是追求"术"，一种是追求"道"。"术"就是技术，将来会往造价师和专家的方向发展，"道"是管理层次，做造价管控，将来是向经济师和教授方向发展。这时人往往不看重工资，找到"伯乐"才是最理想的，适合自己的环境最重要。

这个阶段的人才是企业必需的人才，一个企业建设能力的强弱，多是由基层管理水平的高低所决定的。"匠"比"工"更进一步，是优秀人才，这时努力工作并不很重要，重要的是如何让自己提升到另一个平台。最苦恼的是这两个发展方向不确定，要想全面发展，自己背的"包袱"又太多，走得太慢。这时应该静下心来考虑一下自己想要的未来是什么样子，根据自己的性格和适应能力决定发展方向。

师——传授经验的人。在工作中有了自己的"套路"和技能，经历了八九年时间从"菜鸟"转变为了"老鸟"，懂得了怎样提高工作效率，也学会了怎样避开敌人的"刀锋"而减少自己的损失。这时每个人在心态上都可能有怀才不遇的包袱，待遇低了或受到委屈后容易跳槽走人，可跳槽后顾忌更多，看到不干活的领导和没能力的下属，心里也委屈。

这个时间段所有的事都要经过你去处理，有些无关职业上的事也会找到你。感觉自己能力更强可以独立发展、自己做事，靠着"大树"避雨又嫌遭"雷劈"，这样的心态会让你很难受。这时修心最重要，作为实战派他们必须拿出自己的水平再找"买主"，心情浮躁是必然的，因为付出还没有及时得到回报。要相信有付出必有回报，只是机会和时间未到。如果对公司管理有怨言，那么将这种"仇恨"利用起来对付困难更好些。这个阶段也是领导提拔你的前提，因为找到值得信任并且有能力的人是领导的目标，也许是更高的位子还没空位，也许是领导未考验完你的各项指标。其实每个公司都是一样的环境，工资多个零头也就是那么回事，不必执意为争一口气而换单位，用平和的心态解决事情才能让自己站得更高。

家——独立成为一个公司的核心人物，可以顶起一片天了，成为了懂技术、懂经济、会经营、善管理的复合型高级工程造价人才。每天会想着如何把公司经营更好，如何带来更大效益。

这个阶段也是困惑的，先做大再做强还是先做强后做大？招兵买马能够带来多少效益？这些都是一个企业需要面临的问题，只有用独特的眼光看到市场发展方向，才能做出好的决策。这时候，你是一个团队的领导者，也是一个企业的领头人物，这些使命和责任需要你一个人担起来。

圣——"圣人"，直接影响到造价理念变化的人物。有着几句话就决定一件事成败的能力。有着为国为民、"普度众生"、"脱胎凡俗"的想法。

这个阶段如何？也许要站上了这个高度才会知道。

3.2 建筑施工企业数据是什么？

在当前市场形势下，建筑施工企业的经营模式不断改变，由原来"铁关系"赚钱的方式改变为以成本管理赚钱的方式。靠山山会倒，靠人人会跑，只有靠自己才是企业立足之根本。各企业都把成本管理提上了日程。

成本管理需要数据的支撑。数据是什么？数据能干什么？数据怎么获得？数据怎么使用？如果企业有这些疑问，说明企业正处于迷茫阶段，也是一个好的成本经理发挥作用的时间段。

数据可理解为历史数据、借鉴数据、现实数据、将来数据。

首先谈谈历史数据。对有着数十年经验的企业来说，其积累了大量的数据值，也培养了一批优秀人才，可以说这是企业生存下去的根本。例如一个 20000m² 的室内装修改造工程，室内拆除、加固、补修、换材料，或者是改变房间使用功能，首先面临的是施工组织方案和技术人才的考验，其次要考虑数据的准确性。例如，天津某建筑公司的一位成本经理，有四十多年的工作经验，他的做法就是凭着经验估算数值，然后分析核算出分部分项和各个细节的价格。积累了多个单位报价，能够报出有合理利润的低价，这才是中标的优势。但是历史数据的偏差也是很大的，由于劳动量标准下降（工人老龄化）、机械化的发展、材料价格变化等因素，估算出来的数据与实际发生会有很大偏差。

也有企业在管理方面乱作一团，都是靠关系接的活，而市场形势的改变导致接到的活都是竞争后的低价，做完后没有合理的利润空间。企业领导会借鉴其他单位的数据或挖过来其他单位的有能力的人才，想着培养两年就能转变成自己的资源了。但往往在这个时候，挖过来的人才或借来的数据"不适应环境"。人才挖过来给放大权后发现基层不稳定，企业原来的老员工直接把他当工作中的"敌人"，不配合，"顶着干"，结果是你说你的，我该怎么做还是怎么做，到最后高价却只能买来一个借鉴的作用。部分数据借过来后也不是很适配，会带来负面影响。

借用别人的消耗量数据，结果自己做下来后消耗量超指标了，处罚力度过大导致员工辞职，精兵强将都跑掉了，兜兜转转企业剩下的只能是损失。借鉴过来的数据需要企业进行修订与管理，需要一定的时间沉淀，才能最终变成自己的数据。比如合作多年的一个钢筋供货商，采购时报价比外面找的人价格高但是不算离谱，结果你选择了外面人供的钢材。等到钢材涨价的时候，新的供货商提出了很高的涨价幅度，不接受的话不给你供货，到这个节点时你合作多年的供货商还跟你要结算欠款，最后两败俱伤，损失惨重。

现实数据一般企业都是掌握的，实际发生多少都有人核算，但是更重要的是对数据进行分析对比。就比如说材料消耗，多与少的依据是什么？现实数据能够反映一个施工企业的实力，施工企业应该积极地与市场竞争对手对标，进行管理控制，提高自身的能力。但现实情况是一些领导往往不想听到分析结果，也不想了解真实数据，只关注有没有赚到钱，没人去分析背后的数据，结果每个项目都没赚钱，只能一味地责怪手下无能。

将来数据也是每个企业都需要关注的。经过历史数据、借鉴数据和现实数据的对比分析，调整出来的数据是当前最新的数据，可以供企业在将来做投标时参考。通过时间的角度来讲，越靠近施工期间的数据越准确。将来数据的分析是企业的成本经理必须做的事情，可以进行分部分项细化研究分析探寻结论。当然，要有一套可靠的研究办法才能得到高质量的数据，所以成本经理水平高低直接影响到数据的质量。

数据能指引企业走向赚钱的道路。没有数据支撑什么都是徒劳的，怎样算是赚到钱，怎样算是没有赚到钱？就比如，投入一千万元赚到几十万元，那利润率就是不到10%，那去做理财都比施工投资强，那是否还有投资的必要？用比较少的资金来撬动比较大的市场，才是企业盈利的理想状态，通过成本管控的方法能够有效地帮助企业赚到钱。

回过头来，将来数据会不断地随着时间变化而变化，那些投入了大量资金，却只是一味收集、积压数据而不会使用数据的企业，只是在浪费财力物力。

3.3 工程项目成本测算的口径要统一

工程项目成本测算的核心价值就是口径统一。像是我国统一度量衡、货币资金流通一样，口径统一后，在施工过程中就可以做到有效管理。成本管理的精髓就是统一规范资金的口径，做到经营部、项目部、财务部、分包人的口径统一。

施工企业需要做到口径统一，形成标准化管理。降低成本是当前重要任务，而没有测算成本就无法形成目标成本。目前有许多施工企业把预算和投标任务放在管理重心，可是市场竞争激烈，工程利润降低以后，在投标时确定成本价格才是管理重心。项目亏损的原因是公司管理失控，如果在投标时已经知道投标价低于实际成本，恐怕早已弃标。

实际上许多施工企业的商务部门与其他任何部门都达不到协同管理，形成了商务部门以拿到项目为主要目标，结算时以处理争议增加结算额为主要任务的错误管理机制。不管施工企业是否设立成本部门，都要有明确目标，项目有多少利润这是企业需要掌握的，建筑市场飞速发展，施工企业靠拉关系生存的时代已经过去。

经营部门统一口径，是为了减少管理岗位的工作强度，测算成本可作为施工期间动态成本的管理依据。经营部门是施工企业的核心部门，对外承包和对内分包都需要依靠经营部门。有些民营企业实行家族式的管理，可以减少对内分包管理成本，但是亲兄弟还要明算账，企业带着一笔糊涂账不可能走得顺利。成本测算也是一样的，没有统一口径就不符合建筑市场交易规则，带来的损失显然都要企业去承担责任。

测算项目成本就是做好投资方案的细化，把各个分包人、各种材料、各种机械设备等在事前做详细的考虑，还需要考虑施工过程中付款时间节点和风险费用。把工程单体区分部位划分成小块考虑，这样就可以在施工期间对成本进行精确控制。在划分时需要考虑到分包模式，所以统一口径是关键要素。

项目部统一口径，是为了节约统筹时间，实行项目动态管理，数据接口方便，与现场施工人员的经验数据统一。劳务一般是按建筑面积分包的，这时施工管理人员会采取有效措施降低成本；若按工程量分包，项目审核每月都要管理，不仅增加了计算工程量的成本，过程中争议难免，发生争议时往往引发停工停产，作业界面划分也会直接影响现场协调情况。所以成本测算要按照项目管理口径折算成平米单价，项目部按照形象部位进行管理比较方便。高效管理是项目部的重要工作，所以，统一口径也是项目部的关键要素。

财务部统一口径，是为了更方便核算。按分包单位统计，方便清算。材料按栋号细分，便于管理资金流动。分包队伍在企业内有可能会承包多个项目，每个项目都是独立核算，财务部账目清楚查找方便。工程材料也是按经营测算表分类列项，在施工期间进行财务核算，资金流动按照测算好的数据去管理，到竣工核算时口径统一，对应查账也很方便。

分包统一口径，与市场价格做比较会更清晰，计算收支成本方便。劳力市场变化很快，分包队伍不适合采用清单形式分析报价与管控。就比如大清包形式，班组分包按平米单价包死核算，另加模板、木方、钢管租赁的价格，就形成了测算；如若按清单形式分包，一些分项价格偏差影响到组价，最终报价就无法分解到施工过程进行管控。分包单位在每个项目投入的劳动力或资金，都是按照工程形象进度考虑的，分包口径和项目管理口径统一才能做到协同高效。

施工企业资金流入口径和流出口径一致，能降低管理难度减少控制风险。工程项目成本测算按照整个项目施工周期考虑，不仅符合市场需求，也是最简单的管理方法。

3.4 施工企业的标前三算与估算指标

在 2015 年以前，施工企业承接的工程大多数像是"切西瓜"模式经营，把工程解体成劳务分包和专业分包，材料采购供应多数也是随意合作，项目管理班子也是临时召集。这个模式可以理解成"切西瓜"模式，像是施工总包抱来一个西瓜切成块分给各项分包人，留出来的一块就是工程利润。如今，人工费、建筑材料不断上涨，风险增大，而且工程利润更不像以前那么大，项目管理松懈就会亏损，只有精细化管理才能生存下去。

施工企业要想精细化管理，就要在标前做好工作，以免施工过程中和结算时发现有分项亏损，导致项目整体亏损。在中标前可以进行"三算"，即采用定额下浮方法估算、工程项目测算、借鉴以往工程估算，以此作为依据来洽谈价格。估算指标在企业中被称为意向合同价，也有企业称为初步概算。

（1）定额下浮方法估算

定额下浮方法是市场上多数造价人员和成本经营人员常使用的方法。在本地区内根据经验下浮一定比例进行投标，因为新建工程含量与已建工程相差不大，这个价格也就相差不会太大。比如：一栋六层带坡顶住宅，去年总价下浮10%中标，今年投标钢筋涨幅15%，这样可以借鉴去年这个工程项目进行调整来形成投标报价，$0.045×5500×15\%=37$（元/m²），投标时考虑在下浮10%的基础上增加37元/m²成为参照价格。

采用下浮比例方法必须要有先前经验或工程进行参照，非相同结构类型的建筑就无法参照，含量不同也无法用下浮比例方法，因为局限性带来的估算偏差比较大。下浮比例方法跨地区也会产生偏差影响，比如天津市的已建项目，六层带地下室结构的工程当时投标下浮10%中标，到河北石家庄投标还是下浮10%中标项目就是亏损的。因为地区定额取费发生了很大变化，地区定额消耗水平也不相同，还有地材价格不同的影响和地质条件变化影响，比如到石家庄地下水位低，挖基础时无地下水，就不会发生基坑支护和降排水费用。

造价人员技术水平的差异也会对定额下浮的方法有很大的影响。比如说坡屋面板套定额，要在定额中人工消耗和模板消耗各乘系数1.25（地区定额有变化）才正确，而由于造价人员对定额规则不熟悉，忘记了乘系数，同时再按照经验值下浮项目就会亏损。别墅项目构件特殊，要使用大量定额规则，有的人技术水平低，找不到那么多规则，只有把别墅项目上浮总价的5%作为投标报价。

综合上述，定额下浮的方法影响要素有建筑特性、地区特性、交易时间特性和施工企业管理特性。定额下浮方法的基础是简单求出的报价，难免偏差较大，工程利润也就才是总价的5%，估算偏差在总价的5%以上就是不可行的。

（2）工程项目测算

工程项目测算是"三算"中最重要的一算，也是企业当前能够解决报价精准问题的唯一方法。把建筑特性、地区特性、交易时间特性和施工企业管理特性一并解决了。工程项目测算是分项进行测算的，通过劳务分包、工程材料、现场经费和专业分包各项进行分析。

工程项目测算可达到千分比精准度。地区特性、交易时间特性和工料机有关，对照当地区施工前一个月的价格进行分析可以解决。施工企业管理特性是根据施工企业内部分项分析出来的数据，包括项目人员配备以及施工现场平面布置的规划，结合企业自身情况分项分析就可以确定。建筑特性也就无所谓什么特性，因为有专业的劳务分包人，会充分考虑建筑的难易程度进行报价，材料和机械在建筑特性方面不用考虑。这样分析，测算的精准度就比定额下浮的方法提高了许多。

工程项目测算对于企业成本经营来说是必要的，好多企业的造价人员都是等待领导拍脑袋定价或透露"内部"消息来确定报价价格。既然能拍脑袋定下来，那么工程完工后也会拍屁股了事，把责任推给领导不是很好的办法。

工程项目测算要求造价人员懂施工现场，并且测算的消耗时间太长，一些小企业也没有这方面的人才，造成了投标的局限性无法突破。还有一定方面因素就是项目部不配合测算，分包资源枯竭，没有报价的单位，这样项目提供不了现场平面布置图和施工方案，分包人的价格没有接近市场交易价，这些都是直接导致报价偏差的因素。

（3）借鉴以往工程估算

借鉴以往工程估算时，可以借鉴企业内已建工程，也可以借鉴外部企业的已建工程，这样可解决项目部不配合测算和分包资源枯竭的问题。即使分包人没有报价，大企业已经有分包劳务价格，也可以参照这个数值进行估算。

借鉴的工程项目数据不是借来就能用的，可以把分部分项拆出来使用。比如已建工程外墙石材为首层，新建工程首层为真石漆，借鉴过来的工程该部位与已建不同，可以把分项内容调换，就可以进行估算。

在借鉴工程的同时必须计算出工程量才能确定估算数值，这样也是有局限性的，所以粗略的估算还是用估算指标更简单。

（4）估算指标法

估算指标主要是在洽谈业务时使用，有时需要在一小时或者几分钟之内求出经济指标，形成意向交易数值。比如领导在洽谈一个业务，打电话问你这个工程多少钱能做下来，你可给出一个估算值范围，偏离成本价格太多就可以很明确知道洽谈成败。

估算指标方法可定性为结构成本、功能成本、敏感成本三类。结构成本大家都是了解的，结构内钢筋混凝土含量多少直接影响到成本。功能成本也容易理解，使用功能的变化对成本影响也较大，比如洋房小高层，同样的楼型结构有地下室和无地下室两栋楼，有地下室的经济指标反而低，因为地下室也要计算面积，而无地下室的楼基础均摊在建筑面积内的，所以经济指标要高。敏感成本相对来说比较难理解，敏感成本是从房产销售角度考虑的，比如一栋楼设计的外檐使用了石材，就容易让客户感觉房子漂亮，带动销售量大增，像外檐以及室内公共部位的成本，就属于敏感成本。在项目中可以增加外檐及室内公共部分的成本，再降低其他客户不太在意的部位的成本。

估算指标要求精确在 10% 以内才可行，偏离成本太多对商务洽谈不利。估算也要有经验数值或借鉴数值，在这个数值基础上找出差异进行调整，才能得到接近本工程的数值。

标前的三算与估算指标目的是确定一个成本交易点，这个平衡点确定了企业才能正常运转。今后精细化管理是每个企业都需要提上日程的工作，成本经营的岗位需求量会越来越大。

3.5　怎样提高自己的合格标准？

2018 年 1 月 2 日，今日说法播出《假证的冰山》，内容是建筑行业考证造假的事情，假证是建筑行业内的冰山一角。证书挂在单位可以每年都有一笔收入，在私人企业，证书是检验从业人员的唯一标准。但随着时间的推移，很多企业也转变了思维，能办成事情才是发奖金的标准。

建筑企业乱象"助力"形成了证书热的观念。很多人两年跳槽一次，一个工程项目从施工建造到竣工结算要经过三年时间，一个工程项目周期没有做完怎会有业绩呢！跳到新单位持证可以谈个高工资，不断跳槽可以保持高工资。但企业是营利性组织，企业老板是商人，只有对企业付出并作出贡献了才能得到奖励。需求变化了事态就转变过来了。

领导交代任务，在指定的时间完成即可？

到外地旅游，导游送到目的地即可？

到快餐店就餐，吃到可口的饭菜即可？

领导交代你的任务，在指定时间内你完成了，并且超标超量完成，岗位提升自然会加快；你到外地旅游，导游在途中热情不断地为你介绍沿途风景，面对这样的热情你当然会更加高兴；你到快餐店就餐，环境干净卫生吃起饭来才感觉香。超出基本标准的部分才是你自己有所提高的部分，超出基本标准才会有领导赏识，超出基本标准才会有更多的回报。

今天，证书仅是从业者应聘的基本标准。企业的基本标准是每日完成任务，但超出任务标准的部分才会触发企业的奖励机制。每一个人都希望自己拿到更多的奖励，但是大家想过自己做到更高的标准了吗？所以只有提高自己的合格标准才能有更高的工资和奖金。

2006 年到 2016 年短短十年间造价员执业资格从无到有，再从有到无，再到 2017 年造价师降为中级职称，行业舆论热度直线升温，造价从业人员的合格标准是什么？造价科目是根据市场发展的规律和需求变化而变化的，证书只是今天基本和初步的门槛，进入企业大门后要通过初步的检验，企业是基于工作能力评价员工。

造价工作大概分为两部分，一部分是计量计价，另一部分是造价管理，大多数人认为计量计价就是造价的重点，从业者每天 90% 的时间放在计量计价工作上。造价员在 2006 年到 2016 年期间，可以把计量计价当作主要工作方向，造价师职称的降级使造价人员更需要全面自我提升，更多地走向管理方向。降级并不代表造价角色降低，反之造价角色由次要变成了主要地位。

目前，造价全过程管理是市场急需的。提高自己的合格标准要向全过程管理发展。

一个建筑物从规划、设计、招投标、施工、结算、运营（维修）经历六个阶段，每个阶段都离不开造价人员。如果把这六个阶段用时间线条画出来，造价从业人员工作重心放得最多的是在招投标阶段，造价人员的迷茫也正来自于只看到招投标之间的管理。如今的 PPP 模式、EPC 模式，全线贯通了招投标环节，由两家企业在招投标节点分界变成了整体合作运营模式，招投标工作就显得没有以前重要了。BIM 智能建造占据今后的主导地位，首先是把从业人员重新建模的工作代替了，所以要么跑到设计阶段建模设计图形，要么跑到建造施工阶段做经营管理，招投标对量"扯皮"的事情随着时间的变化也就很容易消失在历史长河中。

造价全过程管理，听起来容易但做起来难度较大。一件事情涉及的环节越长越难管理，但也越有利润可赚，自身价值越高。造价管理六个阶段要精细化管理必须分工明确，每个人在一个点上做精做细，就能创造很大价值。造价从业合格标准只能是在一个点上检验，因为在最能充分检验合格标准的四五年时间里，一个从业人员根本不会在每个点做到精细，不如分工合作把每个点都做到精细。

造价员、造价师的合格标准是什么？

造价员、造价师的合格标准是交给市场需求评定的，处在不同的阶段或者不同的企业，要求的标准也是不一样的。由"算"为主到以"管"为主都是由于市场需求变化，"算"和"管"全面做好才是企业所期望的，一个既会"算"又会"管"的全能人才是企业所缺少的。既然企业更需要这样的人才，那么造价员就应该把自己的合格标准提高，在工作中进行改进。所以造价员、造价师的合格标准是企业的认可度。

建筑企业的内部管理中，工作标准的制订是很关键的。有的企业内部人力资源做得很好，但是绩效做得很差，原因就是所有人都按照合格标准完成任务，没有建立员工出色完成任务后的奖励机制。上班打卡下班打卡，迟到 5 分钟罚款 100 元；工作过程中不准干工作外的事情，员工背后装有监控；开车去建设方对量，车上装上 GPS 定位仪；费用报销必须总裁签字……人可以像一台机器一样受企业监控，但这样怎么能判断工作能力呢？

企业需要的是管理办法，并不是需要管人的"损招"。在成本运营中任何事物都没有绝对数值，制订一个工程量消耗标准，这是经验数值的数据，企业如果没有数值，可以借鉴外部企业的数值进行修改，为自己所用。企业制度的建立是以人为本，违背人性的管理方式可能只能在当前见到效益，并不能帮助企业长远发展。

如何提高自己的合格标准呢？只有借鉴知识和自我创新。

借鉴知识，大部分人都会，学习别人更好的管理方法，借鉴过来用在自己正在做的事情上，就可以达到很好的效果。借鉴知识，需要分辨知识的正确性和价值，借来的知识错误或者不适应自己，当然就是无任何价值，反而会引导自己越来越偏离目标。

自我创新，必须从借鉴知识的基础上做到升华。就比如从别的企业借过来一个管理表格数据，你能根据自己企业的数据与借鉴过来数据的差异，想办法对公司进行调整以降低成本等，这就是自我创新的成果。创新需要不断努力发现错误并进行更正，为企业作出贡献，同时自己也能得到提高。

作为施工企业，只有提高企业的标准才能赚钱。施工企业的质量保证金一般是合同总价的3%～5%，施工企业的利润有时候很低，也就是总价的5%，一个工程做下来如果利润放在从建造日期算起3年以后逐步收回，施工质量差，后期维修还要发生很大的资金，那这个企业就有面临淘汰的可能。企业也是小小的个体，民营企业更要精准地去经营管理，建造体量大、私人关系多并不能证明绩效好，如果工程没有利润，只能从资金流中挪用资金来维持日常经营，这样运营负债会越来越多，三五年内（两个工程建造周期）会有破产的可能。

当今社会变化太快了，计划经济时代已经过去，企业内部每个员工只勉强达到标准，企业也就只能淘汰，所以每个企业都应提高员工的合格标准。

新《中华人民共和国招标投标法》自2017年12月28日起施行，招投标方式由政府主导变成了市场自由，招标人有权直接确定中标人。新法发布之前市场上已经有明显变化，大规模的房地产商不愿和国企施工单位合作，因为中标后一些国企会分解施工，施工实质还是包工头承包，工期、质量、价格都没有任何一点优势。而小规模的房地产商很喜欢和国企施工单位合作，中标后知道国企可以垫资到楼房预售，等房地产商资金回流后再付给施工企业。自由交易是社会发展的必然趋势，只有提高自己的合格标准，企业才能够基业长青。

从规划设计到建造完成，从交付使用到社会认可，高的质量标准才体现了竞争者的实力。如果每个人、每个角色都提高自己的质量标准，从合格变成优良，那么工程成本其实也是最低的。反之，靠投机取巧今天赚到了钱，明天就可能是个淘汰者，当被淘汰的那一刻，成本也就是最高的。

3.6 浅谈不平衡报价的策略

不平衡报价通常有四种策略：专业不平衡报价策略、清单子目不平衡报价策略、工料机不平衡报价策略、措施不平衡报价策略。不平衡报价是通过正当理由主张自己报价的权利，是在市场竞争中使用的一种手段。

专业不平衡报价是通过资金流的不平衡配置，使企业更早得到资金回笼，利用资金的时间价值，给企业带来更好的收益。有个成语叫"朝三暮四"，讲的是战国时的宋国有一个老人，早上给猴三颗橡子，晚上给四颗，猴子很生气。后来改变策略，早上四颗晚上三颗，猴子就高兴了。当今，这个笑话已经不是笑话了，市场经济飞速发展，"早上四颗"肯定比"早上三颗"要好。

工程投标报价讲究的是报价策略，如何获取最大利润是讨论的重点。当测算出报价总价不变时，可以想办法把后期支付资金调到前期支付，这样，在后期与前期施工之间的时间段，资金产生的价值会成为很大的利润。就如一栋高层建设期是 24 个月，在总报价不变动的前提下，把安装专业总价下调 10%，建筑专业上调 5%。主体结构约为 8 个月工期，完成后即支付款项，工程利润假设是 8%，那么就能额外得到 0.5% 的利息。这样，通过专业不平衡报价策略就获取了额外的利润。

施工方垫资做工程项目，合同约定按照地区预算定额结算，一般是按定额报价下浮10%，本合同不下浮，施工方感觉有利可赚，考虑贷款垫资，两年后结算。通过测算贷款利息约占合同价的 20%，这样就造成了占总价 20% 资金的流失，原本想着赚钱、有利润，结果反而赔钱，如果施工期间发生工程纠纷或争议，垫资就可能存在更大的风险。

清单子目不平衡报价策略是指把可能减掉工程量的清单子目单价调低，把可能增加工程量的清单子目单价调高，这样结算时由于工程量变化就能得到更高的结算款和利润。许多房地产企业招标都找长久的合作伙伴，采用内定的施工方施工，在招投标过程中甲乙双方先核对工程量，工程量准确无异议后一次性包死，结算时图纸不变化，工程量也就不作调整。一般工业建筑的招投标，项目没有以往合作的施工方时，建设方会找两家咨询单位计算工程量，双方核定后再发布招标书。

清单子目不平衡报价很显然已经在造价人员心里"生根"，工程量核对准确后再发布招标，这时候不平衡报价的意义就很小了。

工料机不平衡报价是指对甲供材或甲指定材报低价，在施工过程中材料发生变化时可以通过议价提高价格。甲供材报价低可以降低施工方风险，甲方在改变甲供材的品牌或规格时，低价中标的甲供材也就有议价空间了。但是通常情况下建设方会在招标文件中给定甲供材价格，这时候不平衡报价就显得无任何意义了。甲指定材料通常在招标文件中未注明价格，投标报价时可以把指定材料价格降低，调高该部分或其他部分的清单子目的单价中的人工费，这样操作总价报价无变化，但甲方指定的材料品牌或规格发生变化时，由于是建设方原因发生的变化，施工方亏本了是不可能做的，再次议价时就是按照市场行情定价。采用不平衡报价方式把人工费调高了，材料再次定价时价格也调高了，最终结算会带来很好的收益。

措施不平衡报价策略是把清单子目按系数计取的综合措施报价提高，按清单工程量计算的措施项报价降低，实体项减少时，相应措施项也会减少，但工程量减少单价降低了，投标时总价不变化的情况下最终结算就会有所收益。例如矩形柱模板单价，矩形柱变更后工程量减少，当然矩形柱模板工程量也减少，但投标时矩形柱清单子目报的单价降低，反而扣除的钱会相应减少，再如综合脚手架的投标是按建筑面积计算的，这时调高该部分的清单子目单价，降低可能减少量的清单子目单价，可以有效取得收益。

3.7 神医华佗与工程造价成本高人

（1）华佗三兄弟究竟谁的医术最高？

华佗一家是中医世家，不仅他本人行医，他的父辈和两个哥哥也都是医生，只是他们术有不同。有一次，谈起他们兄弟三人的医术，魏文帝曹丕问当时最有名气的华佗："你们家弟兄三人，都精于医术，是天下有名的医生，那么，如果分个伯仲，究竟谁的医术最高？"

华佗并没有借机吹嘘自己，而是毫不迟疑地回答："我们三个人的研究各有侧重，也各有所长，但论医术的高明程度，大哥最好，二哥次之，我是最差的那一个。"文王听了，感到十分纳闷，于是再问："可是，你是全国知名的神医啊？他们的名气显然不如你。既然你医术不如他们，为何最出名？难道是名不副实？"

华佗不慌不忙地解释道："大哥治病主要在病情发作之前，由于一般人不知道他事先能铲除病因，所以他的名气无法传出去，只有我们家的人才知道。二哥治病，主要是于病情发作初起之时，一般人认为他只能治轻微的病，所以他的名气只传于本乡里。而我治病，是在病情最严重的时候，一般人都看到我能做大手术，也能起死回生，所以，认为我的医术高明，名气自然就响遍全国。"

（2）当今造价行业哪个岗位占优势？

当今，有些施工企业划分出商务部门和成本部门两部门，商务部门主要工作是对外结算，成本部门主要工作是对内控制。

工程投标阶段，建设方都会给出工程量清单控制价，商务部主要是投标报价。到工程结算阶段，商务部与建设方谈判增项变更、签证、索赔使得结算价格超出合同价格。一份索赔报告涉及少则几十万元、多则上千万元的费用，如果一个项目成功完成一项大额索赔，商务经理必然年底就会奖金翻倍。

中型房建施工单位每年投标数个，有的甚至每月投一个标，短短十几天时间内就要结束一个投标活动，这十几天加班加点地工作，一旦没有中标所有人的怨言都会指向领导关系不到位，当然中标之后所有人也会狂欢几日。其实中标与否只和企业实力有关。如某地产，直接指定施工企业中标，没有实力的施工企业关系再好也没有机会去竞标了。所以当前，投标预算阶段商务经理的主要角色已经成为过去，成本经理成为了投标阶段的重心。

很多施工企业因为过程管理弱，到竣工结算阶段才补签证据，有事实存在但证据不足导致结算困难，只有找建设方工程部现场人员补充证据。如果没有长期合作的目标，结算时建设方都会推脱责任恨不得全部扣下来，再补充资料也是很难的事儿了。

从一份签证说起，事实发生时就应立即找到建设方办理，这时候双方都承认，寻找证据就是从这个时间节点上入手的。证据分为主要证据和辅助证据，收集和分析是成本经理的主要责任，如果拿到一份不能直接证明事实发生的签证，到结算时难免发生争议。

（3）神医华佗与工程造价高人

当然，辛苦做一份索赔报告还不行，领导只有看到结算回来的钱才高兴，这也正是神医华佗擅长的"外科手术"，其真正发挥作用的是收集证据和分析结果的人员。有些商务人员转变为成本经理只有一年多时间，就有能力胜任施工成本经理岗位。商务岗位转变为成本岗位的重点，是将固化思维转化成市场思维，从"固定数据"的思考方式变成"可变数据"的思考方式。

不管是从"内科"到"外科"的转变，还是从"外科"到"内科"的转变，适应企业需求的造价高手才是"神医"。企业需要治头痛病，只要药到病除就可以了，企业需要保养身体，做好医疗保健就可以了，先解决"病"再从本职工作做起。

工程造价高手，已经从"治病"到了"防病"的层次。能够最终让人看到企业运营良好，才证明你是成功的造价高手，一些人往往感觉自己是高手，高谈阔论怎么"防病"，人们却迟迟看不到结果。

把企业当作一个病人比喻有点不恰当，但正想着发财梦的私人企业还睡在梦中。当今市场建筑材料费用大涨，人工工资大涨，因为环保等一系列事件，许多企业都面临停工的危险，而管理水平低下的企业会与市场脱离，必然淘汰。有些地方政策已经给出了涨价对应策略，按照《建设工程工程量清单计价标准》（GB/T 50500—2024）的第 8.7.2 条规定"其市场价格波动幅度超出 5% 时，可按本标准附录 A 的方法之一调整合同价格"，按此来应对涨价风险，考虑工程利润。毕竟才 5% 到 7% 的利润，当前形势人工、材料、机械都上涨了 5%，也许投标让利后已经把价格降到底了，工程目前已经处于亏损阶段了。

即使神医华佗再世也治不了绝症，成本经营还是必须以"预"为上策、"防"为中策、"结"为下策。一个企业从过去的低价中标高价结算思维转变为成本管控思维，也许就是一夜之间。

3.8 现场签证单、变更单、洽商单、联系单的本质与区别

3.8.1 定义与解释

（1）现场签证

是指在施工合同履行过程中，承发包双方根据合同的约定，就费用补偿、工期顺延以及因各种原因造成的损失赔偿达成的补充协议。

（2）工程变更

是在工程项目实施过程中，按照合同约定的程序，监理人根据工程需要，下达指令对招标文件中的原设计或经监理人批准的施工方案进行的在材料、工艺、功能、功效、尺寸、技术指标、工程数量及施工方法等任一方面的改变，统称为工程变更。

（3）工程洽商

是工程实施过程中的洽谈商量。参建各方就项目实施过程中的未尽事宜，提出洽谈商量。在取得一致意见后，或经相关部门审批确认后的洽商，可作为合同文件的组成部分之一。

（4）工程联系单

用于甲乙双方日常工作联系，只需建设、监理（或设计）、施工单位签认。

3.8.2 各部门角度的理解

（1）法务角度理解

从法务角度考虑，就要从增减合同额的文件证据开始讨论。

通过《建设工程施工合同（示范文本）》（GF—2017—0201）参考标准资料中分析，只有变更单和签证单是甲乙双方结算的证据。洽商单和联系单只是一个辅助证据，不能作为结算的直接证据，要成为直接证据还得通过事件流程办理才能让审计或第三方有据可依。

签证单是施工方发放给建设方的文件，双方签字确认就可以增减合同额；变更单是建设方（或设计方、监理方）发给施工方的文件，建设方确认施工单位接收就可以增减合同额；洽商记录单一般是施工方在施工过程中发现合同内未包括或设计不明确的事项，双方进行沟通的一个记录证据，是事件未发生或者发生后进行洽谈的记录证据，但只能证明有洽谈，但事件是否完成还有待确定；联系单是施工方或建设方进行通知沟通的一个单据，用口头或电话说不清楚或理解有歧义时要进行书面通知，双方签字只表示知道这件事，但事件是否发生，还需要待下一步确定。

通过上述分析，很显然从文件流程上理解，洽商单和联系单都是没有确定最终结果的证据，而指向增减合同额的证据必须是签证单或变更单。

（2）成本运营角度理解

通过相关文件增减合同额的数据大小是成本运营角度关注的结果，分析怎样才能控制

好工程利润是关键。可以从文件的内容进行分析讨论。

签证单可视为补充合同，只要签证形成三方签字（施工方、建议方、监理方）就可以增减合同额。签证内容必须要有充足的理由，不然审计结算时会以各种理由驳回，文件的签字如果是建设方现场人员或监理人员失职造成的，就得视为无效签证。

变更文件内容分为技术变更和费用变更，技术变更涉及的经济费用少，可忽略不计，一般情况施工图纸变更都是由变更通知单和变更图纸组成，变更通知单（A4纸尺寸）属于合同增减额的证据组成部分。

洽商记录单是施工过程中的流程管理文件，内容比较简单，描述并不是很准确，洽商记录单可以经过现场双方核实后确认并办理转变成签证文件，有时由于各方管理不到位或实施细则未明确，导致时间拖延，发生的事实项目很难确认，所以必须在洽商记录单中对事件清楚描述。

工程联系单的内容更简单，具有非正式的特点。工程联系单可视为对某事或某措施可行与否、变更替换或代替的一个请求函件。有时施工企业会以申请报告的形式代替工程联系单，申请报告比工程联系单内容多，事件描述更清楚，理由事实讲述更明白，能让建设方更容易接受。

成本管理人员必须了解相关文件的具体内容及涉及事件的详细经过，再决定合同额的数据大小以及判断流程中是否出现了失控，并出具相应的对策。洽商单和联系单在成本管理人员角度理解，就是一个增减合同额的辅助证据。

（3）项目角度理解

从项目管理人员角度去考虑，这些文件都是应该参与管理的事情，是对质量、安全、成本以及进度负责的文件。

签证文件在项目部是比较难处理的，由于项目部管理人员技术水平较差，有时签证单应该描述清楚的未描述清楚，简单处理签证后往往会在工程结算中造成较大的差异。一份签证流程办下来可能会拖延很长时间，因为关系到当事人担责和绩效问题，有可能签证会在工程结算的时间点双方才会签字确认。

变更文件在项目部的流程很短，设计部门出具后，由建设方项目部人员拿给施工方接收签字就行。一些非设计图纸变更会在口头交接，过程中未形成文件，这种情况事后当事人容易推责不予出具正式的变更文件。

洽商记录单一般情况是在项目部建设方、施工方、监理方通过例会形成的，通过坐下来协商解决事件的办法同时签订的一个书面文件，在项目部有洽商记录单就可施工，待正式变更单或签证单出具时双方再次确认就可以了。

工程联系单一般是施工方申请联系建设方项目管理人员或监理方的一个文件，口头协商时容易交接不清楚，以文件形式交接才是对事件发生更负责的处理方式。工程联系单是甲、乙双方的联系单，能反映一个工程项目的真实建造过程，也是索赔期间有力的证明材料，项目部门应加强管理。

工程签证单、变更单、洽商单、联系单都是有证明力的文件，但在编写时不能混淆理解，要把文件按编号分别编排。有很多施工单位造价人员对该类文件认知度不够，结算时未与现场沟通就申报，审计时产生了争议，只能重新要求文件签认的当事人面对面认定事实。施工单位还有很多联系单和签证单重复申报结算，联系单发生的事件和签证单发生的事件相同，审计人员根据两个文件发生的工程部位和工序及施工流程，判断出或怀疑是否存在重复结算金额。

下面举例说明联系单的本质。如甲供钢材未及时到场，施工方会出具一个联系单说明情况催促甲方供货，建设方确认后第二天供货材料就到场，此单并未作废但没有任何增减合同金额的意义。建设方如在施工当中，发现施工作业错误，分包队伍不听指令时，建设方项目管理人员也会发一份处罚的联系单要求整改，整改完成表现良好，施工方就不会受到处罚，该联系单就变成了建设方行使权利的一个表现方式。

下面举例说明洽商单的本质。施工方在施工过程中发现图纸中框架柱标高与建筑地面标高不符，不能因为一个柱子标高就停止施工，施工方会快速出具一份洽商记录送达监理方及建设方项目管理人员并确认事实，即施工方向建设方提供一份以能够顺利施工为目标的合理施工建议文件。有时送达洽商单时，建设方人员会在洽商单上补充注明：涉及经济费用按合同约定处理。

甲乙双方之间只要有文件形成就要管理到位，联系单和洽商记录往往是引起索赔的导火索，应当重视这类文件。一份文件的形成不能单纯地从某个部门分析，也不能只从合同某一方考虑，应该考虑全局，考虑到工程建造的整体过程，特别对于成本运营人员，死板运用制度约束当事人的责任和行为会发生更大的经济损失，当事人为了规避责任，会把一些需要自己担责的事情在发生时化解为无，到真正需要证据时就无法找到有力的证据支撑。

3.9 怎么计算出混凝土亏方工程量?

混凝土亏方，一般是指在工程施工过程中混凝土厂家分批次供货时计量不准确，通过与定额消耗量作比较，经过数据偏差分析出来的结果。

定额消耗量是将施工图纸工程量加上定额规定的损耗计算出来的消耗量。在计算图纸工程量时必须准确，精确到100%当然是最好的。怎么判断计算出来的数据的准确度呢？这得依据管理经验。首先得整体预估，然后再部分预估，再次就是逐个构件校对，重复计算进行结果比对。大家知道在建筑行业中居于领先的工具软件是广联达算量软件，那么通过软件计算出来的数据会出错吗？很多人都会回答：不会。但是直到现在广联达公司也不能保证软件结果绝对正确，所以过分依赖软件是不可行的。

通常说的混凝土亏方有多方面因素。准确计算图纸用量后，要考虑钢筋在混凝土内所占体积，还要考虑浇入模内混凝土的尺寸偏差，考虑浇入模后混凝土的胀缩性（浇入模时与达到强度后体积变化），还得考虑人为因素下混凝土楼板浇筑厚度的尺寸偏差，最后考虑浇筑过程中未浇筑到模具内的损耗。

混凝土内的钢筋量是变化不大的，钢材体积大家都会计算，用重量除以密度（7.85t/m³）就能算出来。以住宅楼为例，一般整栋楼钢筋在混凝土内含量是 110kg/m³ 左右，也就是 1.4% 的体积占比，墙梁板柱构件含钢量有所不同，但测定时是按综合考虑的，一般按浇筑部位统计，也就是按楼层为统计单位，所以可以定性考虑 1.4% 为应在混凝土内减去的体积。

浇入模内混凝土的尺寸偏差的控制是衡量施工管理经验和施工管理能力的标准。就比如混凝土墙体，模板支撑厚度允许偏差为 −5 ~ 0mm，所以 200mm 的混凝土墙可以支模为 195mm，混凝土浇入模内模板要向外胀，胀模和不胀模都在允许范围之内，达到设计要求就可以了，这样材料理论上讲就节省了 5/200，即 2.5%。梁和柱的构件也同理考虑，只要层层把关到位，还是能节省很多材料的。

浇入模后混凝土会有一定的胀缩变化。混凝土浇筑完后在硬化过程中开始升温，体积有微膨胀，达到一定强度后会收缩。这个体积变化没有具体数值规定，其物理变化只是微小变化，膨胀和收缩可以忽略不计。

混凝土楼板浇筑，厚度控制比较关键，施工面积大，带来的偏差影响就大。如果分包班组不注意或承包方式按立方米结账，就会在企业管理层面出现亏方。楼板模板支撑厚度允许偏差为 −3 ~ +2mm，理论上不能在规范角度节省材料，但只要控制好不让班组施工人员超厚浇筑就可以了。很多施工技术人员在柱子钢筋上画出标高控制线，然后让浇筑人员拉线量取，但浇筑混凝土人员往往会偷懒，在浇筑完后再测量厚度就晚了，混凝土浇筑完后是不允许扰动的。所以施工技术人员可以手持一个钢筋做成的锥子，直接插在混凝土中测量，盯紧作业人员，再通过会议和奖惩方式管控。板浇筑环节没有可节省的，偷工减料的事情不能做，在考虑体积影响因素时可不考虑体积变化。

浇筑过程中未浇筑到模具内的损耗是人为因素，可以控制。这是眼睛看得见的，只要盯紧不放松管理就行。不是说要求混凝土一点也不能撒掉，但可以依据经验判断是否超过常规损耗。这个经验值一般是 0.3%，浇筑部位不同消耗值也有所不同，但整栋楼平均下来经验值也就确定下来了。

定额损耗是图纸计算工程量的 1.5%，两者加起来就是定额消耗量。框架剪力墙结构混凝土墙占总体积的 15% 左右，即 0.15×2.5%=0.375%，这个 0.375% 是可节省的消耗量。钢筋位置节省量＋墙体节省消耗量−施工损耗，计算为 1.4%+0.375%−0.3%=1.41%，理论来讲整体不应该亏方，应盈余出来近 1.5% 才是正常的数据。

总之，按照上述逻辑进行分析，将施工管理好，企业就不会亏方。

3.10 砂浆消耗量的控制方法与控制难点

预拌砂浆从 20 世纪 90 年代初开始研发、推广、应用，逐步代替现场拌合砂浆。目前各省市地区已经制定了相应的标准，为了实现资源综合利用、减少城市污染、改善大气环境，建设项目已经强制使用预拌砂浆。采用预拌砂浆提高了工程质量，节约了施工工期，但是与传统现场拌合砂浆相比，单价相对较高，并且在使用过程中消耗量控制难度增加，所以施工企业从成本管理角度分析，加强对砂浆消耗量的控制是可以降低成本的。

施工中使用预拌砂浆的优势明显。储料罐及放料平台所占场地相对小，并且减少了对周边环境的污染，有利于现场扬尘治理，有利于文明施工；还有一个优势是可以提高工效，减少人工拌合时的用工，使用起来比较方便，从而加快了施工进度。

施工中使用预拌砂浆的劣势也有许多。例如无法控制供货量，现场供应数量与购买合同数量相差较大，亏方比较严重。一些项目甚至不做称重计量，供应商票据写多少现场就认多少，没有做供货核实的工作。因为供货批次数较多，每次供货对于质量无法控制，存在现场管理人员检测不及时等情况，容易发生抹灰墙面开裂、空鼓现象，造成返工修补导致成本增加。

根据砂浆的生产方式，可将预拌砂浆分为湿拌砂浆和干混砂浆两大类。湿拌砂浆是在拌合站加水搅拌，采用混凝土罐车运输至施工现场，而干混砂浆是采用砂浆专用车将干混料放入现场的储料罐中，然后现场排放并加水拌合。

常见的湿拌砂浆有湿拌砌筑砂浆、湿拌抹灰砂浆、湿拌地面砂浆和湿拌防水砂浆，现场砂浆使用量较少时，采用湿拌砂浆方式可节省储料罐租赁费用，或者是使用砂浆间隔周期较长，湿拌砂浆使用比较方便。

现场常用的干混砂浆可用于砌筑工程、抹灰工程、楼地面工程等，可根据使用部位的标号不同选择供货情况，工期较长的项目选择干混砂浆比较经济适用。干混砂浆按供货方式又分为罐装和袋装，施工现场常用罐装方式，而袋装方式适用于用量小的零星工程项目。

从成本管理角度分析砂浆消耗量，需要了解各施工工序和供货方式，而多数造价管理人员仅将实际消耗量与定额消耗量进行对比，结果对比数据差异较大，有些项目的实际使用量比定额消耗量超出 2 倍还要多，通常说是"亏方"。砂浆消耗量控制不好，主要是供货不足、使用部位管理不足、分包工人浪费这三个因素导致的，成本管理者需要从砂浆的供货来源开始了解，直至事后分析闭环。

（1）砂浆供货不足因素分析

施工方与生产厂商签订供货协议后，会将砂浆分批次供应到施工现场。一般情况下生产厂商会免费提供储料罐，但是，此免费政策仅适用于供货人在供货期间，其他情况下仍将按照租赁标准收取相应费用。

从预拌砂浆厂开始计算，砂浆在每个运送环节都会有所消耗，可以从交易角度考虑各消耗量，与此同时还可以划分责任来确定砂浆的消耗。首先要考虑砂浆供货数量的复核方法，约定好是供应商的责任还是现场管理人员的责任，需要做到规范化管理，才能得到好的控制效果。

供货合同中包括运输至砂浆储料罐之前的各个环节的消耗，许多地区都是以吨为计量单位，供货商提供的票据数与实际供应数的偏差损耗由施工方承担，控制方法可以使用现场过秤方式，每车称重确认复核，也可通过砂浆罐的电子显示器上的数字求出供货数量。

在实际操作过程中，现场管理人员感觉麻烦，往往是采用抽查的方式过秤，导致统计数量偏差大，追溯数据困难。也有一些项目现场没有安装地磅，于是在附近找一个可以过秤的计量秤双方复核，这样有可能由于人为操控因素导致数据偏差较大。如果建设规模较大，项目部必须安装地磅，项目管理人员应采用每车过秤方式，其次要对照砂浆罐的电子显示器上的数字，磅差在 0.5% 以内可忽略，超出此值时应该要求供货商给出偏差结算方案。

干混砂浆的容重偏差也影响到消耗量，在供货合同中要明确砂浆的容重，各地区有所差异，一般供货合同中都会写清楚容重以及配合比，根据合同注明的容重分析消耗量。但是也有些地区的砂浆材料处于垄断情况，供货商会以进货渠道困难为由变更约定的容重，掺入铁尾矿增加重量。

同时容重测量比较困难，因为干拌粉测量体积比较困难，有许多项目在现场采用立方体壳模进行测量，即将干拌粉放入壳模内，验证每车砂浆的折算体积。在测量时偏差 5%以内为正常值，因为干混砂浆是虚体积，排放速度快时砂浆容重大，减慢速度排放砂浆容重变小，所以此测量方法只能对供货不足进行判断，并没有解决容重测量的问题。

通过储料罐容积可以对工程量进行推算，比如本月供应砌筑砂浆 500t，根据《砌筑砂浆配合比设计规程》（JGJ/T 98—2010）的条文说明第 4.0.2 条："水泥砂浆拌合物的表观密度不应小于 1900kg/m³，水泥混合砂浆及预拌砌筑砂浆拌合物表观密度不应小于 1800kg/m³"，现场使用 WSZG-22 规格型号的储料罐，那么现场检测计算式为 500/1.8/22=12.6（罐）。这种测算方法从理论上是成立的，但是现场使用砂浆时不会每罐都放空再加入砂浆，这也给施工工人操作造成了一定难度，所以做检测的储料罐应单独使用，给操作人员交代清楚，或者采用补偿分包人零工方式做到控制管理。

从上述控制办法上分析，采取措施只能控制明显供货不足的情况，投入较大的管理强度但是效果不一定会很好。但是对于某些项目超出定额消耗量太多的情况，例如超过 1.5 倍，那么通过每车称重和容重测算方式还是可以做到有效控制。

有许多项目采用部位检测方法，例如某项目已经抹灰 15000m²，按抹灰厚度 20mm 考虑，干拌砂浆加水后体积有所减少，可按 0.95 的系数进行折算。《砌筑砂浆配合比设计规程》（JGJ/T 98—2010）中规定水泥混合砂浆及预拌砌筑砂浆拌合物的最小表观密度为 1800kg/m³，除去水的重量，可按照干拌抹灰砂浆密度 1700kg/m³ 进行考虑。如果不考虑现场管理和分包工人浪费问题，那么应计算为 15000×0.02×1.7=510（t）。

（2）使用部位管理不足因素分析

使用部位管理不到位主要表现在砌体尺寸不够、砌筑灰缝超厚、抹灰墙面平整度不够、抹灰墙面超厚、地面摊铺超厚、地面平整度不够等方面，这些因素既有材料采购责任也有现场管理责任，需要从这两个方面进行分析。

砌体尺寸不够是采购责任，在采购招标时可以拿到样品测量，如果两家供应商尺寸不同，可以统一折算出体积对比报价。砌体代替砂浆成本较低，所以选择砌体尺寸标准的材料供应商比较合适，如果砌体尺寸不标准，会增加砂浆的体积。例如某项目砌筑水泥砖墙 240mm 厚，实际采购水泥砖尺寸为 230mm×110mm×51mm，而标准砖宽度是 115mm，两个顺砖的灰缝增加了 10mm 的砂浆体积用量，所以两者相比选择标准尺寸供货是更经济合理的。

砌筑灰缝超厚、抹灰墙面平整度不够、抹灰墙面超厚、地面摊铺超厚、地面平整度不够，这些都是现场管理责任，加强现场管理力度可以降低消耗量。这些问题与劳务分包有关系，找到合适的分包队伍可以提高质量标准，从而降低消耗量。实际工作中要做到现场监督到位，及时检查验收，从砌筑工程开始就需要加强管理。砌筑工程中灰缝超厚情况与技术交底有关系，现场技术管理人员如果先在电脑上排版，做好砖皮数控制，就可以有好的效果。抹灰墙面超厚主要原因是墙面不平整，抹灰班组抹灰厚度不用监督，因为抹灰厚度增加是浪费人工的，所以抹灰班组控制好地面摊铺厚度即可。

（3）分包工人浪费因素分析

分包工人作业时，砂浆外洒、未清扫落地灰、作业处剩余灰浆、返工重做等浪费情况时有发生，可以通过观察监督，实行处罚责令的方式来进行控制，从而降低砂浆的消耗。

从砂浆外洒、未清扫落地灰、作业处剩余灰浆这三项分析，主要是未找到优秀的分包班组，班组分包人缺少责任心，作业工人有可能偷懒，这需要进行综合治理，加强现场管理人员的责任心。由此可见。一支优秀的分包队伍是很重要的。

现场返工重做的情况需要划分责任，需要加强现场技术人员交底工作。到底是由于图纸设计问题，还是其他原因造成返工，要把责任归属确定清楚。例如设计变更导致砂浆变化的一个例子：某工业厂房的内隔墙的变更工程量为 30m³，由页岩标砖墙变更为砌块墙体，已知页岩标砖墙砂浆含量为 0.241m³/m³，原页岩标砖墙的砂浆消耗量为 30×0.241=7.23（m³），新增加墙体的砂浆为 30×0.08=2.4（m³），因变更导致减少的砂浆工程量为 7.23−2.4=4.83（m³）。

从分包工人作业浪费情况看，主要责任还是在分包人和现场管理人员，这是由企业的管理水平决定的，根据每个企业的管理方法有所不同，消耗量偏差为 2% ～ 5%，如果项目"亏方"问题比较严重时，此项分析可忽略不计。

（4）总结分析

砂浆消耗量的控制可以分为三部分控制：控制供货数量、控制使用部位、控制工人浪费。使用部位管理不足和分包工人浪费有一定消耗量，但如果项目实际使用量与定额消耗量相差超过 15%，主要责任仍在于供应商，因为项目施工过程中产生的损耗不可能导致如此大体积的垃圾，这是一个超常现象。

如果砂浆材料按市场价格计入，对外报价时关于砂浆的构件要考虑实际消耗量，这时可以通过提高材料价格或填写修改消耗量来弥补亏损。

要想控制供货数量，主要应监督小票显示数据与实际供货数据相对应。从容重折算也是多家供货商对比时的一种方法。如果地区供货商资源垄断时，从容重考核无效，因为一分价钱一分货，更重要的还是控制中途供货时供货商故意替换材料的问题。

3.11　钢筋连接的技术与成本小结

钢筋连接是钢筋制作和安装工作中不可缺少的部分，是工程造价人员计算过程中容易引发争议的部位，本文就钢筋连接方式以及连接方式对工程造价成本的影响进行分析讨论，希望对广大造价人员有所帮助。

3.11.1　钢筋工程作业分类

钢筋连接分为机械连接、焊接和绑扎搭接。机械连接有很多种，常见的有螺纹（直螺纹、锥螺纹）套筒连接等。焊接可分为电渣压力焊、电弧焊（单面焊、双面焊、帮条焊）、气压焊、闪光对焊等。最常用且时效最合理的钢筋连接方式主要有绑扎搭接、电渣压力焊连接和直螺纹连接三种。

钢筋工工作内容分为四类：拉直、弯钩、断开、连接，其中钢筋的连接是重要的一项工作。钢筋分项价格占总造价的 8% 左右，直条钢筋定尺长度是 9m 或 12m，通过测算某工程项目的钢筋接头价格折算到单方造价中是 18 元，可见钢筋连接方式对工程造价影响较大。

3.11.2　钢筋在各类构件中的连接方式及原因分析

钢筋是包含在混凝土中的，我们分析钢筋连接方式应从构件开始理解。结构构件分为墙、梁、板、柱和基础五类，设计院一般在施工图纸中规定≥ϕ16的钢筋宜采用机械连接，平法图集中也注明宜采用机械连接，一个"宜"字说明只要满足质量规范，是允许调整的。实际施工时监理人员容易把"宜"字理解为必须，工人施工时也容易通过灰色手段把"宜"调整成"容易""随意"的意思。

墙类构件中有水平钢筋和垂直钢筋，水平钢筋一般采用直螺纹连接或绑扎搭接，垂直钢筋一般采用直螺纹连接或电渣压力焊连接。房建项目中分包钢筋班组一般是按平米单价承包的，出于操作方便考虑，墙体垂直钢筋每一层楼一个接头，小于ϕ16时采用绑扎搭接，大于等于ϕ16时采用直螺纹连接。墙体水平钢筋一般施工人员会都采用绑扎搭接以节省人工，由于分包施工中存在乱象及构件总长度的约束，施工人员有时为方便施工，会留一个焊接头不做，采用绑扎接头来调节钢筋总尺寸，在钢筋绑扎搭接时往往增加接头长度。然而，在监理验收时，过短的搭接长度会导致返工和拆除。总承包管理人员虽然意识到已完成工序的拆除会浪费材料和工期，但由于处罚力度不足，只能敷衍了事。墙体钢筋现场管理的重点是水平钢筋接头，可以在合同中注明墙水平钢筋大于等于ϕ16时采用直螺纹连接。这样约定后，墙体较长的水平筋仅会出现一处绑扎接头，其他连接处采用直螺纹连接，这样方便施工，成本当然是降低了不少。

梁类构件中的受力钢筋连接一般会考虑质量问题，梁下部尽量不设接头，但非框架梁采用机械连接成本会降低，成型钢筋越长损耗越低，又考虑到梁跨长度的原因，需要计算钢筋下料长度才能知道哪种方法更经济。决定权掌握在钢筋放样人的手中，有实力的施工企业会安排专业的管理人员管理钢筋分项工程，他们会与分包钢筋放样人协商计算方式，看哪种方法合理适用。梁钢筋≥ϕ16宜使用直螺纹连接，但是考虑到施工方便性等问题，非框架梁钢筋不密集时受力钢筋采用绑扎会节省人工，螺纹连接时由于空间限制，操作较困难，多绑扎几道箍筋、采用绑扎接头施工更方便。梁钢筋与柱子钢筋穿插密集区域且钢筋直径大的节点，采用绑扎接头会影响到工程质量。班组承包人怎么省事、浪费人工少就怎么做，但总承包方可用合同约定钢筋损耗量，超出后做处罚扣款，这样管理成本就能降下来。基础梁一般情况是多跨、较长的构件，需要考虑机械连接，尽量不要出现绑扎搭接，只要符合图集、图纸要求和人工运输方便的条件，钢筋≥ϕ16采用机械连接成本是最低的。基础梁顶部受力钢筋在支座处互锚，但是有支座的地方柱插筋密集区域，施工难度很大，钢筋放样人当然不会采用这种互锚形式，而这个部位也不用再考虑分包浪费后再去管理的事了。

板类构件一般都是直径较小的钢筋，≥ϕ16钢筋的用量特别少，所以不考虑机械连接情况。采用绑扎搭接要考虑板下筋支座处互锚或通长的情况，盘条钢筋能通则通，减少接头会降低成本，定尺钢筋要考虑开间尺寸是否符合定尺长度，废料损耗数量与接头数量作对比才能确定能否降低成本。板的上部钢筋通长设置施工比较容易，但是要考虑垂直运输因素，设置过长会影响到塔吊运行，整体工期延长与该部位钢筋连接价格作对比，当然是工期缩短成本较低。在穿板下筋时梁的箍筋会影响直螺纹连接的施工操作，板跨度不同钢筋直径也不同，安装钢筋时容易造成混用，绑扎搭接与直螺纹连接相比，其施工方便而且安装也比较合理。

柱类构件的受力钢筋一般每一楼层断开一次，基础与楼层的连接处（楼层较低时）不设接头，直接用一根钢筋通长设到第二层断开，这样会减少接头数量而降低成本。钢筋放样人员一般会在楼层规定位置做电渣压力焊接头，脚手架难搭设的地方采用直螺纹连接。柱子钢筋要考虑接头错开的长度因素，接头过长会影响到箍筋数量，所以钢筋直径≥16mm时不采用绑扎接头，直螺纹连接钢筋直径越大人工费和套筒价格越高，使用电渣压力焊人、材、机消耗变化相差不大，所以选择电渣压力焊最合理。但建筑市场电渣压力焊技术人员紧缺，局限性大且大面积施工难，也由于工期安排方面的原因，这些专业技术人员干两天会歇两天没有活做，工资可高达600元/天，往往一些施工单位会放弃电渣压力焊而采用直螺纹连接。

基础类构件以筏板基础为例，能通则通成本最低。总承包现场管理人员要监督好筏板中绑扎接头的数量，这样虽然增加了人工费用，但是可以节约钢筋材料，而班组分包价格对此项并没有详细约定，不用担心人工成本增加。从总承包角度考虑基础内钢筋规格大于$\phi 16$时使用直螺纹连接成本最低。若采用闪光对焊连接，由于场地原因一般闪光对焊机会放在槽内操作，筏板基础钢筋量大、构件尺寸长的情况下可采用该连接技术。闪光对焊与直螺纹连接比较，技术工人比例占多数，并且高层房建项目地上部分采用闪光对焊连接运输困难，一般施工时不采用该连接方式。

墙、梁、板、柱和基础构件内的钢筋，哪种类型连接最合理实惠，钢筋放样人应该是最清楚的。

3.11.3 钢筋不同连接方式的成本分析

钢筋不同连接方式的成本分析对比具体如表3-1～表3-6所示。

表3-1 $\phi 18$钢筋绑扎搭接成本分析

分项名称	单价	消耗量	小计/元
钢筋接头制作人工费	180.00元/工日	—	—
钢筋接头安装人工费	180.00元/工日	0.00444	0.80
螺纹三级钢筋	3.70元/kg	1.43928	5.33
零星辅材	0.05元/项	1.00000	0.05
合计			6.18

表 3-2 ϕ18 钢筋电渣压力焊连接成本分析

分项名称	单价	消耗量	小计 / 元
钢筋接头制作人工费	180.00 元 / 工日	0.00222	0.40
钢筋接头安装人工费	600.00 元 / 工日	0.00286	1.72
螺纹三级钢筋	3.70 元 /kg	0.25987	0.96
焊剂焊药	1.20 元 /kg	0.75000	0.90
电费	1.00 元 / (kW·h)	0.85000	0.85
机械使用费	0.30 元 / 项	1.00000	0.30
机具费用	0.10 元 / 项	1.00000	0.10
零星辅材	0.05 元 / 项	1.00000	0.05
合计			5.28

表 3-3 ϕ18 钢筋直螺纹连接成本分析

分项名称	单价	消耗量	小计 / 元
钢筋接头制作人工费	180.00 元 / 工日	0.00889	1.60
钢筋接头安装人工费	180.00 元 / 工日	0.00286	0.51
螺纹三级钢筋	3.70 元 /kg	0.19990	0.74
钢套筒	1.80 元 / 个	1.01000	1.82
电费	1.00 元 / (kW·h)	0.10667	0.11
机械使用费	0.10 元 / 项	1.00000	0.10
零星辅材	0.15 元 / 项	1.00000	0.15
合计			5.03

表 3-4 ϕ16 钢筋绑扎搭接成本分析

分项名称	单价	消耗量	小计 / 元
钢筋接头制作人工费	180.00 元 / 工日	—	—
钢筋接头安装人工费	180.00 元 / 工日	0.00444	0.80
螺纹三级钢筋	3.70 元 /kg	1.01000	3.74
零星辅材	0.05 元 / 项	1.00000	0.05
合计			4.59

表 3-5 ϕ16 钢筋电渣压力焊连接成本分析

分项名称	单价	消耗量	小计 / 元
钢筋接头制作人工费	180.00 元 / 工日	0.00222	0.40
钢筋接头安装人工费	600.00 元 / 工日	0.00286	1.72
螺纹三级钢筋	3.70 元 /kg	0.20534	0.76

分项名称	单价	消耗量	小计 / 元
焊剂焊药	1.20 元 /kg	0.75000	0.90
电费	1.00 元 /（kW·h）	0.85000	0.85
机械使用费	0.30 元 / 项	1.00000	0.30
机具费用	0.10 元 / 项	1.00000	0.10
零星辅材	0.05 元 / 项	1.00000	0.05
合计			5.08

表 3-6　ϕ16 钢筋直螺纹连接成本分析

分项名称	单价	消耗量	小计 / 元
钢筋接头制作人工费	180.00 元 / 工日	0.00828	1.49
钢筋接头安装人工费	180.00 元 / 工日	0.00286	0.51
螺纹三级钢筋	3.7 元 /kg	0.15795	0.58
钢套筒	1.80 元 / 个	1.01000	1.82
电费	1.00 元 /（kW·h）	0.10667	0.11
机械使用费	0.10 元 / 项	1.00000	0.10
零星辅材	0.15 元 / 项	1.00000	0.15
合计			4.76

3.11.4　总结成本分析

通过上述分析对比可知，墙水平钢筋 ϕ16 以上时采用套筒连接比较合理，梁筋最好都用套筒连接最合理，板内钢筋绑扎能通则通最合理，柱类构件采用电渣压力焊最合理，基础构件从总承包角度来说采用机械连接最合理，如表 3-7 所示。

表 3-7　不同构件钢筋连接方式建议

构件类别	钢筋直径 /mm	建议连接方式
墙构件	≥ 16	采用直螺纹连接
板构件	＜ 18	宜采用绑扎搭接
柱构件	≥ 16	宜采用电渣压力焊
梁构件	≥ 16	宜采用直螺纹连接
基础构件	≥ 16	采用直螺纹连接

站在不同角度考虑成本也会有偏差，总承包施工杜绝浪费的措施要提上日程，要找到关键因素，不能仅根据在现场看到的钢筋接头情况就做出评价。

能做到干、谈、管、谋的综合性人才会使企业成本降低，使各项工作落到实处，管住施工过程中的每个环节是成本经理应该做的事情。

3.12 法院"四步走"解决工程结算争议

合同中有约定的按合同执行；合同中没有约定的按规定执行；找不到规定按法定执行；没有法定通过诉讼或仲裁解决。下面对相关问题进行详细解释。

3.12.1 "约定"

合同签订以后，甲乙双方在合同条文中约定结算价格的办法，工程变更是放在合同内结算，工程签证是放在合同外结算。

项目施工实施过程中由于经济利益关系，导致签证文件办理困难，现场管理人员失职或推诿责任久拖不结，造成工程结算双方"扯皮"问题严重。未明确责任，或事实清楚但实际发生的事情、签证未同意的事件，施工方一般会做申请报告以书面形式递送。

工程结算时，变更是建设方提出的，工程量确认双方都同意，变更主要争议是价格问题；签证是乙方提出的，事项、工程量和价格确认都存在争议。

3.12.2 "规定"

各地区造价协会都会定期发布人工、材料及机械价格信息，工程量计算规则由地区定额统一发布，这样就形成了地方规定。

有地方规定，甲乙双方发生争议时就有据可依。但往往发生争议是较大的经济签证，并非地区定额和信息价格能解决的，由于市场材料价格及外界其他原因影响，争议价格甚至可超过合同额的 5%。所以按规定，解决不了的事项整理出索赔文件，由双方进行沟通谈判。

规定文件是每个造价人员工作中经常参考的资料。

3.12.3 "法定"

双方当事人签订的合同条款中未明确或不清楚，可参照建筑法律法规相应条款进行交易。法定准则是公平公正的，是双方发生争议时谈判的主要依据。

法定条款中有的依据，其中一方可以在申请赔偿时从法定角度追回款项，一般情况在法定环节双方各让一步可把争议化解。如果没有解决只能走仲裁或上诉索要款项。

大型企业中会设定法务部门处理索赔事件，中小型企业当今也会委托专业律师代理。工程索赔是引发诉讼的导火索，站在长期合作的角度考虑，各方让步解决索赔事件更为妥当。

3.12.4 "诉讼"

工程结算争议谈判不成，就需要进行诉讼解决。若发生诉讼，甲方会浪费工期，延长工期就意味着阻碍了资金变现的速度；施工方走诉讼渠道价款会打折，如果能够按八折价款胜诉，通常施工方就很高兴了。

从合作角度考虑，双方上诉到法院解决问题是都有损失的。争议事件每向法院走一步损失越大，能在签证时段化解是最好的结果，能通过申请报告解决的事情就不要通过索赔谈判解决，索赔期间的让步也是更理智的选择。

诉讼是解决争议的最终办法，诉讼需要收集证据、付出时间、浪费人力去完成。从签订合同到完成工程结算需要两年时间，一般法院处理完诉讼事件也要两年时间。所以，有时胜诉仅仅是表面的赢。

3.12.5　怎样才能让对方舒心顺利地办理工程签证？

主要是让对方省心省事。事实清楚、照片齐全、内容简单、证据充分、不虚报乱报、签证不包括在合同内，这是让对方最舒心的签证。

（1）让对方省心要做到以下四点：

① 事件要真实发生，有现场拍照，能证明已经完成施工作业。

② 签证格式正确，编号日期清楚，讲述内容准确无偏差。

③ 没有虚假内容，证明文件充分，无遗漏、无瑕疵。

④ 应该签证的内容，指明合同条款证明其不包括在合同内。

⑤ 让对方少承担责任，少磨嘴皮子，少投入精力，减少流程环节。

（2）让对方省事要做到以下五点：

① 数据正确，证据链闭合，让人少跑路求证。

② 责任描述不能指向某人，最好找个恰当理由。

③ 最好不要讲述发生签证是建设方原因导致的。

④ 建设方上班有空时再去办理签证，忙时不要找。

⑤ 一个文件不要提交多次，能一次完善最好。

3.12.6　如何让对方放心谈判认价

（1）只有做好工作，事实清楚，不违反原则性问题，才能让对方放心。可以参考以下九条内容：

① 数据计算按照规定，正确无误。

② 不要出现可有可无的分项内容结果。

③ 理清思路，正确解答各条计算数据结果。

④ 大的分项费用要争取不舍，小的争议要不回来就舍去。

⑤ 不找可给可不给的证据，要有明确证明材料。

⑥ 有法律法规文件附在文件内的证明性更强。

⑦ 有以往交易价格或采购合同附在文件中。

⑧ 叫来当事人（经济利害关系人）当面谈。

⑨ 与其他建设方合作的文件起引导性作用。

（2）原则性问题也要坚守，不能随意让步，把项目做到无利可图。不得抵消事项，不得取消主要证据，不得拖延扣压，办不到由老板决定。让步不等于不要，照顾不等于施舍，丁是丁卯是卯，这都是原则性问题。要记住以下九条原则性问题：

① 不要把增的项和减的项相互抵消，事后再"扯皮"。

② 主要证据要明确，不得取消、事后不承认。

③ 签证时效性把握好，时间长了容易发生争议。

④ 证据理由充分的大的金额让领导决定。

⑤ 不要把能说明白的事非找证据故意找茬。

⑥ 不能否定事实发生，没有的事情也不夸大。

⑦ 理由欠缺的可让步，可折价计取。

⑧ 不要了并不是全部舍去，该争还得争。

⑨ 算清账，不能建设方退一步你让三尺。

3.12.7 说起来心里就添堵的事情，怎么处理？

对于施工方来说，不管心里添堵也好顺心也好，赚到利润是最基本的原则。既然事情发展到了这一步，要尽力做到完美才是本职工作。民企的领导往往在这个节点才察觉到事件没有办好，通常对属下员工大吼大叫，有无挽回余地就要看员工办事能力和阅历如何。也正是这个节点甲乙双方才真正较量起来。

下面简要介绍提交索赔报告以及增加事项时的处理方法。

（1）提交索赔报告可以参考以下九条建议：

① 实际发生的工程量，按时间数量列清楚。

② 间接发生的工程量，谈判时争取。

③ 理由充分，不得虚报乱报工程量。

④ 明确事理，间接的理由有充分证据。

⑤ 可能发生要理由充分，经验判断是主观意向。

⑥ 工程量清楚，分项分类分时间描述清楚。

⑦ 施工困难预估价格提交，可以争取。

⑧ 影响进度因素描述清楚，理由充分。

⑨ 别列项计取，不要和已发生工程量并列。

（2）上报索赔报告还要增加事项的情况，双方谈判也有砍价余地。多列事项，由总到分明细都列清楚。细分项能减少争议，一事多费能争取计项费用。千万不要把不占理的事增上去，发生索赔会引起上诉。增加事项可参考以下七条建议：

① 一件事多分项，确认一项多一项费用。

② 有争议的项先放下不谈，最后再拍定。

③ 费用大的项必须争取，考虑周全。

④ 砍掉几项还保本。

⑤ 双方争议焦点的事可避开争锋。

⑥ 淡化争议事项，词句描述避开争议。

⑦ 避重就轻，责任不推脱给甲方。

3.12.8　上诉都需要施工方做些什么？

上诉只能到法院解决问题，这时往往施工方会误认为律师是万能的，其实施工方还是需要做很多工作的。诉状可以让律师代写，但证据还需要施工方自己提交。

对于诉状内容，从成本运营角度可以参考以下建议：

① 马上启动法律程序，解决争议。

② 描述理由恰当，不要加剧争议事件。

③ 目标清晰，诉求内容合理。

④ 证据链闭合，证据关联性强。

⑤ 主次证据明确，取证内容真实。

⑥ 疑似证据不提，牵扯到别的争议理由不提。

3.13　成为造价高手需要具备什么条件?

工程造价专业是以经济学、管理学、土木工程为理论基础，从建筑工程管理专业上发展起来的新兴学科。

工程造价在 2001 年之前从业人员学历一般较低，现在变成建筑行业大学生的热门工作。造价是个综合能力比较强的专业，毕业 3～5 年，即使有再高的天赋，也离造价高手很远。只有不断积累各方面知识，才有可能成为高手。

（1）需要懂计算机，懂工程量计算软件操作

造价毕业后首先要学习识图和工程量计算，这是必过的关。

计算工程量是最基本的岗位需要，也是最耗时的工作。在计算机上软件操作熟练后，会逐步转向计价定额的工作。

2018 年，国内首款造价机器人"小青"出现，一幢 $32000m^2$ 的民用建筑，在前期施工图纸进行适当人工处理后，小青仅用 55 分钟，就完成了专业人员在常规计算机软件辅助下需要 128 小时才能完成的建模工作。这一项成果的出现，使得造价工作中从二维图纸

变成三维模型的工作交给机器人处理就可实现，节省了大量人力。这样初级造价的工作重心就由算量转变成了计价。

（2）需要精通施工工艺，套定额时才不会缺项漏项

造价专业毕业以后大多数人去的是造价咨询单位，主要原因是自己能赚到钱还不用到工地风吹日晒。可是过了算量阶段，发现对计价套定额总是缺项漏项，特别是装饰装修工程的做法，分层做法不知道要套多少项才正确，这是对施工工艺不熟悉才会出现的问题。

有的人做了五年造价工作还对建筑工程的施工工序陌生。如泵送混凝土一般什么情况要使用地泵，什么情况使用象泵，这是很难套的定额；如文明施工费中包括哪些内容，这也是没有待过施工现场的人很难解释的。

所以，毕业后要去施工现场一线工作三年，至少要了解一个项目从开工到竣工的整体施工工艺。这样才能为将来发展打下基础，以后业务能力会更强。

（3）需要有工程设计知识，具备工程力学方面知识才能做好钢筋抽样工作

造价不只是算量计价那么简单，设计方面的知识多少也要懂点。比如结构力学中框架柱的轴心受压和偏心受压，钢筋偏心受压侧锚固发生变化会影响到工程量，算量软件是一个工具，并不智能，不能想着一切问题都靠软件解决。比如安装专业的通风工程，有流体力学知识才能更准确地了解各构件的作用，即便设计图纸中有没找到的标识也不至于漏算工程量。

有的人把工作当成完成任务，没有认真套准定额，有的人还说现在使用清单计价了定额作用很小了，但现在大多数还使用清单下的定额计价模式，做控制价和投标报价都要用到定额，这样不够准确地运用定额做出来的成果是比较差的。所以，要知识全面才能提高自己的业务水平。

（4）需要财务会计方面知识，因为在增值税抵扣和核算方面都要用到

造价人员虽然不需要完全懂财务知识，但涉及税务抵扣和成本核算方面的知识还必须要找财务请教。比如说有人问，除税材料定额计价为什么定额还要含税 9% 呢，其实除税是除掉材料税，并非除去企业缴税，要是不懂财务，这些问题理解起来就费力。比如成本核算方面的知识，以单位核算还是以项目核算，必须与财务统一口径才能进行。

很显然在"干"的阶段用到的知识量相对还不多，到"算"的阶段就得考虑这些知识了，造价要想达到中级水平，就要考虑全面，同时努力使自己涉及的知识面变宽。有些人在这个阶段已经止步不前，认为自己能有固定收入不愁吃喝，但随着市场变化，不进步是要淘汰的。

（5）需要法律知识，工程合同和工程索赔都要用到法律方面知识

大型施工企业包括一些中型施工企业都会单独设立法务部和合同部，造价部门虽然与法务部、合同部不相同，但做工程管理工作就必然涉及合同和索赔。

中级造价水平的人会把工程造价理解成计量计价和造价管理两部分，也就是"干"和"管"两方面同时学习。一份合同要每个管理者审批，从各个角度去考虑涉及的问题，当然从造价角度也要考虑以后是签总价包干合同还是分项包干合同，材料价格是敞口还是闭口等。一份索赔报告需要从事实的角度考虑，还要学习一些法律知识，如争议可通过诉讼和仲裁解决，但只能采取其中一种。

（6）需要心理学知识，项目分包结算谈判要了解心理学知识

好多人认为施工单位的分包人就是个无赖，不讲理总想多结账，但你了解了心理方面的知识就可以巧妙地处理结算。

心理作用往往影响到全局。比如分包人故意把分包结算价格报高，但是你要站在他的立场上为他说话，让分包人把报价组成列项汇总，再细化分部汇总。分包人往往在工程量计算方面多报，自己报的量自己再拿回去汇总结果，这样分项量对应不了总表量他会自动承认错误，结算就会比较顺利。一些项目预算人员往往是死扣工程量，因为一点图纸设计问题就扣死在这一点上，双方各不相让会增加数倍核对工作时间。

（7）做好企业成本运营管理要用到很多工商管理知识

造价高级水平还需要用到工商管理知识，也就是所谓的"管"与"谋"相结合。工商管理知识要运用到企业的成本运营上面去，包括成本预测、成本决策、成本计划、成本核算、成本控制、成本分析、成本考核等方面的管理。

（8）需要懂得历史学甚至考古学，对仿古建筑专业构件名词要有认识

造价知识是全面的，各类知识都需要有。

工程定额的专业较多，特别是仿古建筑的工程，历史学知识少的人套定额往往无从下手，因为构件分类不清，计算时按个还是按 m^3 还是按照 m^2，感觉都是一个难题。比如门口设计了石抱鼓，定额子目是有的，可很多人把定额全部做补项，还有垂花门和垂莲柱，不懂历史怎么去了解这些名词。一些厅廊、穿堂门、望板、博风板、牌坊等，这些名词不去研究古建筑知识理解起来就会很困难，计算工程量也是很大的难题。

（9）需要了解销售方面知识，地产成本要和销售部门紧密配合

造价人员还应该了解销售方面的知识，在房地产做成本的人员与销售部门如何配合，也是应该了解的。

做成本敏感性分析就涉及销售方面的知识，要了解为什么外立面方案定下来又要改变，改变后有什么作用。前期做了多种户型方案，这些方案中哪个方案销售需求量大，定方案时成本人员也要考虑成本。

工程造价就是一个大杂烩，并不是学会了两道考试题就是造价高手。要在工作实践中不断学习不断进步，既得吃苦学习还得有奋斗不止的精神，才会成为造价高手。造价人员把成本、思维以及各方面知识都学习了，能力一定有巨大的提升，薪资也会有可观的变化。

3.14 成本经营过程风险案例分析

3.14.1 案例情况

某项目部将不锈钢栏杆分包给刘某，成本经营过程中通过法律法规了解了项目的风险情况。

该项目部是挂靠借照经营的，实体承包是张某和李某合伙承包，张某负责对外业务及资金往来财务，李某负责施工管理。施工至工程装修阶段时需要招分包单位，不锈钢栏杆分包给刘某，李某与其签订了不锈钢栏杆合同，但未盖项目章，合同金额 50 万元。

由于经营过程中出现分歧，两人合伙失败，张某又重新与贾某合伙。不锈钢栏杆施工期间支付工程款时，贾某不认可合同金额和支付工程款的条件，拒绝支付工程款，其后分包单位不锈钢栏杆施工停止，贾某重新选择了第二分包单位进行施工。

合同是项目部李某签字，有法律效力吗？施工至中途更改当事人，有法律效力吗？最终结果应如何处理？

3.14.2 律师观点

不锈钢工程是分项工程，同李某签字，张某是知情的并无反对意见，应共同承担责任，并且不锈钢施工队已实际施工一部分，质量合格，可就实际施工部分向实际承包人李某、张某、贾某主张给付工程款，公司、业主在未给付工程款范围内承担连带责任。

合同已签订好，并已施工，价格也定好了，应按合同给付。可由张某向李某追责，内部追偿。

如到法院，感觉不锈钢价格高于市场价，可向法院提出调整价格，按市场信息价调整，体现公平诚信原则。

合伙人属于实际施工人，应承担责任，公司承担连带责任。

3.14.3 经营分析

建筑企业内部管理应该透明化发展，分包合同的情况，财务部门、项目部门、经营部门和商务部门都应清楚。分包应按照正规手续施工，项目部项目经理和企业某人签字是个人行为，不能代表企业认可。合同一般最后有一句话，有的是"签字、盖章生效"，有的注明"签字或盖章生效"，其中区别很大。是签字加盖章生效还是签字或盖章生效？话中加一顿号表示签字加盖章才会生效。未办理完流程就实施施工，风险会完全扔给分包商。

首先分析当事人的关系变化因素。张某和李某是合伙关系，形成共同经营关系。李某和刘某签订了分包合同，未盖公章或项目章，在签订合同后无法确定张某是否知情，这说明合同办理流程还未完善，通过律师上诉可追到工程款，但分包人时间和精力浪费较大，最终拿到工程款的数额也会打很大折扣。有时分包人为节省成本，会偷工减料，施工质量无法保证，对分包人不利。

上述分析中，虽然合同未盖章对分包人不利，但是作为施工总承包方，施工过程中途停止某项作业会影响到整体工期或下道工序，成本经营会增加成本。重新选择第二分包单位进行施工，价格不一定比刘某单价低，并且新分包人面对停工项目会不信任，只有提高价格有较大利润空间才能诱惑到分包人去做。这样一来，既浪费时间和人力，又使工期受到干扰，价格还可能比正常施工成本要高，另外分包关系、企业名声和个人名声都可能受到影响，整体损失较大。

成本经营降低风险的原则是管控能力的提高，一味地压低成本是不科学的，每个企业、个人承包工程都是赚了钱才能见到效益的，合作共赢、长远发展才是企业生存之道。

3.15　房建施工全过程造价控制要点分析

做一件事可分为三个阶段：事前、事中、事后，一个工程项目从招投标开始到竣工结算完成构成了一件完整的事情，这件事情通过造价控制达到盈利的目的。在此讲述一下造价控制的要点和方法。

3.15.1　事前控制

经营一个项目，要先做好详细规划才能盈利，事前需要做好投标价格策略、成本方案规划、应急预案和评估等工作。怎样能中标在这里不做阐述，主要谈谈投标中如何确定单价才能让结算利润最大化。

（1）采取不平衡报价方法，把过程支付工程款的先付部分价格调高，后付部分价格调低，利用资金产生利息得到相对的利润。也可以把预期结算工程量大于招标工程量的清单子目单价调高，通过结算时预计增量的高价收入得到相对的利润。

（2）优化施工方案合理节省费用。

① 施工方案中合理搭配工期，使资金高效周转，囤住资金产生利息带来利润。怎么囤住资金呢？有人说那是财务和老板的事，但这同样也是经营中需要成本管理人员负责的事。

② 考虑施工现场平面规划的合理性，包括塔吊布置及垂直运输方案、仓库或堆场运输至施工点的方案、场区临时道路的规划和临时水电管线的规划、文明施工及安全达标的措施等。现场平面规划不合理会直接影响到施工过程中的人工消耗和资源浪费。

③ 措施方案的规划，包括模板周转次数及支撑材料的选择、土方开挖的方案及支护方法、降排水方案合理性、高难度模板体系支撑方案、预制构配件现场存放及吊装方案等。

（3）分包方式和分包队伍的选择。分包方式很重要，如何拆分分包工程项目的施工工艺，如何操作不影响穿插作业，是能产生利润的直接因素。分包队伍的选择要看施工能力和价格，其来源一般都是领导朋友圈介绍或认识的分包队伍的小包工头，施工能力这方面可以通过侧面了解得到信息，分包价格通过评比采用合理低价进行选择。成本方案的规划主要是成本测算，投入多少成本、能赚多少钱在招投标前期要考虑清楚。

谈到成本概念有些人还停留在最原始状态，想通过图纸设计中的国标材料拿非标材料代替找差价求得利润。但是甲乙双方都聪明，招标文件中会约定材料品牌及规格，连厂家供货都会有约定，有些材料直接改甲供代付款的方法，所以要想吃差价非常困难。材料供货商的谈判应该是材料采购人员的事，在此就不详细讨论了，只说下定价方法。既然是测算，所有材料供应都是在需要时才会采购，找到合理的供货商能低价购进材料是关键，所以材料价格与人际关系、供货时间、付款方式、信誉度等都有关系。

分包队伍预先准备完，材料消耗量分析完，现场布置及人员配备做完善，求出人材机和管理费用，然后要看税率的选择和增值税的抵扣。施工企业挂靠资质是个潜规则，一般较大的工程都要求施工企业税点11%，挂靠资质时知道要缴多少管理费就可以了。

成本，简单说就是做前期测算这件事情，测算出要花出去多少钱就可以了，投标价减掉成本测算价格就是利润。

再来说说应急预案和评估。预案就是准备方案，当然得有一套经验在里面，把方方面面的可能要发生的事项考虑周全。评估也是前期就做好的事，没有评估不能投标，因为不知道接到工程能不能赚钱，即便测算出来的数据显示能赚钱，但是通过借鉴以往承接工程的经验，会分析出来一些潜在的风险，这些风险是老板应承担的责任。

3.15.2 事中控制

企业赚多少钱主要看事中控制，事中控制环节又可细分为前中后三个环节。

3.15.2.1 事中控制的前一环节

事中的前一环节包括流程管控、人员配备及管理、工程材料采购等。流程管控涉及对建设方流程的熟悉和对分包流程的管理。建设方都有自己的管理程序，操作人员对每个操作要点要熟练，节省事项办理时间是关键。如何处理好甲乙双方关系，如何协调人员达到最优合作，这都需要人员具有丰富经验和应变能力。对分包流程的管控相对较难，但是可控性强，企业有企业的规章制度，在分包选择谈判时就把规章制度要求给到分包进行了解，说白了你拿着钱了，他不听话你就处罚。没有任何规章制度的企业目前也有许多，比如工人在楼上干活已经好几天了，项目部都还不知道是哪个班组，后来才知道这是领导安排的新班组。这样的班组干活只听领导的安排，项目经理交代事情都没人听从指挥，又何谈进行分包管控？

人员配备及管理是领导应当重视的问题，项目部的人员配备要合理，八大员少一员不要紧，没有目标就去做事的人员是最大的浪费。

工程材料采购时，企业老板不会要求进行超出材料合格标准的采购。能定低标准的，让建设方人员参与确认，怎么参与、参与多少都要有经验，这是采购人员应该管的事。有时候采购员是老板的亲属，要么价格"搞鬼"，要么是个外行汉，这点也需要进行考虑。从经营参与的角度可做个市场价格对比，找几家厂商报价，有目的地压低供应商价格。

3.15.2.2 事中控制的中间环节

事中控制的中间环节是项目管理步入正轨的阶段，也是造价动态控制阶段，主要管理的方面包括支付工程款、季度分包工人工资发放、签证变更的形成管理、材料分批次出库的数量控制、争议解决方案的修订管理等。

（1）支付工程款时，应按照合同约定做计量支付，一般按照建设方要求的格式填写申报就可以了，图示工程量都是双方用软件建三维模型计算的，工程量差距不会太大，争议也较少，把统计部位核实清楚就可以了。工人工资发放是个经营管理难度不小的问题，很多包工头都要拿着工人工资，在发放期间收回点利润，承包合适就继续做下去，承包管理亏了就利用农民工闹事。有时让分包人申报工程量审批，他们故意不申报，就没法按工程量核算付款数额。根据不同情况，不同分包班组承包的施工前后难度不一样，简单的已经做完当然找你结算，复杂的刚开始做就闹事，工人工资都保不住。所以中间管理分包要有手段，进场时就把节点工程量约定完成，约定好各工序或部位完成后支付的金额，并且越合理越容易控制。

（2）签证变更的形成管理通常是现场造价员的重要工作. 对变更来说有的变更部位建设方没发现，施工方发现申报做完后才拿到变更单，有的做完也拿不到变更单，拖了很久才给确认。签证办理更难，发生的事项建设方项目人员和监理都没人主动承担责任，找他们三番五次都不理你，只有得到好处费才会承认，当然了，也有一些建设方项目人员签证会做得很正规。需要有解决办法，例如在开例会时，甲乙双方及监理人员都在场，这时候可以把签证放在会上一并解决，他不确认的话，下达的指令就不接收，在例会上通过谈判技巧达到目的。一般项目部的预算人员没有谈判能力或者不去做这项工作，推到项目经理或技术人员头上，项目部内部办事都不团结，没人吭声，等到分包班组结算追责时，很多人已经离职无法处理了。解决这类问题都很头痛，给项目交代好奖惩办法，责任划分清楚，不定时清查，才能做到更好。

（3）材料分批次做好出库数量控制，用多少材料要计算准确然后做出库统计，领用材料要有分包签字确认，已经完成的构件与出库材料作对比。很多建筑材料直接堆在施工现场没有入库，在堆场中工人可以任意使用，多余的乱弃的材料整个施工现场随处可见，还有一部分材料工人不管规格对与不对，直接用规格大于设计标准的材料用在构件上，隐蔽工程一旦完成后再核查无从查起。要想治理堆场材料的乱象，首先要通过分包合同约束，通过各管理人员监督，以及分包班组的工人相互监督，才能做到位。一般采取的方式是让分包负责人参加例会，以罚款点名的办法进行约束，各班组的工人都看管好自己使用的材料，这种现象才会减少。

（4）争议解决方案的修订管理。既然出现争议，就是施工未完，留出来一些事项要处理、解决，解决时得有合适的文件充分阐述理由，那么在中期的管理过程就要有充足的思考，以求达到方案完善、理由充分，通过这样的不断修订和不断沟通，才会达到最佳效果。这个是经营难关，体现了整体管理实力，也能反映管理人员的责任心。争议最好当时就解决，随着时间变化及人员岗位变动，越晚解决往往结果越坏，很容易把大量的精力和人力浪费在争议上，抓主要弃次要才是正确的管理办法。

3.15.2.3 事中控制的后一环节

事中的后一个环节就是能看到小的结果了，要将成本测算和成本投入做比对。包括材料供货的审核、分包班组结算和分析、规章制度的修订、分项风险评定等。

（1）将材料供货和已经完成的构件作对比，核查有没有缺方亏吨的批次，审核材料消耗量，与定额消耗做比较。材料供货方面很多企业都不会去审核数据，认为领导亲信采购来的数据一定正确，再一个也怕招惹是非带来麻烦。但是形不成入库、出库、消耗环节的对比，经营就没有可控性，对于经营每个环节都要抓好，正确的心态很重要，掌控企业动脉的人应该无私奉献。

（2）分包班组结算和分析工作也很重要，分包班组完成后必须马上办理结算，不管企业资金如何，结算完成后可等财务给分包拨款，但不能让所有人等结算数据，即使不给分包人结算数据也要办理完。关于分包争议部分先做几轮谈判，分析分包赚到钱的部位和亏本的部位。分包人往往跟你扯东扯西让你增加结算额，你只要拿着分包赚到钱的部位或他开出去的成本进行谈判，装作亏本的分包人到时候自然就不会再缠着你要结算的事了，一是他怕捅到领导面前，二是他占到小便宜的地方不希望你想起来再扣掉。

（3）规章制度在项目实践中是不断修订的，新的制度要代替旧的制度，应积极总结经验，写心得体会。制度的颁布与实施都需要一个过程，通过制度达到效果是经营的目的，到工程告一个段落时，需要有具体的总结，也是汇报工作的主要方案。经营的价值不只在于单个项目的赚钱，更需要着眼于企业的长远发展，所以做规章制度的修订必不可少。

（4）分项风险评定要做成报告的形式，每个企业都不会纵容不合理的支出，必须做成书面文件交代清楚，才能达到说服效果。非人为因素造成的损失当然理由充分，人为因素是因某人的过错引起的，领导有可能辞掉该员工，做评定难就难在此处的左右衡量。应如实评定事与人，而不能感情用事，公司是以盈利为目的的，可以附着感情但应分明职责，有担当的人才是公司的人才，没有担当的人做事就是在混日子。

3.15.3 事后控制

事后控制的管控措施包括办理工程结算、评定分析项目利润、资料数据存档整理和分包队伍评定、收集可回收资源等。如果事前做不好预控和管控，那事后根本无力挽回失误，可以说事后控制经营人员可以放松一下，主要任务为梳理收集各个环节的资料。

（1）办理工程结算。结算并不是太难，难就难在管控中没有做到位，数据都是给建设方结算人员猜的，无充分证据。结算时常常会涉及在原投标清单上增加变更签证，但这样甲乙双方很容易产生争议，因为事中没有认可谁说都有理，没理还想找三分。所以说结算工作要从中标价格入手，看中标价格中含不含某项签证或变更中的价格，找到中标时的工作内容资料和工料机分析，有争议及时解决。根据中标价格进行审核的过程一般很快，进入签证变更环节按理说也很快，因为所有事实清楚甲乙双方都已经认可，只剩下组价方法发生变化时的争议或原合同中没约定的工料机价格争议。组价方法争议对企业有利当然要争，采取抓大放小的方法解决，没有多少钱的项要放掉给建设方审计人员面子，能用感情解决的办法还是有效的，要么让领导弄个"诱饵"让建设方审计人员"放水"，也可用"软磨硬泡"的办法解决。合同中没约定的工料机价格甲乙双方谁都没有标准原则，只有拿出实际成本价格加上利润，才有可能说服建设方审计，如果建设方审计不采用，那他们可以向市场询问或按同行标准来确定。当然，找到合适的证据对甲乙双方参与审核的人员最有利，比如实际成本就是有利证据，只要不造假就可信。

关于索赔，一般很难要到，没人会支持你索赔，只有领导和建设方公司的老总拍板定下来的钱能要到，或者是大型国有企业通过法律手段能要到。索赔数额较少时应该尽早处理掉，不能拖到结算，容易导致没人认可。如果是建设方原因，建设方项目在做减项时不减工程结算条款就行了，抵扣方法更合适些，暗操作把索赔化为扣减是更好的办法。

（2）评定分析项目利润。每个项目都要对项目利润做评定分析，到底赚了多少钱是领导更关心的事。评定要和预测成本做比对，分析哪项偏差大、赚到钱，只有测算偏差并找到原因，下次测算时才能规避风险。利润是数据，对于项目部来说利润是主要的成就，评定利润要计算资金利息和投入资金占用的价值，并且要分析从这个项目能收回多少资源、获得多少信誉、企业业绩贡献等。

（3）资料数据存档整理和分包队伍评定。资料数据存档整理和分包队伍评定是在每个工程完成后要做的工作，企业的经验靠数据支撑，综合施工能力不是靠领导吹牛吹出来，评定综合施工能力靠的是经验数据，赚到钱才是王道。别的企业同样的清单工作内容，消耗量少当然价格低，价格低中标概率就大，利润空间就多。资料数据包括材料消耗量、分包价格、文明施工指标、临时水电费用摊销、材料采购来源、分包模式对比评审等。经验数据企业是花钱买不来的，只有把完成的项目经验积累出来、整理起来做数据，企业才会有长远的发展。一些领导认为，项目完了项目部已经解散，该工程就完事了，并不关心数据存档的工作，当需要数据时，就只能缺乏依据地预估数据，风险自然要高很多。

分包队伍评定也是一项重要工作。分包队伍评定要从施工工期、质量合格标准、价格合理性评定等方面入手。工期和质量都会影响经营管理，如果质量不合格，保修期内出现了问题，就需要企业承担相应责任；工期延误了就会影响各分包进度，导致施工整体延误。价格合理性不是以增加价格做评定的，要以让分包人赚到利润为评定方法，以赚钱赚多少为评审标准，包括投入和收入比较、同行赚钱标准比较、工程结构简易难度等做分析。

（4）收集可回收资源。收集可回收资源也是经营中要进行管控的一项重要工作，包括模板周转、材料回收折旧、机械设备折旧或变卖、剩余建筑材料折旧或变卖等，折旧系数应该由项目部确定。但市场变化无法经营管控。这些总体统计出来加到利润中就可以了。

事前、事中、事后都是经营管理中不可缺少的环节。许多企业注重招投标，中标后就没人仔细过问了，到工程结算时又把责任推到造价人员头上。还有好多领导拖到结算时找不到合适的人，单纯地认为造价经验多、工作年限长的人，就能从和建设方审计人员的谈判中多要出钱来，建设方审计部门要是放个能力更强的人把关，那这个项目就亏了，甚至整个公司就垮台了。一个项目少说都是上亿元的工程，利润无非是 5% 左右，500 万元在上亿工程款结算时也许就是一个争议问题，企业如果赚不到利润何谈生存。

造价控制需要有经营理念，造价师和经济师共同研究经营方法，还必须得有实践经验和了解施工工序，需要掌握人性的管理技巧。经营管理是对企业内部的经济管控和项目经济管理，造价控制的基础是经营管理学术的重要部分，如果不谈经营管理，造价控制只是空谈。造价控制并非有一个能力强的人就能做好，而是企业得有一套管理办法让整体人员参与管控。好的经营模式决定企业的发展方向，经营模式糟糕的企业挖掘能人反而浪费资源。

企业需要文化，更需要成长与赚钱，只有生存下去、赚到了钱，才谈得上文化素养。有些领导是有苦衷的，迈步太大、经营压力大，不得不选择承担更高的风险。从经营角度考虑当然风险越小越好，市场变化是无法用经营管控衡量的。

总之，如果想要让一件事做到完美，必须付出精力，同时详细规划并实施下去。上策为谋、中策为管、下策为结，谋就是事前做预测，管就是事中做管控，结就是事后求结果。

3.16　施工工期对成本价格的影响案例分析

3.16.1　案例情况

深圳市某医院项目，建筑规模 53000m^2，由五栋单体工程组成，分别是门诊楼、住院综合楼、员工宿舍楼、设备用房、临街商铺。其中门诊楼 4 层，桩基础，无地下室，建筑面积 8500m²；住院部 8 层，建筑面积 25000m²；员工宿舍楼 5 层；设备用房 2 层；临街商铺 1 层，门面合计建筑面积为 19500m²。

建设单位：深圳市某附属医院。

承建单位：某建设集团有限公司。

建设时间：2007 年 8 月 5 日～2011 年 6 月 6 日。

工程概述：合同签订工程造价 10100 万元，甲分包项总造价 3000 万元。合同约定工期为 730 天，每延误一天按 1 万元/天计算，上限不封顶，实际竣工工期为 1401 天，超出约定工期 671 天。到 2014 年，工程保质期已到节点，建设方工程款已经支付 93%，剩余工程款 707 万元尚未结算。建设方以拖延工期为由扣除 671 万元作为赔偿金并提起上诉，拒绝支付剩余工程款。

承建单位由于各种原因，竣工备案资料的工期超过合同工期。施工期间施工方实质是项目挂靠的性质，包工头因工程亏钱已名存实亡，项目部已经分裂，各资料证据寻找困难，各阶段进度和分包单位的进退场时间等直接证据寻找困难。

3.16.2　承建方律师观点

寻找证据证明是建设方原因拖延了建设周期，导致工期无法完成，需共同承担违约责任。并需重新鉴定合同工程价款，看工程总价款是否合理，按鉴定结算数据结算工程。

《中华人民共和国民法典》第五百八十五条规定："约定的违约金低于造成的损失的，人民法院或者仲裁机构可以根据当事人的请求予以增加；约定的违约金过分高于造成的损失的，人民法院或者仲裁机构可以根据当事人的请求予以适当减少。"

3.16.3　承建方主张

请第三方鉴定机构做鉴定，对鉴定初步意见报告不服，要求核对工程量及对鉴定机构错漏项进行补充。

3.16.4　经营分析

挂靠经营有利可图，但不合法。2005 年以后，由于市场需求量大，当时诞生了许多挂靠性质的单位。包工头以挂靠手段疯狂敛财，只求得眼前利益未考虑长远发展。

施工过程要从质量、安全、资金、信誉、进度五个方面管理，建设方往往是从工程进度和质量两个方面索赔。该案例建设方有故意拖欠尾款的意图，甲乙双方矛盾很大，可能是因某人关系拿到的工程项目，该人已经离职或因其他原因不再负责，建设方另安排领导上任，把剩余工程款以乙方违约方式扣除。

乙方可以从证据入手，分析工期约定是否合法。依据定额工期压缩 30% 以上时属于不合法行为，应按定额工期计算出合同工期。通过上述概况，定额工期可参照《建筑安装工程工期定额》（TY 01—89—2016）总说明第十二条："同期施工的群体工程中，一个承包人同时承包 2 个以上（含 2 个）单项（位）工程时，工期的计算：以一个最大工期的单项（位）工程为基数，另加其他单项（位）工程工期总和乘以相应系数计算，加 1 个乘以系数 0.35；加 2 个乘以系数 0.2；加 3 个乘以系数 0.15；加 4 个及以上的单项（位）工程不另增加工期。"该案例取住院部 8 层建筑面积 25000m² 为最大工期时长，证据证明主体结构施工期间和粗装修期间未延误工期，该延误是由甲分包进退场原因、设计变更原因、不可抗力原因等所导致，建设方应承担部分责任，共担违约金。

第三方鉴定机构出具的鉴定意见初步报告中的工程量计算及错漏项，应找有同等资质的机构出具鉴定成果，向法院申请要求鉴定机构核对工程量及修改错漏项。根据本人多年经验分析，乙方要求重新核算工程量时，因时间紧无力核对，第三方鉴定机构会在初步意见报告中把有争议和有疑问的项扣除。鉴定报告定稿时，修改采纳部分乙方意见就省事许多。如果把有争议的项编制在初步意见报告中，建设方也会参与核对工程量或要求解答争议意见，就会使得鉴定流程费工费时。

施工期间控制进度实质是节约成本，工期延误则意味着要交违约金和支付工程款滞后，损失很大。

3.17 装配式建筑与现浇建筑的成本对比分析

建筑业 2016 年总产值达到 19.36 万亿元，约占 GDP 总量的 26%，从业者超过 5185 万人，是名副其实的支柱产业。装配式建筑是国家大力推广的新的施工工艺，装配式建筑的发展在今后建筑市场上占重要地位。

由现浇建筑转变为装配式建筑，成本会增加，但国家很多地区会予以财政奖励及很多优惠政策。新工艺和传统工艺会产生多大差异是今后企业成本经营要分析的重要任务。

建筑企业要适应市场变化是很重要的，只有适应市场才能带来好的收益。本文通过将装配式混凝土建筑与现浇混凝土建筑作对比的方法分析成本因素，先从投资运营角度考虑，其次从施工管理（制作、运输、安装）角度考虑，而后对建筑定额内预制与现浇的人工、材料、机械消耗量进行对比分析。讨论了当今哪些工程适用装配式建筑，借鉴了以往历史经验综合分析装配式混凝土建筑的发展史。

3.17.1 资金成本的价值

若采用装配式混凝土施工，在施工阶段最前期就要投入资金，开工之前就要交给预制构件生产厂商正式的施工图纸进行施工。若采用现浇混凝土施工，其主要材料需要在使用前 5 天采购进场，人工费随着季度或年假期发放，与预制混凝土相比，现浇材料、人工资金投入置后。

【案例 3.1】请对下面案例做成本估算：单体建筑 18 层，每户 120m²，一梯两户，建筑面积为 4320m²。主体框架结构混凝土含量 0.39m³/m²，钢筋含量 0.048t/m²，预制率为 60%，人工含量测算为 0.51 工日 /m²，工期按 7 个月完成。现浇施工和装配式施工的资金投入具体比例对比如表 3-8 所示。

表 3-8　资金投入比例分析表

项目		2 月 （2 月 26 日开工）	3 月	4 月	5 月	6 月	7 月	8 月	9 月
现浇施工 的情况	施工阶段	开始施工阶段	施工到 基础阶段		施工到 12 层阶段		施工到主体框架 完成		滞后施工 时间
	钢筋供应	8%	30%		30%		30%		2%
	混凝土供应	—	8%	18%	18%	18%	18%	18%	2%
	人工费支付	0%	—	10%	—	30%	—	—	60%
装配式施工 的情况	PC 供应	5%		50%		43%			2%

垫资数额计算如表 3-9 所示，可求得装配式施工相比现浇施工的前期垫资增额为 185.33 −（35.46+13.58+3.3）≈ 133（万元）。可知，建设方付款时，施工至 12 层，为 4 个月时间，按市场贷款利率 1.5%/ 月计算，垫资所造成的成本增加为 133×（1.5%×4）=7.89（万元），折合按建筑面积折算约为 18 元 /m²。

表 3-9　垫资计算表

垫资情况		计算费用	数量	单价	垫资额度
现浇施工	钢筋供应垫资	钢筋款 ×38%	4320m² × 0.048t/m²	4500 元 /t	35.46 万元
	混凝土供应垫资	混凝土款 ×26%	4320m² × 0.39m³/m²	310 元 /m³	13.58 万元
	人工费垫资	人工费 ×10%	4320m² × 0.51 工日 /m²	150 元 / 工日	3.3 万元
装配式施工	PC 构件垫资	PC 价格 ×55%	4320m² × 60%	1300 元 /m²	185.33 万元
垫资增额					133 万元

资金成本对建筑施工企业来说很重要，前期投入大量资金所要付出的贷款利息是一笔较大的成本。特别是中小建筑企业，在运营过程中现金不足是常态，一般运营模式是通过形象进度款拨付或月进度款拨付来充盈流动资金。在中小建筑企业的内部管理也比较复杂，往往是已建工程款垫资到新建工程项目上运作，通过资金调拨方式维持日常运营。

对于装配式混凝土建筑，可以采用建设方先预付工程款方式来解决施工企业资金不足的问题。但是对于小规模的房地产企业，其运营资金困难，往往是通过市场融资渠道或预售得到资金、快速变现的方式进行运营。整个项目在开工建设阶段，建设方资金也正是个缺口，购地皮、规划设计、招投标占去了整个项目运营一年多时间，房子从开始建设到主体结构完成可以预售，还需要一年时间，也正是"青黄不接"的阶段，先做预付款也是需要增加成本的。

预制构件厂商在建厂阶段投入了大量资金，刚刚投产运营，垫资是不可能的，一般情况要以预付款订制构件进行交易。按照以往同类货物交易方式，预付款是5%，交货时付款95%，钢结构工程要预付25%～30%。当前现状是预制厂商会针对一个项目分批次生产，一栋高层分两批或三批生产完成，以这样的生产工艺购置材料需要大量资金。

不管是施工企业、建设方，还是预制构件生产制造方，在资金方面都有缺口，谁投入谁就会增加成本。上述通过一栋预制率为60%的18层住宅楼进行测算，求得成本增加18元/m²。虽然是理论计算数据，但有一定合理性，也是实际现状。

3.17.2 施工管理过程中的成本分析

采用新工艺进行施工时，建筑企业在技术、风险方面都要考虑周全，因为其中的人力调配、穿插、协调等方面都相当于是新概念，对建筑施工企业施工组织能力具有不小的挑战。施工管理过程中构件的运输环节、现场堆放条件、场地要求、垂直运输机械选用、施工工期、图纸变更以及交易税负等各方面因素都要考虑周全。人工费用按总成本价格的30%计算，新工艺会增加人工成本10%以上，PC构件率60%时，可增加成本5元/m²。

3.17.2.1 运输成本费用分析

构件运输环节很重要，特别是在城市的重要交通干道上运输，要考虑构件的体积尺寸，也要考虑交通拥堵时间段，商品混凝土搅拌车车身短，与小货车尺寸相同，而运输预制构件的车辆必须加大空间、增加车身长度尺寸，才能保证构件无损耗，如果是超大车辆还会限行，只能夜晚运输。并且现场存放条件要受到一定限制，现场堆放区域硬化面积扩大，同时车辆调头场地和构件堆放场地要比现浇泵送时条件标准高很多。另外预制构件厂必须设在偏僻的地区，其好处是用地成本低而且靠近砂石料开采地，这样有可能增加了运输距离，而增加高速收费和汽车燃油消耗，成本也会增加。

【案例3.2】以北京市为例，项目施工地在城东而PC构件厂建在石景山的西侧，超运距65km。每户120m²，18层楼共4320m²。增加成本费用如表3-10所示。

3.17.2.2 垂直运输与泵送费用分析

高层施工时塔吊选用很重要，预制构件吊装期间垂直运输机械占用时间长，每个构件从起吊开始到安装结束都离不开塔吊作业。塔吊全负荷运转期间其他材料垂直运输就无法完成，全现浇结构主体施工期间塔吊只吊运周转材料及钢筋就可以了，预制构件占用了塔吊工作的多数时间，价格成本也就增加了。叠合层浇筑和现浇楼板工序相差不大，只是胶合板模板数量和泵送混凝土量减少了，支撑体系也不会减少人工和租赁成本。

表 3-10 运输成本费用分析表

分项	计算式	消耗量或价格
墙柱运输	3 车 / 户 ×2 户 / 层 ×18 层	108 车
楼板运输	1 车 / 户 ×2 户 / 层 ×18 层	36 车
运输费用	144 车 ×1200 元 / 车	172800 元
硬化场地	$200m^2 × 80$ 元 $/m^2$	16000 元
增加价格		188800 元
增加成本（按建筑面积分摊）		43.7 元 $/m^2$

注：硬化场地所需要增加的面积约为 $200m^2$。

【案例 3.3】估算 PC 构件与现浇混凝土结构的垂直运输费和泵送费用对比。已知：泵送 20 元 $/m^3$；预制构件率 60%；混凝土含量 $0.5m^3/m^2$。垂直运输与泵送差异分析如表 3-11 所示。

表 3-11 垂直运输与泵送费用差异分析

分项	计算式	消耗量或价格
塔吊台班	$30kW ÷ 2^①×8h/$ 天 ×30 天 / 月 ×4 月	$14400 \ kW·h$
用电费用	$14400 kW·h ×1.1$ 元 $/（kW·h）÷4320m^2$	3.67 元 $/m^2$
塔吊保养及维修	1.33 元 $/m^2$	1.33 元 $/m^2$
垂直运输费用	3.67 元 $/m^2$+1.33 元 $/m^2$	5 元 $/m^2$
泵送费用	20 元 $/m^3×0.5m^3/m^2$	10 元 $/m^2$
减少成本		5 元 $/m^2$

① 30kW 是塔吊满负荷运转功率，但实际塔吊运转有间歇，是处于半负荷运转状态，所以此处除以 2。

3.17.2.3 混凝土工、钢筋工、模板工用工（定额内）消耗分析

对于工料机消耗分析，因设计结构不同，只能参考地区定额消耗量暂行做出分析结果。按定额分析可增加混凝土体积 1.37 工日 $/m^3$，叠合层用工要比现浇用工消耗浪费，如果按照装配式混凝土构件预制率 60% 计算，可求出超用工量 0.37 工日 $/m^2$。混凝土工、钢筋工、模板工用工（定额内）消耗分析如表 3-12 ～表 3-14 所示。

表 3-12 混凝土工用工（定额内）消耗分析　　　　　　　　　　　　　　单位：工日 $/10m^3$

工艺		柱	梁	板	墙	综合平均
现浇		18.51	12.38	10.38	17.41	14.67
预制	制作	8.01	10.07	8.36	12.37	9.702
	安装	7.09	13.72	7.69	22.15	12.66
预制比现浇增加用工消耗						7.692

注：按定额墙梁板柱消耗量加权平均计。

表 3-13　钢筋工用工（定额内）消耗分析　　　　　　　　　　　　单位：工日 /t

工艺	特殊接头	10mm 以内	20mm 以内	20mm 以外	辅助用工	综合平均
现浇	6.2875	11.3	8.51	5.34	0	6.288
预制	6.6275	10.7	5.06	8.07	1.02	6.628
预制比现浇增加用工消耗						0.34

表 3-14　模板工用工（定额内）消耗分析　　　　　　　　　　　　单位：工日 /10m³

工艺	柱	梁	板	墙	综合平均
现浇	38.13	43.06	43.65	37.95	40.698
预制	25.33	35.41	7.86	3.62	18.055
预制比现浇增加用工消耗					−21.643

注：按定额墙梁板柱构件消耗量加权平均计算。

3.17.2.4　工期分析

装配式混凝土建筑施工有人认为能节省工期，其实是浪费工期的。叠合墙、叠合板的工序做法要比现浇浪费工时，混凝土泵送并不费事，浇筑时间很快，但安装预制构件要花很长时间，模板支撑体系在现浇结构中和钢筋绑扎能穿插作业。

一般情况下现浇混凝土结构 7 天一个楼层面的施工是按综合考虑的，也是最低标准。装配式构件看似减少了现浇，但是增加了工序，实际施工也是 7 天甚至更长。如果全部采用预制构件拼装，能节省工期，但是住宅结构现行标准还没有对此完全适行，也没有可行性研究方案。

施工过程中图纸变更是难免的，只要变更，预制构件绝对不会占优势。对于现浇构件的开洞变更，施工中只要没有浇筑混凝土，变更的损失都很小，而预制构件就不同了，凿穿预制构件要耗费大量人工并且还要考虑结构安全因素。现浇构件位置变更可以重新植筋，而预制构件一旦发生位移就是废品，需要重新制作，并且要加快生产，不然该部位的缺失会影响到整体施工工期。

【案例 3.4】估算 PC 构件与现浇混凝土结构的建设工期对比，以高层建筑 18 层为例，建筑面积 4320m²，每户 120m²，正负零以上选用 60% 的预制构件。现浇结构与装配式混凝土结构楼层工期对比如表 3-15 所示。

3.17.2.5　税负分析

预制构件生产企业和施工企业之间的交易要产生交易税。营改增以后，施工企业适用 9% 的增值税税率，这样税负对施工企业而言增加了，因为现浇构件是开普通发票的，预制构件把税金也算进价格中，实际成本就增加了。

【案例 3.5】估算 PC 构件与现浇结构税负变化。已知预制构件比例为 60%，增值税率 9%，

表 3-15　现浇结构与装配式混凝土结构楼层工期对比

分类	分项	作业时长 / 天
现浇结构	放线、柱墙钢筋绑扎	1
	柱墙顶模板安装	1
	顶板钢筋绑扎及顶模穿插作业	1
	顶板浇筑混凝土	1
	顶板混凝土养护	3
装配式结构	PC构件吊、校正、支撑	1.6
	墙柱板注浆及锚固	0.4
	叠合墙及柱墙钢筋模板	1
	叠合板浇筑混凝土	1
	板混凝土养护	3

混凝土含量 0.5m³/m²，构件价格为 1200 元 /m³。计算得 1200×0.5×60%×9%=32.4（元 /m²）。现浇结构钢筋的税负可以抵扣总承包税，而人工和混凝土材料的税负可开具普通发票，这样就不会产生增加税负的情况。

综上，装配式建筑与现浇建筑的成本分析对比可参考表 3-16。

表 3-16　装配式建筑与现浇建筑的成本分析对比

序号		指标分项	增减指标 / (元 /m²)	说明
资金成本	1	建筑企业的资金运作	+18	开工时就得投资预制，预交定金才能生产
施工管理	2	预制构件的运输	+43	增加预制运输以及超运距
	3	税负变化影响	+32	增加税负，11% 的票不可抵扣，国家政策未变化
	4	利润、工艺、变更	+57	承包环节多，考虑分包利润、工艺变化及变更因素影响成本
	5	不可预见风险因素	—	暂不考虑，施工企业施工能力不同差异很大
工料机	6	定额消耗量对比分析	−55	依据定额消耗测算分析
	7	孔道注浆及锚固	+35	预制板连接，该测算无案例，通过桥梁工程类似工艺作为依据
	8	垂直运输、泵送	+0	塔吊全负荷作业垂直运输与现浇泵送费用作对比，相差不大
	9	模板支拆分析	+0	以铝模分析为依据，预制模板与现浇模板材料费用持平
	10	钢支撑体系与钢管支撑	−11	施工企业差异，做估算折减系数
	11	材料含量增加	—	无实际案例分析，不作概论
合计			119	—

注：上表数据针对的是预制率为 60% 的情况，设计值预制率不同时可按比例增减。

3.17.3　什么样的结构采用装配式建筑成本较低?

我国很早就开始了预制构件的使用,从 20 世纪 80 年代的大板房全预制到 90 年代的预制空心楼板建筑,可借鉴到很多经验。但是,40 余年过去,大板房如今已经成为危楼,而 20 世纪 90 年代的预制空心楼板在汶川大地震中显得更不安全,在这个背景下,一代技术革新有着重要意义。房屋要么更安全,要么更经济,要么更环保。

目前而言,装配式结构比较适用于标准配建的工程,如宿舍楼、办公楼、酒店公寓楼、回迁楼等,其房间尺寸标准,生产制造模数简单。房屋产权年限少的建筑也适用,因为装配式房屋在使用过程中更有可能发生结构质量问题,使用年限短的建筑维修成本低。

大跨度工业厂房工程、车间、水塔,因建筑的特殊性,跨度空间大,楼层较高,采用预制构件能节省工期。还有地下管廊、排水沟、地沟等,这类工程标准构件较多,采用预制构件施工方便、节省场地。

市政工程中的桥梁、涵洞、隧道、路灯基础、设备基础大多也采用预制构件,或是现场预制形式,集中供应构配件能节省场地费用,线条式的施工现场集中供应材料能节约成本。

当前采用装配式建筑施工会增加成本,其发展主要依赖于国家政策的大力推广。若每平方米增加 100 余元,按 90 平方米户型计算,购房者需额外承担不超过 2 万元费用,这是在可接受范围内。若能以较小的成本换取更好的环境,这种投入是值得的。

西北地区可适用装配式建筑,因为国家有政策性要求,国家投资项目可使用装配式建筑,市场主导因素较小;人口密度大的华南地区,人口密度高,需求量也较大;建设新区(如雄安新区),国家统一配建,许多建筑为公共租赁性质或出售,规划时更容易统一;东北地区也适用装配式建筑,因冬季停工时间长,预制能节省工期。

装配式建筑被期望着在未来 5 年,技术更成熟以后,能达到质量合格并且可以降低建造成本的目标;10 年以后,工厂化建造有望成为最优越的选择。每项建造技术从创新发展到成熟必须经过时间沉淀,技术创新是社会需求,也是我们心之所向!

3.18　全过程造价控制难点分析及解决方案

全过程造价管理是当前的一个热门话题,全过程指一个建筑的建造生命周期,针对的是从决策到竣工验收交付使用的全过程管理。

从工程建造周期来考虑可以划分为五个阶段:决策阶段、设计阶段、招投标阶段、施工建造阶段、竣工验收阶段。

决策阶段主要工作内容是方案规划可行性研究,一般房地产项目该阶段时长需要半年以上。比如这块地想要盖楼,能盖几栋楼?盖多高?什么要求的人群来住?盖什么风格样式最经济适用？能容下多少人居住？配套、销售、人文、地理位置、环境、社会发展速度及地区发展速度等都要考虑，把这一切考虑好了调整完了，再把完整的资料交给设计部门。

设计阶段主要是施工图纸设计，一般房地产项目该阶段时长需要半年，也有可能压缩工期至 2 ～ 3 个月。比如想要盖这栋楼，就需要考虑外形尺寸如何，内部客厅、厨房多大面积，选用什么价格的设备合理，梁柱多大尺寸，楼板多厚，建材种类，家具摆设，水电暖通消防，防火节能，保温防寒，室内外颜色等诸多问题，设计完善以后就进入招投标阶段。

招投标阶段是选择施工队伍的阶段，一般时长为 3 个月左右，也有可能时间更短。比如想要盖房子，需要找到谁提供盖房子的材料，谁来提供劳动力盖成房子，谁家材料质量好，找哪家价格便宜，还涉及总承包、甲分包、甲指定、甲供材、甲控材等。这个工作做完了就进入施工建造阶段。

施工建造阶段主要是将设计要求转变成实物（房子）的阶段，一般时长 2.5 年。这时房子才真正开始盖起来，这个阶段对于建设方来说是最忙的阶段，要考虑工程质量、项目安全、施工进度、变更增项以及各项手续，也要考虑销售方法、供货来源、市场动态、价格偏差、评选参选材料，还要协调队伍、控制造价、监督跟踪、销售交易。这个阶段工作完成了就来到了竣工验收阶段。

竣工验收阶段主要是交付使用和各项结算，一般时长 3 个月。房子盖好了就得交给使用的人，需要满足质量合格、资料齐全。这个时候也是各项结算的时候，总承包方要结算工程款，各项分包要结算工程款，材料供应商要清算尾款，房屋使用人要求维修等，这是最后一个阶段。

当今，好多合作模式发生了变化，出现了 PPP 模式和 EPC 模式，还有更多合作交易模式，按常规考虑就要发生偏差。但是建造技术和管控原理是最基础和核心的，不管是什么样的合作模式，不管是在哪个岗位上工作，都需要技术力量和管控原理作为基础。

3.18.1　决策阶段工程造价控制难点分析及解决对策

3.18.1.1　难点分析

主要难点是决策的科学性、合理性不够，投资估算的质量不高，可行性研究的深度不够，投资方案缺乏对比研究，进行投资控制的基础性工作不足，难以选择最佳的投资方案。这些问题的存在对造价控制带来很大的不利影响。

3.18.1.2　解决对策

一方面，做出正确的项目决策。只有做出正确的项目决策，才能优化资源配置，对工程造价进行科学估算，选择最佳的投资方案，实现对工程造价的有效控制。如果决策出现失误，必然会带来资金、人力、物力的浪费，造成不必要的损失。因此，要想合理控制工程造价，首先需要做出正确的决策，避免决策失误。

另一方面，保证决策的科学性和合理性。决策的科学性和合理性不仅影响到投资估算的精确度，也会对工程造价控制效果产生影响。在整个决策阶段，投资估算是工程投资费用的初步计算，是选择投资方案的重要依据，对后期工程造价控制也会产生重要的影响。投资决策是一个由浅入深、不断深化的过程。在实际工作中，只有做好决策工作，保证决策的科学性和合理性，收集可靠的数据资料，运用科学的估算方法，合理计算投资估算，才能将工程造价控制在合理的范围之内。

3.18.2 设计阶段工程造价控制难点分析及解决对策

3.18.2.1 难点分析

设计单位的选择不合理，难以设计出最佳的工程建设方案，对方案设计的技术、经济等方面的指标考虑不到位，没有严格执行限额设计，甚至出现超额设计的情况。当方案设计出来之后，没有进行全方位的考虑，难以选择出最佳的设计方案。

3.18.2.2 解决对策

首先，选择最佳设计单位。对于工程设计，推进现行设计的时候，应该积极推进限额设计，建立完善的限额设计管理办法，做好工程投资估算和设计概算，将施工图预算价格严格控制在设计概算之内。与此同时，还应该改进设计费用的计取办法，在设计的时候鼓励节约资金，促使设计人员在设计的时候主动降低工程造价。最后，优化设计方案，对不同的方案进行对比分析，选择最优方案，这样不仅有利于工程造价的控制，也有利于施工和投产后的经营管理。

3.18.3 招投标阶段工程造价控制难点分析及解决对策

3.18.3.1 难点分析

一些建设单位为了减少资金，故意在招投标过程中压价，使得中标价格与工程建设实际价格差距过大。一些单位通过低价中标之后，在利益的驱使下，想方设法增加现场签证和技术变更，给工程建设留下很大的隐患，也影响工程造价控制。另外，招投标文件管理不规范，评标工作不到位，也会影响施工单位的选择和工程造价的控制。

3.18.3.2 解决对策

一方面，要加强对招标文件的管理，提高招标文件的质量。在所有招标文件中，工程量清单是其中的重要组成部分，因此，在编制的时候，应该按照客观、公正、科学的原则，提高科学性和合理性，保证计量不重不漏，为工程造价控制奠定基础。此外，编制人员应该提高自己的业务水平和知识技能，不断积累工作经验，做好工程量清单的编制工作。另一方面，做好评标工作，在进行评标的时候，既要评审投标单位的总报价，又要评审单项报价，只有这样，才能既保证总价符合标准，单价也符合要求。排除可能存在的不合理的报价，针对存在的问题进行澄清和解释，只有这样，才能确定合理的价格。

3.18.4 施工阶段工程造价控制难点分析及解决对策

3.18.4.1 难点分析

施工单位造价控制的目标设置不合理，施工组织方案的设计缺乏科学性和合理性，对于工程变更的审核不严格，往往导致造价的增加。施工材料管理不到位，采购、存储不科学不合理，建筑材料质量没有保障。一些施工单位从自身利益出发，通过设计变更、增加工程量、转包等方式获取高额利润。

3.18.4.2 解决对策

施工阶段造价控制最为关键的内容是严格执行合同的相关规定，尽可能减少工程变更，避免工程造价发生不合理的变动。

（1）做好施工组织设计方案的论证工作。施工组织设计是施工的指导性文件，有利于保证施工的顺利进行，也是对工程造价进行有效控制的工具。所以，必须重视施工组织设计方案的论证工作，选择最优的方案，对方案的技术性和经济性进行对比分析，合理安排人力、物力、财力，对工程造价进行有效控制。

（2）完善隐蔽工程现场签证手续。对于施工中的隐蔽工程签证，应该建立完善的现场签证手续，加强对工程造价的事先控制。同时，造价管理人员还应该根据合同的规定，对隐蔽工程进行审核，并做好现场计量工作。

（3）严格审核工程变更和现场签证。在施工过程中，难免会发生工程变更现象，如果工程变更处理不当，往往会导致造价增加。因此，必须加强对工程变更的审核，对于必须发生的工程变更，设计单位、建设单位、监理工程师需要共同签字确认，在施工之前确认变更部分，防止因不必要的拆除而增加费用。

（4）做好建筑材料质量的控制工作。材料价格的控制是工程造价控制的关键环节。工程造价管理人员需要认真履行自己的职责，保证材料质量，对不同厂家的材料进行对比分析，在保证建筑材料质量的前提下，合理控制材料的价格。

（5）做好合同管理工作，减少工程索赔。根据合同的相关规定，严格履行自己的义务，造价管理人员要严格审核工程变更，减少不必要的支出，减少工程索赔，使工程造价得到合理的控制。

3.18.5 竣工结算阶段工程造价控制难点分析及解决对策

3.18.5.1 难点分析

施工单位编制的结算书不规范，存在多算现象，套高定额单价，套高取费标准，以提高工程造价，给工程造价控制带来严重的不利影响。

3.18.5.2 解决对策

首先，要做好工程价款的结算工作。在结算的时候，应该严格审核结算造价，对于分项工程、分部工程、设计变更部分的造价，应该严格审核，实事求是进行结算，做到不重不漏，合理结算。

其次，保证结算资料的完整。对于招标文件、施工合同、工程变更、现场签证等，应该做好资料的收集工作，保证资料的完整，以提高审核效率，保证资料审核质量。

最后，做好工程量和单价的审查工作。在审查的时候，应该严格按照工程结算编制的依据进行，按照施工合同的要求，逐项进行细致的审查工作，既要注意审查项目的单价，也要审查材料价格的调差是否符合施工合同的约定。

第 4 章　施工成本数据精细化分析

4.1 每日劳动量标准及计算原理

每日劳动量标准主要用于现场签证零工的计算、分包班组价格的测算、劳务实名制管理资金准备。

本节统计数据为笔者近十年的经验积累，主要围绕施工总承包模式下的班组分包进行调研，调研对象包括钢筋工、混凝土工、砌筑工、抹灰工、装修工、水电安装工等。统计数据来源于住宅项目图纸、一线施工员现场跟踪记录、定额消耗量、市场分包价格、工长带班的经验积累、对工人年工资的统计。通过现场实际每天作业人数、班组分包价格、定额人工含量，三方面相互印证的方法，求出相对每日劳动量标准。按照华北地区、华中地区、华东地区的调研结果进行综合加权计算，根据现行工人作业方式进行编排，最终定稿。

从 2003 年到 2022 年之间，消耗量的变化来源于效率提升，而效率提升的主要原因是机械代替人工作业。例如，多层楼主体结构从采用卷扬机龙门架施工，到使用塔吊或汽车吊；楼地面垫层施工时从采用人力车运输材料，到细石混凝土泵送运输；水平运输从采用人力车，到工业厂房内使用电动手推车；模板作业时从木工棚拼模，到现场手提锯拼模；浇筑混凝土使用布料机；模板使用铝模；外架采用爬架；普通模板支撑系统采用承插型盘扣式钢管；施工电梯的应用；临时设施的定型化、可移动化……机械代替人工会影响消耗量，另外工人老龄化也是影响因素之一。

4.1.1 班组分包综合参考单价

华北、华中、华东地区班组分包综合参考单价如表 4-1 ～表 4-3 所示。

表 4-1 华北、华中、华东地区班组分包综合参考单价（高层住宅楼）

班组类别	计量单位	调研综合单价 / 元	承包内容
基槽土方	m²（槽底面积）	18	开挖土方人工配合、回填土、挖排水沟、集水井和降水
混凝土工	m²（建筑面积）	25	浇筑所有主体混凝土、清理、浇水湿润模内
模板工	m²（模板接触面积）	45	模板支拆、下料、归堆
钢筋工	t	1200	钢筋制作安装，用于地下部分
钢筋工	m²（建筑面积）	58	钢筋制作安装，用于地上住宅
架子工	m²（建筑面积）	26	脚手架搭设、拆除、铺脚手板
架子工	m²（搭设面积）	25	脚手架搭设、拆除、铺脚手板
二次结构砌筑	m³	370	砌筑、浇二次结构、支模、绑扎钢筋
室内外抹灰	m²（抹灰面积）	23	抹砂浆、调制运输，按定额计算规则
室内腻子涂刷墙面	m²（涂刷面积）	18	墙面涂刷、防护措施、调制涂料

班组类别	计量单位	调研综合单价 / 元	承包内容
楼地面垫层	m²（铺设面积）	17	运输材料、摊铺找平、养护
墙面粘砖	m²（铺设面积）	65	铺设、运输、修缝，不对缝铺贴，每户铺设面积 > 9m²
普通地板砖铺设	m²（铺设面积）	60	铺设、运输、修缝，每户铺设面积 > 5m²
屋面平瓦	m²（铺设面积）	63	运输、铺设、选料、切割

注：（1）该表数据按以下类型建筑统计：11～34层住宅楼，短肢剪力墙结构。用于6～10层洋房时，架子工、钢筋工和模板工的单价应乘系数1.2。班组分包价格中带辅材，不含税金。

（2）本表调研地区为河北、山西、北京、天津、山东、江苏、安徽、湖北、湖南、河南、陕西。

表4-2 华北、华中、华东地区班组分包综合参考单价（独立别墅）

班组类别	计量单位	调研综合单价 / 元	承包内容
基槽土方	m²（槽底面积）	31	开挖土方人工配合、回填土、挖排水沟、集水井和降水
混凝土工	m²（建筑面积）	30	浇筑所有主体混凝土、清理、浇水湿润模内
模板工	m²（模板接触面积）	70	模板支拆、下料、归堆
钢筋工	t	1550	钢筋制作安装，用于地下部分
钢筋工	m²（建筑面积）	75	钢筋制作安装，用于地上住宅
架子工	m²（建筑面积）	33	脚手架搭设、拆除、铺脚手板
架子工	m²（搭设面积）	31	脚手架搭设、拆除、铺脚手板
二次结构砌筑	m³	400	砌筑、浇二次结构、支模、绑扎钢筋
室内外抹灰	m²（抹灰面积）	27	抹砂浆、调制运输，按定额计算规则
室内腻子涂刷墙面	m²（涂刷面积）	20	墙面涂刷、防护措施、调制涂料
楼地面垫层	m²（铺设面积）	20	运输材料、摊铺找平、养护
墙面粘砖	m²（铺设面积）	65	铺设、运输、修缝，对缝装饰
普通地板砖铺设	m²（铺设面积）	60	铺设、运输、修缝，块料面积 > 1m²
屋面平瓦	m²（铺设面积）	75	运输、铺设、选料、切割，普通瓦屋面

注：（1）该表数据按以下类型建筑统计：独立别墅坡顶造型，层高3.3～4m，短肢剪力墙结构。班组分包价格中带辅材，不含税金。

（2）本表调研地区为河北、山西、北京、天津、山东、江苏、安徽、湖北、湖南、河南、陕西。

表4-3 华北、华中、华东地区班组分包综合参考单价（框架厂房）

班组类别	计量单位	调研综合单价 / 元	承包内容
基槽土方	m²（槽底面积）	32	开挖土方人工配合、回填土、挖排水沟、集水井和降水

班组类别	计量单位	调研综合单价／元	承包内容
混凝土工	m²（建筑面积）	25	浇筑所有主体混凝土、清理、浇水湿润模内
模板工	m²（模板接触面积）	70	模板支拆、下料、归堆
钢筋工	t	1400	钢筋制作安装，综合按吨计
架子工	m²（搭设面积）	30	脚手架搭设、拆除、铺脚手板
二次结构砌筑	m³	380	砌筑、浇二次结构、支模、绑扎钢筋
室内外抹灰	m²（抹灰面积）	28	抹砂浆、调制运输，按定额计算规则
室内腻子涂刷墙面	m²（涂刷面积）	23	墙面涂刷、防护措施、调制涂料
楼地面垫层	m²（铺设面积）	18	运输材料、摊铺找平、养护
墙面粘砖	m²（铺设面积）	60	铺设、运输、修缝，不对缝，大面积铺设
普通地板砖铺设	m²（铺设面积）	55	铺设、运输、修缝，大面积铺设
厂房混凝土地面	m²（铺设面积）	25	浇筑地面、压光抹平、养护，不含钢筋网片
面包砖路面	m²（铺设面积）	50	铺设、运输、灌缝
室外雨水管安装	m（延长米）	23	固定安装
浇筑设备基础	m³	100	浇筑、养护、材料短距离运输，块体 2m³ 以内

注：（1）该表数据按以下类型建筑统计：工业框架结构厂房，层高 4.5～5m，8 层以内，建筑面积 3000m² 以外。班组分包价格中带辅材，不含税金。

（2）本表调研地区为河北、山西、北京、天津 、山东、江苏、安徽、湖北、湖南、河南、陕西。

4.1.2 每日劳动量标准及计算原理案例一

4.1.2.1 案例背景介绍

胶南某高层住宅小区，第 *n#* 楼有 34 层，标准层高 2.9m，单层建筑面积 425m²，计算面积不含保温层，标准层平面布置如图 4-1 所示；使用铝模板及爬架施工，地泵输送混凝土；为全国性大型房地产项目。项目相应指标如表 4-4 和表 4-5 所示。

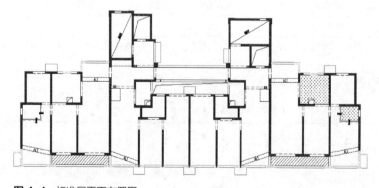

图 4-1 标准层平面布置图

表 4-4 单层工期及施工人数

施工顺序	工序	用时	施工人数
第 1 天	放线、竖向钢筋接长及绑扎	11h	25
第 2 ～ 3.5 天	竖向、顶板铝模板安装	28h	25
第 3.5 ～ 5 天	梁板梯钢筋安装、悬模安装	11h	20
第 6 天	混凝土浇筑	11h	13
小计（跨越天数）		6d	—

表 4-5 单层工程量

序号	部位	工程量	含发量指标
1	竖向构件钢筋	11216kg	26.39kg/m²
2	竖向、顶板铝模板	1177.81m²	2.77m²/m²
3	梁板梯钢筋	7060kg	16.61kg/m²
4	混凝土	184.36m³	0.434m³/m²

4.1.2.2 钢筋工每日劳动量消耗分析

（1）实际消耗分析

单层钢筋总工程量：11216kg+7060kg=18276kg

实测钢筋工劳动量消耗：18276 kg ÷［（25 人 ×11h+20 人 ×11h）÷8h/d］=295.37kg/ 工日

（2）分包价格测算消耗分析

由表 4-1 可知钢筋工综合单价为 58 元 /m²，其中零星材料、机械、其他材料 2 元 /m²，利润 5 元 /m²（约占 10%），管理费 2 元 /m²，计算得人工价格为 49 元 /m²。

楼层钢筋含量：26.39kg/m²+16.61kg/m²=43kg/m²=0.043t/m²

49 元 /m²÷0.043t/m²=1139.54 元 /t

普工工资：90000 元 / 年 ÷365 天 / 年 =246.58 元 / 工日

分包价格测算钢筋工劳动量消耗：246.58 元 / 工日 ÷1139.54 元 /t=0.216t/ 工日 =216kg/ 工日

（3）定额消耗、实际消耗、分包价格测算消耗对比分析

统一折算为工作时间 8h，工作内容：钢筋制作、运输、绑扎、安装。对照《山东省建筑工程消耗量定额》（SD 01—31—2016），钢筋人工含量为 78.37 ～ 205.76kg/ 工日；对照《房屋建筑与装饰工程消耗量定额》（TY 01—31—2015），钢筋工人工含量为 125.51 ～ 260.35kg/ 工日。

钢筋工预算定额平均消耗量：（78.37+205.76+125.51+260.35）/4=167.5（kg/工日）

实测钢筋工劳动量消耗：295.37kg/工日

分包价格测算钢筋工劳动量消耗：216kg/工日

定额消耗量与实测定额消耗量对比，超过30%也算是合理范围。因为定额消耗量反映社会平均水平，其综合了层高、结构形式、钢筋直径、施工复杂程度、质量标准等因素。实际消耗与分包价格测算消耗相比，考虑实际消耗是按出勤天数计算的，而分包价格是按年工资测算，如果每年出勤考虑为 280 天，分包价格测算钢筋工劳动量消耗就变为216×（365÷280）=281（kg/工日），与实际消耗 295.36kg/工日相差不大。

4.1.2.3 模板工（铝模板）每日劳动量消耗分析

（1）实际消耗分析

单层模板总工程量：1177.81m²

实际模板工劳动量消耗：1177.81m²÷（25 人 ×28h÷8h/d）=13.46 m²/工日（未包含拆除消耗量）

参照拆除及其他内容在预算定额中约占 30%，求得 9.42m²/工日。

（2）分包价格测算消耗分析

铝模板工综合单价为 39 元 /m²，其中零星材料、工具机械、其他材料 1.5 元 /m²，利润 6 元 /m²（约占 15%），管理费 1 元 /m²。计算得人工价格为 30.5 元 /m²。

人工工资：大工，95000 元 /年 ÷365 天 /年 =260.3 元 /工日；小工，65000 元 /年 ÷365天 /年 =178.1 元 /工日；大小工比例为 2∶1，故平均工资为（260.3 元 /工日 ×2+178.1 元 /工日）/3=232.9 元 /工日

分包价格测算模板工劳动量消耗：232.9 元 /工日 ÷30.5 元 /m²=7.64 m²/工日

（3）定额消耗、实际消耗、分包价格测算消耗对比分析

统一折算为工作时间 8h，工作内容：模板及支撑制作，模板安装、拆除、整理堆放及场内运输，清理模板黏结物及模内杂物、刷隔离剂等。对照《山东省建筑工程消耗量定额》（SD 01—31—2016），钢模板人工含量分别为 4.67m²/工日（墙），4.02m²/工日（板），3.29m²/工日（梁）；对照《房屋建筑与装饰工程消耗量定额》（TY 01—31—2015），钢模板人工含量分别为 5.82m²/工日（梁、板），5.25m²/工日（墙）。

模板工预算定额平均消耗量：（4.67+4.02+3.29+5.82+5.25）/5=4.61（m²/工日）

实际模板工劳动量消耗：9.42m²/工日

分包价格测算模板工劳动量消耗：7.64m²/工日

因为定额综合了各类层高、结构形式，构件占比、构件形状、质量标准等因素，加上该测算项目是山东省标杆企业项目，工效较高，因而定额消耗量与实测定额消耗量对比其

偏差较大但也算是合理范围。实际消耗与分包价格测算消耗相比，考虑实际消耗是按出勤天数计算的，而分包价格是按年工资测算，如果每年出勤考虑为 280 天，分包价格测算模板工劳动量消耗就变为 7.64×（365÷280）=9.96m²/ 工日，与实际消耗 9.42m²/ 工日相差不大。

4.1.2.4　混凝土工每日劳动量消耗分析

（1）实际消耗分析

单层混凝土总工程量：184.36m³

实际混凝土工劳动量消耗：184.36m³÷（13 人 ×11h÷8h/d）=10.31m³/ 工日

（2）分包价格测算消耗分析

由表 4-1 可知混凝土工综合单价为 25 元 /m²，其中零星材料、小型机具、其他材料 0.5 元 /m²，利润 4 元 /m²（约占 15%），管理费 1 元 /m²，计算得人工价格为 19.5 元 /m²。

综合性工资：90000 元 / 年 ÷365 天 / 年 =246.58 元 / 工日

分包价格测算混凝土工劳动量消耗：246.58 元 / 工日 ÷19.5 元 /m²=12.65m²/ 工日

按混凝土体积折算劳动量消耗：12.65m²/ 工日 ×0.434m³/m²=5.49m³/ 工日

（3）定额消耗、实际消耗、分包价格测算消耗对比分析

统一折算为工作时间 8h，工作内容：混凝土浇筑、振捣、养护等。对照《山东省建筑工程消耗量定额》（SD 01—31—2016），混凝土工人工含量分别为 0.96m³/ 工日（墙），1.47m³/ 工日（平板），1.07m³/ 工日（框梁）；对照《房屋建筑与装饰工程消耗量定额》（TY 01—31—2015），混凝土工人工含量为 0.90 ～ 3.43m³/ 工日。

混凝土工预算定额平均消耗量：（0.96+1.47+1.07+0.90+3.43）/5=1.57（m³/ 工日）

实际混凝土工劳动量消耗：10.31m³/ 工日

分包价格测算混凝土工劳动量消耗：5.49m³/ 工日

实际消耗包含泵送接管、撤管用工，而定额中此项费用是包含在泵送子项中。预算定额有梁板浇筑汽车泵，工效为 5.41m³/ 工日，实际作业时只是从顶板向下浇筑全部梁板柱墙。因为施工方法、机械化程度等的差异，定额消耗无法与实际消耗相对比作分析。

实际消耗与分包价格测算消耗相比，考虑实际消耗是按出勤天数计算的，而分包价格是按年工资测算，如果每年出勤考虑为 280 天，分包价格测算混凝土工劳动量消耗就变为 5.49×（365÷280）=7.16（m²/ 工日），另外，实际消耗中未包括拆模后混凝土漏浆清运事项，因此测算结果与实际消耗 10.31m²/ 工日实质相差不大。

4.1.2.5　架子工（爬架）每日劳动量消耗分析

（1）实际消耗分析

已知标准层建筑面积为 425m²，标准层外脚手架面积为 424.33m²。爬架用工消耗：首

层 15 人 3 天，二层 15 人 2 天，三层 15 人 1 天，四层 15 人 1 天，后续爬升每层需 6 人用 5 小时完成，拆除架体需 6 人用 2 天完成。每天工作 10 小时。（本案例 34 层）

实际架子工劳动量消耗 $=424.33\text{m}^2/$ 层 $\times 34$ 层 $\div$ [（15 人 $\times 7\text{d} \times 10\text{h/d}+30$ 层 $\times 6$ 人 / 层 $\times 5\text{h}+6$ 人 $\times 2\text{d} \times 10\text{h/d}$）$\div 8\text{h/d}$]$=55.76\text{m}^2/$ 工日

（2）分包价格测算消耗分析

已知爬架分包价格为 18 元 $/\text{m}^2$，其中零星材料、小型工具、其他材料 1.5 元 $/\text{m}^2$，利润 5 元 $/\text{m}^2$（约占 30%），管理费 1 元 $/\text{m}^2$，周转人工及路费和其他 2 元 $/\text{m}^2$，经计算人工价格为 8.5 元 $/\text{m}^2$。

特殊工工资：130000 元 / 年 $\div 365$ 天 / 年 $=356.16$ 元 / 工日

分包价格测算架子工劳动量消耗：356.16 元 / 工日 $\div 8.5$ 元 $/\text{m}^2=41.9\text{m}^2/$ 工日

（3）实际消耗、分包价格测算消耗对比分析

统一折算为工作时间 8h，工作内容：架体组装、安装、上升、拆除、上料平台、材料拆卸。对照《山东省建筑工程消耗量定额》（SD 01—31—2016）及《房屋建筑与装饰工程消耗量定额》（TY 01—31—2015），其均无爬架子目。于是仅对实际消耗、分包价格测算消耗进行对比分析。

实际架子工劳动量消耗：$55.76\text{m}^2/$ 工日

分包价格测算钢筋工劳动量消耗：$41.9\text{m}^2/$ 工日

定额中无适用爬架子目不作分析。消耗量是按照实际工作时间计算的，而架子工不是关键工序工种，班组干扰和休息，以及项目与项目之间人员的调动，都会对其有影响，发生的该项工耗也包括在分包价格中，所以测算偏差可能较大。如果是工程项目之间栋数多并且操作工人能在各楼栋之间正常周转，可降低分包价格。

考虑实际消耗是按出勤天数计算的，而分包价格是按年工资测算，如果每年出勤考虑为 280 天，分包价格测算架子工劳动量消耗就变为 $41.9 \times$（$365 \div 280$）$=54.62$（$\text{m}^2/$ 工日），与实际消耗的 $55.76\text{m}^2/$ 工日相差不大。

4.1.3 每日劳动量标准及计算原理案例二

4.1.3.1 案例背景介绍

鲁中某住宅小区的 14# 楼，本案例只取其左侧单元进行分析，其地下有 1 层，地上有 11 层，标准层层高 2.95m，剪力墙结构，标准层左侧单元建筑面积为 524.55 ㎡，墙体布置如图 4-2 所示；使用普通木模板、钢管支撑架、地泵输送混凝土；为全国性中型房地产项目。项目相应指标如表 4-6 和表 4-7 所示。

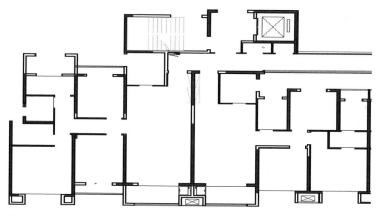

图4-2 标准层左侧单元墙体布置图

表4-6 左侧单元单层工期及施工人数

施工顺序	工序	用时	施工人数
第1天	放线、竖向钢筋接长及绑扎	11h	15
第2～3.5天	排架搭设、竖向模板安装	16.5h	17
第3.5～5天	梁板梯模板安装	27.5h	17
第5～6天	梁板梯钢筋安装	11h	15
第7天	混凝土浇筑	7h	11
小计（跨越天数）		7d	—
后续	砌体工程	77h	13
后续	内墙抹灰（含喷浆挂网）	88h	8
后续	细石混凝土地面	15h	15

表4-7 左侧单元单层工程量

序号	部位	工程量	含量指标
1	竖向构件钢筋	—	—
2	墙柱模板	647.47m²	1.23m²/m²
3	梁板梯模板	647.51m²	1.23m²/m²
4	梁板梯钢筋	—	—
5	混凝土浇筑	—	—
6	砌体	97.12m³	0.185m³/m²
7	内墙抹灰	1393.87m²	2.657m²/m²
8	细石混凝土地面	492.37m²	0.94m²/m²

4.1.3.2 模板工（复合模板）每日劳动量消耗分析

（1）实际消耗分析

单层模板总工程量：647.47m²+647.51m²=1294.98m²

实际模板工劳动量消耗：1294.98m²÷[（17人×16.5h+17人×27.5h）÷8h/d]=13.85m²/工日（未包含拆除消耗量）

参照拆除及其他内容在预算定额中约占30%，求得9.7m²/工日。

（2）分包价格测算消耗分析

由表4-1可知模板工综合单价为45元/m²，其中零星材料、工具机械、其他材料1.5元/m²，利润6元/m²（约占15%），管理费1元/m²。计算人工价格36.5元/m²。

人工工资：大工，95000元/年÷365天/年=260.3元/工日；小工，65000元/年÷365天/年=178.1元/工日；大小工比例为2∶1，故平均工资为（260.3元/工日×2+178.1元/工日）/3=232.9元/工日。

分包价格测算模板工劳动量消耗：232.9元/工日÷36.5元/m²=6.38m²/工日

（3）定额消耗、实际消耗、分包价格测算消耗对比分析

统一折算为工作时间8h，工作内容：模板及支撑制作，模板安装、拆除、整理堆放及场内运输，清理模板黏结物及模内杂物、刷隔离剂等。对照《山东省建筑工程消耗量定额》（SD 01—31—2016），复合模板人工含量分别为6.452m²/工日（墙），4.587m²/工日（板），4.202m²/工日（梁）；对照《房屋建筑与装饰工程消耗量定额》（TY 01—31—2015），复合模板人工含量分别为4.76m²/工日（梁、板），4.79m²/工日（墙）。

模板工预算定额平均消耗量：（6.452+4.587+4.202+4.76+4.79）/5=4.96（m²/工日）

实际模板工劳动量消耗：9.7m²/工日

分包价格测算模板工劳动量消耗：6.38m²/工日

因为定额综合了各类层高、结构形式、构件占比、构件形状、质量标准等因素，加上该测算项目是山东省标杆企业项目，工效较高，因而定额消耗量与实测定额消耗量对比其偏差较大但也算是合理范围。实际消耗与分包价格相比，考虑实际消耗是按出勤天数计算的，而分包价格是按年工资测算，如果每年出勤考虑为280天，分包价格测算模板工劳动量消耗就变为6.38×（365÷280）=8.32（m²/工日），与实际消耗的9.7m²/工日相差不大。

4.1.3.3 架子工（钢管架）每日劳动量消耗分析

（1）实际消耗分析

已知标准层建筑面积为524.55m²，标准层外脚手架面积为514.06m²。

钢管架用工消耗：每层需4个人工作2天，每天工作11.5小时。

实际架子工劳动量消耗=514.06m²÷（4人×2d×11.5h/d÷8h/d）=44.7m²/工日（不包

含拆除，按搭设面积）

参照拆除及其他内容在预算定额中约占 35%，求得 29.06m²/ 工日。

（2）分包价格测算消耗分析

由表 4-1 可知架子工综合单价为 26 元 /m²，其中零星材料、小型工具、其他材料 1.5 元 /m²，利润 6 元 /m²（约占 30%），管理费 1 元 /m²，周转人工及路费和其他 1 元 /m²，经计算人工价格为 16.5 元 /m²。

特殊工工资：130000 元 / 年 ÷365 天 / 年 =356.16 元 / 工日

分包价格测算架子工劳动量消耗：356.16 元 / 工日 ÷16.5 /m²=21.59m²/ 工日

（3）定额消耗、实际消耗、分包价格测算消耗对比分析

统一折算为工作时间 8h，工作内容：场内外材料搬运；搭、拆脚手架、挡脚板、上下翻板子；拆除脚手架后的材料堆放。对照《山东省建筑工程消耗量定额》（SD 01—31—2016），钢管架人工含量为 5.68m²/ 工日；对照《房屋建筑与装饰工程消耗量定额》（TY 01—31—2015），钢管架人工含量为 2.38 ～ 18.11m²/ 工日。

架子工预算定额平均消耗量：（5.68+2.38+18.11）/3=8.72（m²/ 工日）

实际架子工劳动量消耗：29.06m²/ 工日

分包价格测算钢筋工劳动量消耗：21.59m²/ 工日

由于本案例中使用工具差异和企业自有员工改为承包作业制的影响，导致偏差较大，因此定额数据不能与实测和分包价格测算相比。考虑实际消耗是按出勤天数计算的，而分包价格是按年工资测算，如果每年出勤考虑为 280 天，分包价格测算架子工劳动量消耗就变为 21.59×（365÷280）=28.14m²/ 工日，与实际消耗的 29.06m²/ 工日相差不大。

4.1.3.4　砌筑工每日劳动量消耗分析

（1）实际消耗分析

单层砌体工程量：97.12m³

实际砌筑工劳动量消耗：97.12m³÷（13 人 ×77h÷8h/d）=0.776m³/ 工日

（2）分包价格测算消耗分析

由表 4-1 可知二次结构砌筑综合单价为 370 元 /m³，其中零星材料、工具、其他材料为 20 元 /m³，利润 30 元 /m³（约占 10%），管理费 10 元 /m³，计算得人工价格 310 元 /m³。

砌体单层分项工程量：构造柱、抱框柱工程量为 81.6m；圈梁、压顶、其他工程量为 118.43m，其中混凝土占二次结构总量的 9%，植筋 φ12 的钢筋 128 根，植筋 φ6 ～ 8 的钢筋 922 根。

工人作业单价：砌砖 200 元 /m³，上料 25 元 /m³，植筋 φ6 ～ 8 的钢筋 1.2 元 / 根，植筋 φ12 的钢筋 2.2 元 / 根。构造柱、圈梁压顶的模板 30 元 /m，钢筋制作安装 13 元 /m，混

凝土浇筑 20 元 /m。

砌体单层分项价格：（81.6+118.43）×（30+13+20）+97.12×（1−9%）×200+128×2.2+922×1.2=31665.73（元）

砌体单层分项单价：31665.73 元 ÷97.12m³=326.05 元 /m³

综合性工资：90000 元 / 年 ÷365 天 / 年 =246.58 元 / 工日

分包价格测算砌筑工劳动量消耗：246.58 元 / 工日 ÷326.05 元 /m³=0.756m³/ 工日

（3）定额消耗、实际消耗、分包价格测算消耗对比分析

统一折算为工作时间 8h，工作内容：调、运、铺砂浆，运、安装砌砖及运、镶砌砖，安装木砖、垫块 。对照《山东省建筑工程消耗量定额》（SD 01—31—2016），加气混凝土砌块人工含量为 0.648m³/ 工日；《房屋建筑与装饰工程消耗量定额》（TY 01—31—2015），人工含量为 1.015 ～ 1.123m³/ 工日。

砌筑工预算定额平均消耗量：（0.648 +1.015+1.123）÷3=0.929（m³/ 工日）

实际砌筑工劳动量消耗：0.776m³/ 工日

分包价格测算砌筑工劳动量消耗：0.756m³/ 工日

定额消耗、实际消耗、分包价格测算消耗三者相差不是很大。考虑实际消耗是按出勤天数计算的，分包价格是按年工资测算，如果每年出勤考虑为 280 天，分包价格测算砌筑工劳动量消耗就变为 0.756×（365÷280）=0.986m³/ 工日。

二次结构不能只看价格和人工消耗，要综合分析结构类型和二次结构中的混凝土含量，本次分析按正常分析考虑，即砌块墙厚 200mm（部分隔墙厚 100mm），含量在 0.12 ～ 0.20m³/m² 之间，门框洞边均设置抱框柱，户型面积 90m² 为标准。如果墙体厚度 150mm（部分隔墙厚 100mm），分包价格乘以系数 1.2；二次结构中的混凝土含量指标 ＜ 0.10m³/m³，分包价格考虑增加 150 元 /m³；户型面积 90m² 以下时，还要考虑墙体转角多少、抱框柱的数量情况。

4.1.3.5 抹灰工每日劳动量消耗分析

（1）实际消耗分析

单层抹灰工程量：1393.87m²

实际抹灰工劳动量消耗：1393.87m²÷（8 人 ×88h÷8h/d）=15.84m²/ 工日

（2）分包价格测算消耗分析

由表 4-1 可知室内外抹灰综合单价为 23 元 /m²，其中零星材料、小型工具、其他材料为 1 元 /m²，利润 4 元 /m²（约占 20%），管理费 1 元 /m²，计算得人工价格为 17 元 /m²。

综合性工资：90000 元 / 年 ÷365 天 / 年 =246.58 元 / 工日

分包价格测算抹灰土工劳动量消耗：246.58 元 / 工日 ÷17 元 /m²=14.5m²/ 工日

（3）定额消耗、实际消耗、分包价格测算消耗对比分析

统一折算为工作时间 8h，工作内容：清理、修补、湿润基层表面、堵墙眼，调运砂浆、清扫落地灰；分层抹灰找平、刷浆、洒水湿润、罩面压光。对照《山东省建筑工程消耗量定额》（SD 01—31—2016），抹灰工人工含量分别为 7.3m²/ 工日（水泥砂浆，砌块墙、砖墙），8.13m²/ 工日（混合砂浆，砌块墙、砖墙）；对照《房屋建筑与装饰工程消耗量定额》（TY 01—31—2015），抹灰工人工含量为 8.79m²/ 工日。

混凝土工预算定额平均消耗量：（7.3+8.13+8.79）/3=8.07（m²/ 工日）

实际抹灰工劳动量消耗：15.84m²/ 工日

分包价格测算抹灰工劳动量消耗：14.5m²/ 工日

由于质量要求不同，以及预算定额为企业自有员工，当前改为承包作业制的影响，导致本案例中定额测算数据与实测和分包价格测算偏差较大，其不能相比。考虑实际消耗是按出勤天数计算的，分包价格是按年工资测算，如果每年出勤考虑为 280 天，分包价格测算抹灰工劳动量消耗就变为 14.5×（365÷280）=18.9（m²/ 工日），与实际消耗 14.5m²/ 工日相比有 30% 的偏差，说明抹灰的技术水平差异大，在定额中为一类工种。

有的分包对抹灰工采用门窗口单独计算的方式，取 15 元 / 延长米，不含门窗侧壁抹灰时，劳动量消耗可以达到 25m²/ 工日。

4.1.3.6　地面浇筑工每日劳动量消耗分析

（1）实际消耗分析

单层细石混凝土地面工程量：492.37m²

实际地面浇筑工劳动量消耗 =492.37m²÷（15 人 ×15h÷8h/d）=17.51m²/ 工日

（2）分包价格测算消耗分析

由表 4-1 可知楼地面垫层综合单价为 17 元 /m²，其中零星材料、小型工具、其他材料 0.5 元 /m²，利润 2.5 元 /m²（约占 15%），管理费 0.5 元 /m²，计算得人工价格为 13.5 元 /m²。

综合性工资：90000 元 / 年 ÷365 天 / 年 =246.58 元 / 工日

分包价格测算混凝土工劳动量消耗：246.58 元 / 工日 ÷13.5 元 /m²=18.27m²/ 工日

（3）定额消耗、实际消耗、分包价格测算消耗对比分析

统一折算为工作时间 8h，工作内容：清理基层，运输细石混凝土，浇捣，撒水泥沙子随打随抹，养护等。对照《山东省建筑工程消耗量定额》（SD 01—31—2016），相应人工含量为 10.75m²/ 工日（地面厚度 40mm）。

定额劳动消耗量：10.75m²/ 工日

实际劳动消耗量：17.51m²/ 工日

分包价格测算劳动消耗量：18.27m²/ 工日

考虑实际消耗是按出勤天数计算的，分包价格是按年工资测算，如果每年出勤考虑为280天，分包价格测算地面浇筑工劳动量消耗就变为 18.27×（365÷280）=23.82（m²/工日）。本次实际工程是按照人力运输考虑，实际劳动消耗量为 17.51m²/工日，效率比测算时降低了 26.4%，说明使用人力运输与细石泵送车效率差异较大，采用人力运输时可以综合考虑按照 23m²/工日进行测算。

4.1.4 影响劳动量的要素分析

（1）机械配置的影响

主体阶段塔吊配置数量非常关键，不能视覆盖范围为唯一指标，工作量、集中区域的搭配穿插的考虑也很重要。

混凝土如果用地泵输送，在夜间浇筑比较好。因为此时塔吊相对空闲，可以帮助吊运软管部分变换位置，否则白天塔吊需要吊运钢筋、钢管、木工材料，容易忙不过来。

砌体、抹灰、地面有交叉时，要考虑上料、施工，及各工序的交叉流水作业情况，来决定施工升降机的配置台数。

（2）措施材料的影响

对于模板体系的选用，在操作工人同等熟练程度的基础上，使用铝模板效率高于普通木模板，一个 500m² 左右的标准层，能够提高 0.5 ～ 1 天的时间。

（3）多栋楼施工影响

住宅小区多栋楼施工时，一个作业班组在两个楼栋之间流水运转为最佳。如果恰好一个小区有 3 栋楼，则钢筋工、木工都需要配置两个班组，否则会忙不过来，尤其是木工。混凝土班组紧凑一些还好。

（4）叠合板的影响

叠合板的钢筋会影响管线安装，叠合板厂家要调整钢筋的位置，总包单位需出人配合厂家进行调整。

叠合板的工期与常规现浇板工期相比，因为构件吊装及安放的工序影响，其工期长出1天。如果PC构件到货迟缓，则耽误的时间更长。毕竟目前PC构件的产能有限，供不应求。

综合上述分析，另结合大量项目数据统计，笔者总结得出如表 4-8 所示的每日劳动量标准，供读者在实际项目中进行参考使用。

表 4-8 每日劳动量标准　　　　　　　　　　　　　　　　　　　　单位：工程量/工日

班组分项名称	单位	劳动量标准	工作内容
钢筋工	kg	280	钢筋制作、运输、绑扎、安装/其中后台制作占25%
模板工（铝模）	m²	12	模板及支撑制作，模板安装、拆除、清理归堆、刷隔离剂
模板工（木模）	m²	8.4	模板及支撑制作，模板安装、拆除、清理归堆

班组分项名称	单位	劳动量标准	工作内容
混凝土	m³	8	混凝土浇筑、振捣、养护、地泵管清洗安拆等
架子工（爬架）	m²	45	架体组装、安装、上升、拆除、上料平台安装、材料拆卸
架子工（钢管）	m²	29	架体搭设、拆除、卸车清理归堆、上料平台安装
砌筑工	m³	0.8	砌筑墙体、预拌砂浆及砌体运输、清理落地灰、砌筑架子搭拆
抹灰工	m²	16	湿润墙面、分层抹压、预拌砂浆运输、清扫落地灰、抹灰架搭拆
地面铺贴砖	m²	15	铺设、运输、修缝 / 普通砖
墙面铺贴砖	m²	13.5	铺设、运输、修缝 / 普通砖
室内腻子涂刷墙面	m²	30	墙面涂刷、防护措施、调制涂料 / 包含各两遍，三遍乘系数 0.9
屋面平瓦	m²	12	运输、铺设、选料、切割 / 简铺乘系数 1.3
室内楼面混凝土	m²	40	配合细石泵送、浇筑铺设、养护洒水、表面拉毛

注：每日按照 8h 作业时间考虑，以计算原理的数值加权平均测定。

4.2 某企业含量指标参考数据库

本节将对某企业实际工程项目的工程含量指标数据进行归纳列举，如表 4-9 ～表 4-33 所示，供读者进行参考使用。

表 4-9 高层建筑指标信息

工程名称	某住宅工程	层数	24 层地下 1 层
建筑面积	12432.32m²	层高	2.90m
基础类型	筏板桩承台基础	檐高	70.20m
首层面积	505.41m²	结构类型	框架结构
工程概况	本工程位于天津市西青区，承建时间 2018 年 6 月～ 2020 年 7 月		
工程承包范围	土建装饰安装全专业，户内毛地交活（内墙刮腻子）。清水顶棚，外墙保温涂料饰面，外檐断桥铝合金门窗；给排水至洁具预留；地面辐射供暖；全部消防管线箱；电气灯具安装电路调试完成；弱电预留		
专业名称	专业比例		备注
建筑工程	56.53%		
装饰工程	28.06%		此为毛坯房专业比例
安装工程	15.41%		
	给排水	16.40%	—
	采暖工程	39.74%	—
	电气	43.86%	—

主要材料指标

名称	单位	平米含量
混凝土	m³	0.31
钢筋	t	0.431
加气块	m³	0.33
断桥铝门窗	m²	0.16
外墙涂料	m²	0.23
墙体保温	m³	0.03
PP-R 给水管	m	0.40
PVC 排水管	m	0.23
铝塑复合管	m	0.07
电气配线	m	5.38

表 4-10　厂库房建筑指标信息

工程名称	食品冷藏库	层数	8层
建筑面积	42500.00m²	层高	5.50m
基础类型	筏板桩承台基础	檐高	43.50m
首层面积	6920.50m²	结构类型	框架剪力墙
工程概况	本工程位于天津市北辰区，框架剪力墙结构。承建时间 2019 年 7 月～ 2020 年 12 月		
工程承包范围	土建装饰安装全专业，无梁楼盖。细石混凝土耐磨地面，不含冷库内保温及保温门，墙面水泥砂浆防霉涂料；工作区域铝合金板吊顶，库内顶棚及走道顶棚防霉涂料；给水钢塑复合管，消防水喷淋系统；镀锌钢板保温通风系统；动力电和照明系统（不含电梯），弱电控制系统		

专业名称	专业比例		备注
建筑工程	76.02%		
装饰工程	17.96%		不含冷藏库保温系统
安装工程	6.02%		
	给排水	4.95%	—
	消防	17.16%	—
	通风空调	15.06%	—
	电气	62.83%	—

主要材料指标

名称	单位	平米含量
混凝土	m³	0.74

名称	单位	平米含量
钢筋	t	0.114
页岩砖	m³	0.12
门窗	m²	0.01
外墙涂料	m²	0.37
铝塑复合管	m	0.01
消防镀锌管	m	0.07
通风管	m	0.06
电力电缆	m	0.46
电气照明配线	m	1.21

表 4-11 多层建筑指标信息

工程名称	小区住宅楼		层数	6层带阁楼（地下1层）
建筑面积	64360.28m²		层高	3.00m
基础类型	有梁式满堂基础		檐高	18.00m
栋数	16栋		结构类型	混合结构
工程概况	本工程位于河北省沧州市，承建时间 2018 年 3 月～2020 年 5 月			
工程承包范围	土建装饰安装全专业，预制管桩基础，多孔页岩砖墙体，外墙 90mm 厚挤塑保温板，块瓦屋面，塑钢门窗。PP-R 给水管，铜铝复合散热器，弱电预埋			
专业名称	专业比例			备注
建筑工程	49.09%			—
	桩基	9.88%		桩长 14m
	建筑工程	90.12%		—
装饰工程	34.11%			
安装工程	16.80%			
	电气	46.83%		—
	给排水	19.97%		—
	采暖	33.20%		—
主要材料指标				
名称	单位			平米含量
预制管桩	m			0.49
混凝土	m³			0.39
钢筋	t			0.04

名称	单位	平米含量
多孔页岩砖	m³	0.31
外檐塑钢门窗	m²	0.2
内檐门窗	m²	0.11
外墙涂料	m²	0.76
PP-R 给水中水热水管	m	0.58
铜铝复合散热器	片	0.45
电气配线	m	5.92

表4-12 市政道路指标信息

工程名称	车行道路	道路宽	双向 14m
车行路面积	26400.00m²	人行道宽	双向 3.46m
基础类型	—	路中绿化带	1.3m
结构类型	沥青混凝土路面	道路总长度	1790m
工程概况	本工程位于广东省，承建时间 2016 年 1 月		
工程承包范围及做法	车行道结构：30cm 厚 5% 水泥稳定级配碎石，15cm 厚 4% 水泥稳定石屑底基层，4cm 厚改性细粒式沥青混凝土，8cm 厚中粒式沥青混凝土，花岗岩侧石 100cm×15cm×30cm、花岗岩平石 100cm×25cm×12cm、花岗岩压条 120cm×15cm×16cm；人行道结构：15cm 厚 C20 素混凝土，花岗岩人行道地砖 30cm×30cm×8cm；干管材料类型：HDPE 内肋增强螺旋波纹管、Ⅱ级承插式钢筋混凝土管		

专业名称	专业比例	备注
道路工程	55.86%	—
附属排水	27.43%	—
交通设施	3.02%	—
照明工程	12.74%	—
绿化工程	0.95%	—

主要材料指标

名称	单位	数量
灌木总数量	株	1592
人行道砖	m²/m²	0.15
花岗岩压条	m/m²	0.28
电力电缆	m/m²	0.15

表 4-13 房建工程砌体结构含量　　　　　　　　　　　　　　　　　　　　　　　　　　　　　　单位：m³/m²

结构类型	层高 /m					
	2.0 ~ 2.5	2.6 ~ 2.8	2.9 ~ 3.0	3.1 ~ 3.5	3.6 ~ 4.0	4.1 ~ 5.0
砖混结构	0.22 ~ 0.25	0.26 ~ 0.29	0.30 ~ 0.33	0.31 ~ 0.35	0.36 ~ 0.39	—
全框架结构	0.19 ~ 0.22	0.20 ~ 0.23	0.24 ~ 0.27	0.29 ~ 0.31	0.32 ~ 0.35	0.36 ~ 0.38
短肢剪力墙结构	0.07 ~ 0.09	0.10 ~ 0.13	0.14 ~ 0.16	0.17 ~ 0.19	—	—
剪力墙结构	0.03 ~ 0.05	0.06 ~ 0.08	0.09 ~ 0.12	0.13 ~ 0.16	0.17 ~ 0.19	—
别墅	—	—	0.17 ~ 0.21	0.15 ~ 0.24	0.16 ~ 0.31	—
洋房	—	—	0.17 ~ 0.20	0.16 ~ 0.26	0.16 ~ 0.28	—
门卫宿舍	—	0.26 ~ 0.31	0.24 ~ 0.33	—	—	—

注：（1）结构类型影响砌体结构含量。

（2）层高在 2.2m 内不计建筑面积时，应按照建筑平面投影面积为单位，不影响该表含量计取。

表 4-14 房建工程内外墙抹灰含量　　　　　　　　　　　　　　　　　　　　　　　　　　　　　　单位：m²/m²

结构类型	层高 /m					
	2.0 ~ 2.5	2.6 ~ 2.8	2.9 ~ 3.0	3.1 ~ 3.5	3.6 ~ 4.0	4.1 ~ 5.0
住宅楼	—	2.5 ~ 2.9	2.8 ~ 3.1	3.2 ~ 3.5	—	—
公寓楼	—	2.4 ~ 2.7	2.6 ~ 2.9	2.9 ~ 3.3	3.1 ~ 3.4	—
办公楼宿舍楼	—	—	2.8 ~ 3.3	2.9 ~ 3.5	—	—
别墅	—	—	3.1 ~ 3.3	3.3 ~ 4.0	3.5 ~ 4.2	—
洋房	—	—	2.9 ~ 3.1	3.2 ~ 3.5	3.3 ~ 3.7	—
工业建筑	—	—	1.8 ~ 2.6	2.0 ~ 2.8	1.8 ~ 2.9	1.8 ~ 3.2

注：（1）房屋使用功能影响抹灰含量。

（2）层高在 2.2m 内不计建筑面积时，应按照建筑平面投影面积为单位，不影响该表含量计取。

表 4-15 楼地面及屋面散水清包工价格　　　　　　　　　　　　　　　　　　　　　　　　　　　　　单位：元 /m²

房屋类型	楼层数				
	单层	6 层以内	18 层以内	24 层以内	32 层以内
住宅楼	—	15 ~ 20	10 ~ 15	9 ~ 13	8 ~ 11
公寓楼	—	16 ~ 25	—	—	—
办公楼宿舍楼	55 ~ 100	16 ~ 23	10 ~ 15	—	—
别墅	80 ~ 180	40 ~ 60	—	—	—
洋房	—	30 ~ 50	—	—	—
工业建筑	25 ~ 40	15 ~ 25	—	—	—

注：房屋使用功能影响楼地面及屋面散水清包工价格。

表 4-16　水电暖人工消耗量（电气洁具预留）　　　　　　　　　　　　　　单位：工日 /m²

房屋类型	阶段范围		
	主体阶段	装修阶段	竣工收尾阶段
住宅楼	0.06 ～ 0.08	0.12 ～ 0.17	0.08 ～ 0.10
公寓楼	0.05 ～ 0.06	0.11 ～ 0.16	0.06 ～ 0.09
办公楼宿舍楼	0.05 ～ 0.07	0.12 ～ 0.16	0.06 ～ 0.10
别墅	0.08 ～ 0.10	0.14 ～ 0.20	0.08 ～ 0.12
洋房	0.07 ～ 0.09	0.12 ～ 0.18	0.08 ～ 0.12
工业建筑	0.02 ～ 0.05	0.09 ～ 0.15	0.03 ～ 0.08

注：房屋使用功能影响水电暖人工消耗量。

表 4-17　装饰面层清包工价格　　　　　　　　　　　　　　　　　　　　　单位：元 /m²

房屋类型	面层种类				
	室内面砖	室内干挂面砖	外墙文化砖	外墙文化石	外墙干挂石
住宅楼	25 ～ 35	—	45 ～ 65	55 ～ 80	100 ～ 180
公寓楼	25 ～ 35	40 ～ 55	—	—	—
办公楼宿舍楼	24 ～ 30	—	—	—	—
别墅	30 ～ 40	40 ～ 55	50 ～ 70	60 ～ 90	130 ～ 210
洋房	27 ～ 38	40 ～ 55	45 ～ 65	50 ～ 80	100 ～ 180
工业建筑	24 ～ 30	—	—	—	—

注：房屋装修等级影响人工价格。

表 4-18　地面面层清包工价格　　　　　　　　　　　　　　　　　　　　　单位：元 /m²

房屋类型	面层种类			
	地面面砖	大理石地面	混凝土地面	其他石材
住宅楼	45 ～ 55	50 ～ 65	20 ～ 25	40 ～ 60
工业建筑	40 ～ 50	—	15 ～ 23	—

注：房屋装修等级影响人工价格。

表 4-19　钢板桩价格估算数据

	使用部位	地下室外墙周圈
已知条件	桩长	12m
	支护坑壁周长	350m
	桩型号	拉森钢板桩 40B（宽度 40cm）
	排列方式	一丁一顺
	使用天数	45d

估算价格	租赁单价	0.4 元/（m·d）
	打钢板桩价格	5 元/m
	拔钢板桩价格	5 元/m
	桩运输费用	800 元/趟（每趟 40 根）
计算过程	计算费用：350÷0.4×2=1750（根）	
	1750×12×（0.4×45+5+5）=588000（元）	
	运输车数：1750÷40=43.75，即 44 趟	
	44×800×2=70400（元）	
	合计：588000+70400=658400（元） 658400÷350≈1881（元/延长米）	
单方指标	1881 元/延长米	

表 4-20 预制混凝土管桩估算数据

已知条件	工程地点	天津市滨海新区
	桩长	24m
	总数量	6000m
	桩径	400mm
估算价格	HPC400 管桩	150 元/m
	打桩机械及人工和其他	20 元/m
	现场用电费用	3 元/m
	机械进出场费用	25000÷6000≈4（元/m）
计算方法	150+20+3+4=177（元/m）	
单方指标	177 元/m	

表 4-21 钢筋混凝土灌注桩估算数据

已知条件	工程地点	天津市
	施工方法	泥浆护壁方法施工
	使用部位	高层基础内
	桩径	700mm
估算价格	泥浆护壁成孔	160 元/m
	混凝土 C35	450 元/m³
	人工和机械浇筑费	23 元/m
	钢筋材料费	4500 元/t
	钢筋笼制作安装人机费用	1000 元/t

计算方法	混凝土：$0.35 \times 0.35 \times 3.14 \times 1 \times 450 + 23 = 196.01$（元/m）	
	钢筋笼制作安装：$23kg/m \times (4500 + 1000) \div 1000 = 126.5$（元/m）	
	合计：$160 + 196.01 + 126.5 \approx 483$（元/延长米） $483 \div (0.35 \times 0.35 \times 3.14) \approx 1256$（元/m³）	
单方指标	483 元/延长米	1256 元/m³

注：灌注桩的钢筋含量为 $60 \sim 80kg/m^3$，考虑到地区差异，承载力好的地基钢筋含量为 $30 \sim 50kg/m^3$；土质较好的地区人工挖孔成孔效率能达到 $2 \sim 3m^3/d$，长螺旋成孔机 $100 \sim 150m^3/d$。

表 4-22 CFG 粉煤灰混凝土桩

已知条件	工程地点	沈阳市
	桩长	15m
	复合地基承载力	450kPa
	桩径	500mm
估算价格	机械成孔	25 元/m
	粉煤灰混合料	350 元/m³
	其他费用	25 元/m
计算方法	粉煤灰混合料单价：$0.25 \times 0.25 \times 3.14 \times 350 \approx 69$（元/m）	
	合计：$25 + 69 + 25 = 119$（元/延长米） $119 \div (0.35 \times 0.35 \times 3.14) \approx 606$（元/m³）	
单方指标	119 元/延长米	606 元/m³

表 4-23 房建工程主体结构模板含量　　　　　　　　　　　　　　　　　单位：m²/m²

结构类型	层高/m					
	2.0～2.5	2.6～2.8	2.9～3.0	3.1～3.5	3.6～4.0	4.1～5.0
砖混结构	1.8～2.0	1.8～2.0	1.9～2.2	2.0～2.2	—	—
全框架结构	1.9～2.2	2.0～2.4	2.1～2.5	2.2～2.5	2.2～2.6	2.2～2.8
短肢剪力墙结构	2.1～2.6	2.3～3.2	2.4～3.5	2.2～3.2	—	—
剪力墙结构	2.2～2.8	2.5～3.1	2.6～3.5	2.3～3.1	—	—
别墅	—	—	3.0～3.3	3.2～3.8	3.1～4.2	—
洋房	—	—	2.7～3.1	2.8～3.5	2.9～3.8	—

注：（1）本表不适用于 <1000m² 以内的工程项目。

（2）地区常规性设计差异影响结构模板含量。

表 4-24 房建工程主体混凝土含量　　　　　　　　　　　　　　　　　　　单位：m³/m²

结构类型	层高 /m					
	2.0 ~ 2.5	2.6 ~ 2.8	2.9 ~ 3.0	3.1 ~ 3.5	3.6 ~ 4.0	4.1 ~ 5.0
砖混结构	0.11 ~ 0.13	0.12 ~ 0.15	0.15 ~ 0.22	0.16 ~ 0.25	—	—
全框架结构	0.29 ~ 0.38	0.30 ~ 0.43	0.31 ~ 0.45	0.33 ~ 0.46	0.35 ~ 0.50	0.36 ~ 0.5
短肢剪力墙结构	0.30 ~ 0.39	0.33 ~ 0.45	0.33 ~ 0.48	0.35 ~ 0.50	—	—
剪力墙结构	0.31 ~ 0.40	0.35 ~ 0.45	0.38 ~ 0.50	0.38 ~ 0.52	—	—
别墅	—	—	0.55 ~ 0.60	0.56 ~ 0.62	0.60 ~ 0.80	—
洋房	—	—	0.50 ~ 0.55	0.51 ~ 0.58	0.52 ~ 0.60	—

注：（1）本表不适用于＜ 1000m² 以内的工程项目。

（2）地区常规性设计差异影响结构混凝土含量。

表 4-25 房建工程主体钢筋含量　　　　　　　　　　　　　　　　　　　单位：t/m²

结构类型	层高 /m					
	2.0 ~ 2.5	2.6 ~ 2.8	2.9 ~ 3.0	3.1 ~ 3.5	3.6 ~ 4.0	4.1 ~ 5.0
砖混结构	0.015 ~ 0.018	0.014 ~ 0.020	0.018 ~ 0.028	0.020 ~ 0.035	—	—
全框架结构	0.031 ~ 0.041	0.035 ~ 0.046	0.035 ~ 0.048	0.036 ~ 0.050	0.038 ~ 0.052	0.040 ~ 0.055
短肢剪力墙结构	0.033 ~ 0.043	0.036 ~ 0.049	0.036 ~ 0.051	0.038 ~ 0.053	—	—
剪力墙结构	0.038 ~ 0.049	0.038 ~ 0.050	0.040 ~ 0.055	0.041 ~ 0.058	—	—
别墅	—	—	0.058 ~ 0.063	0.058 ~ 0.065	0.060 ~ 0.086	—
洋房	—	—	0.053 ~ 0.059	0.056 ~ 0.062	0.058 ~ 0.065	—

注：（1）本表不适用于＜ 1000m² 以内的工程项目。

（2）地区常规性设计差异影响结构钢筋含量。

表 4-26 现浇混凝土构件含钢量参考表

构件名称	含钢量 /（t/m³）	构件名称	含钢量 /（t/m³）
带形基础（有梁式）	0.084	单梁、连续梁	0.186
带形基础（无梁式）	0.064	混凝土圈梁	0.095
独立混凝土基础	0.047	混凝土过梁	0.117
杯形基础	0.029	直形墙	0.090
满堂基础（无梁式）	0.108	短肢剪力墙	0.150
满堂基础（有梁式）	0.113	无梁板	0.070
带形桩承台基础	0.080	整体楼梯	0.161
独立桩承台基础	0.068	挑檐天沟	0.092
混凝土柱	0.176	小型池槽	0.075
混凝土基础梁	0.157	压顶、扶手	0.051

表 4-27　现浇混凝土构件含模板量参考表

构件名称	含模量 /（m²/10m³）	构件名称	含模量 /（m²/10m³）
有梁式钢筋混凝土带形基础	21.97	混凝土基础梁	78.99
无梁式钢筋混凝土带形基础	5.94	单梁、连续梁	96.06
混凝土独立基础	21.07	混凝土圈梁	65.79
无梁式满堂基础	4.60	混凝土过梁	96.81
有梁式满堂基础	12.95	直形墙	74.40
混凝土基础垫层	13.80	短肢剪力墙	76.00
带形桩承台基础	38.01	无梁板	48.54
独立桩承台基础	21.84	拱形板	80.39
混凝土柱	105.26	异形梁	87.71

注：该表构件含量是参考值，可作为估算依据，实际构件含量计算时仅作为对比分析使用。

表 4-28　住宅楼主要材料含量指标

项目名称	某小区住宅楼 A	某小区还迁房 B	某小区还迁房 C	某小区还迁房 D
层数	11F 带地下室	18F 带地下室	24F 带地下室	33F 带地下室
层高	3m	3m	3m	3m
建筑面积	4500m²	4675m²	7536m²	11245m²
标准层面积	400m²	243m²	304m²	322m²
基础类型	筏板基础	筏板基础	筏板基础	筏板基础
檐高	34m	55.5m	75m	100.5m
结构类型	剪力墙结构	剪力墙结构	剪力墙结构	剪力墙结构

主要材料指标（计量单位：m²）

分项名称	单位	A	B	C	D
混凝土	m³	0.44	0.53	0.48	0.51
钢筋	t	0.061	0.072	0.069	0.073
加气块（二次结构）	m³	0.13	0.1	0.100	0.09
外檐门窗	m²	0.22	0.3	0.230	0.22
内檐钢质门窗（不含户内门）	m²	0.15	0.079	0.085	0.08
内外墙抹灰	m²	3.38	4.05	4.110	3.90
外墙涂料	m²	0.96	1.45	1.350	1.42
保温工程（外墙、屋面）	m²	0.96	1.31	1.36	1.42
防水工程	m²	0.27	0.28	0.19	0.17
地板采暖	m²	0.9	0.81	0.83	0.86
电气配线	m	5.09	8.3	8.5	7.2

表 4-29 地下车库含量指标（案例一）

项目名称	某地下停车库	建筑面积	34800m²
层数	地下 1 层，局部 2 层	结构类型	框架梁板结构
层高	3.9m/4.0m	基础类型	筏板柱墩基础
建设地区	河北承德	柱距	8.4m×8.4m
分项名称	混凝土工程量 /m³	钢筋工程量 /t	模板工程量 /m²
基础	10588	851	1557
混凝土墙	2943	417	20082
混凝土柱	1110	232	5676
混凝土梁	7135	1774	37049
混凝土板	4522	532	28085
合计	26298	3806	92449
构件分类	混凝土平米指标 / (m³/m²)	构件含筋量 / (kg/m³)	构件模板含量 / (m²/m³)
基础	0.304	80	0.15
混凝土墙	0.085	142	6.82
混凝土柱	0.032	209	5.11
混凝土梁	0.205	249	5.19
混凝土板	0.130	118	6.21
经济指标	0.756m³/m²	0.109t/m²	2.66m²/m²

注：（1）其中措施钢筋 38t，含量为 1.09kg/m²。

（2）地下二层 23589m²，地下一层 11211m²，筏板厚度 250mm，柱墩高度 850mm，本表工程量未包括基础垫层、混凝土防水保护层。其中筏板混凝土 5600m³，柱墩混凝土 3700m³。

（3）本项目地基无桩，后浇带加筋 $\phi12$。

（4）本项目分析时不含人防工程。

表 4-30 地下车库含量指标（案例二）

项目名称	某地下停车库	建筑面积	11960m²
层数	地下一层	结构类型	框架梁板结构
层高	3.75m/5.1m	基础类型	筏板桩承台
建设地区	天津西青区	柱距	8.4m×7.1m
分项名称	混凝土工程量 /m³	钢筋工程量 /t	模板工程量 /m²
基础	10662	863	9491
混凝土墙	1844	384	10008
混凝土柱	1494	297	7549
混凝土梁	2488	557	12312
混凝土板	1606	166	8173

分项名称	混凝土工程量 /m³	钢筋工程量 /t	模板工程量 /m²
合计	18094	2267	47533
构件分类	混凝土平米指标 /（m³/m²）	构件含筋量 /（kg/m³）	构件模板含量 /（m²/m³）
基础	0.891	81	0.89
混凝土墙	0.154	208	5.43
混凝土柱	0.125	199	5.05
混凝土梁	0.208	224	4.95
混凝土板	0.134	103	5.09
经济指标	1.513m³/m²	0.190t/m²	3.97m²/m²

注：（1）其中措施钢筋16t，含量1.34kg/m²。

（2）地下面积11960m²，其中5m高楼座处为3852m²，占比32%，筏板厚度400mm，承台高度1500mm，楼座下承台高度2200mm。本表工程量未包括基础垫层、混凝土防水保护层。其中筏板混凝土4871m³，桩承台混凝土5394m³。

（3）本项目有部分为人防工程，人防区域约占1/3。

表4-31 地下车库含量指标（案例三）

项目名称	某地下停车库	建筑面积	11283m²
层数	地下一层	结构类型	框架梁板结构
层高	4.1m	基础类型	筏板桩承台
建设地区	天津津南区	柱距	8.4m×8.1m
分项名称	混凝土工程量 /m³	钢筋工程量 /t	模板工程量 /m²
基础	6086	889	4798
混凝土墙	1594	175	8867
混凝土柱	886	119	7140
混凝土梁	1191	327	5276
混凝土板	3557	470	10035
合计	13314	1980	36116
构件分类	混凝土平米指标 /（m³/m²）	构件含筋量 /（kg/m³）	构件模板含量 /（m²/m³）
基础	0.539	146	0.79
混凝土墙	0.141	110	5.56
混凝土柱	0.079	134	8.06
混凝土梁	0.106	275	4.43
混凝土板	0.315	132	2.82
经济指标	1.180m³/m²	0.175t/m²	3.20m²/m²

注：（1）其中措施钢筋39t，含量3.46kg/m²。

（2）筏板基础厚度400mm，承台高度900mm，表内工程量不含楼座。本表工程量未包括基础垫层、混凝土防水保护层。其中筏板混凝土3957m³，桩承台混凝土1489m³。

（3）现浇混凝土顶板厚度400mm，本项目分析时不含人防工程。

表4-32 独栋别墅含量指标（案例一）

项目名称	独栋别墅	建筑面积	764m²
层数	3F+1	结构类型	框架剪力墙结构
层高	3.3m	基础类型	筏板基础
建设地区	天津西青区	最大开间	6m×8.1m
分项名称	混凝土工程量 /m³	钢筋工程量 /t	模板工程量 /m²
基础	86.7	10.8	106
混凝土墙	55	9.2	586
混凝土柱	65	10.9	738
混凝土梁	39.5	8.9	405
混凝土板	103.4	10.2	1065
合计	349.6	50	2900
构件分类	混凝土平米指标 / (m³/m²)	构件含筋量 / (kg/m³)	构件模板含量 / (m²/m³)
基础	0.113	125	1.22
混凝土墙	0.072	167	10.65
混凝土柱	0.085	168	11.35
混凝土梁	0.052	225	10.25
混凝土板	0.135	99	10.30
经济指标	0.458m³/m²	0.143t/m³	8.30m²/m³

注：（1）筏板厚度300mm，本表工程量未包括基础垫层、混凝土防水保护层。

（2）本工程地下1层，地上2层加坡屋顶结构，构件尺寸小，钢筋含量低，模板含量高。

（3）本工程项目坡屋顶按建筑面积计算规则计算，但斜顶内计算全部面积。

表4-33 独栋别墅含量指标（案例二）

项目名称	独栋别墅	建筑面积	749m²
层数	3F	结构类型	框架剪力墙结构
层高	3.5m	基础类型	筏板基础
建设地区	河北廊坊	最大开间	5m×7.5m
分项名称	混凝土工程量 /m³	钢筋工程量 /t	模板工程量 /m²
基础	221	14.19	147
混凝土墙	117	15.88	992
混凝土柱	101	20.8	975
混凝土梁	35.4	7.1	322
混凝土板	87.6	7.3	681
合计	562	65.27	3117

构件分类	混凝土平米指标 / (m^3/m^2)	构件含筋量 / (kg/m^3)	构件模板含量 / (m^2/m^3)
基础	0.295	64	0.67
混凝土墙	0.156	136	8.48
混凝土柱	0.135	206	9.65
混凝土梁	0.047	201	9.10
混凝土板	0.117	83	7.77
经济指标	$0.750m^3/m^2$	$0.116t/m^2$	$5.55m^2/m^2$

注：（1）筏板厚度350mm，本表工程量未包括基础垫层、混凝土防水保护层。

（2）本工程地下1层，地上2层，包括地下小院混凝土墙体，混凝土墙体工程量大，钢筋含量较低，现浇板较厚，模板含量较小。

4.3 分包价格数据分析库

本节将对某企业实际工程项目的分包价格数据进行详细列举分析，如表4-34～表4-60所示，供读者进行参考使用。

表4-34 钢筋工班组分包合同价格分析表

部位名称：地下车库钢筋

序号	分项名称	工作内容	单价 / (元/t)
1	钢筋制作	钢筋下料（含配合放样核对）、钢筋加工成型、措施钢筋制作、预埋铁焊接、钢筋接头制作（包括套丝）、领料退料、堆料台铺设、试验件制作、解捆卸车、配合吊运、作业台搭设（作业棚配合人工）、操作场地平整、钢筋除锈、机械保养（含小维修）、小预埋件制作等	220
2	钢筋安装	绑扎钢筋、现场接头连接、成型钢筋运输、钢筋定位、模内清理、弹线、固定骨架、现场吊运运输、搭设临时操作架、入模、看筋、自检互检、配合领导检查、架设上人通道、修临时路、搭设简易操作台、打眼钻孔、植筋、钢筋现场除锈、垫块马凳安装、小预埋件安装、配合其他班组作业、预留洞口的处理、后浇带网片固定、有关会议和参与涉及变更内容、止水钢板安装、清理现场钢筋及有关事项等	700
3	零星材料、机械、其他材料	扎丝、铁丝、墨线、垫块，切断机、调直机、弯曲机、电焊机、套丝机，手持工具人力车、防护措施等	40
4	压力焊	操作、焊接、焊剂	110
5	管理费	—	40
6	利润	—	100
合计			1210

表 4-35 混凝土工班组分包合同价格分析表

部位名称：主体混凝土浇筑

序号	分项名称	工作内容	单价 /（元 /m²）
1	主要事项	混凝土浇筑、振捣、收面、找平、模内湿润、泵送配合及安装拆除管、吊罐、接槎砂浆处理、模内杂物清理、搭设路架等，混凝土相关的主要工作	16
2	辅助事项	铺防护膜、浇水养护、小量水平及垂直运输、配合各类检测、拆模后地面清理浆块、垃圾清运、迎接检查用工、发现涨漏浆通报、梁柱节点钢丝拦网安装、蜂窝麻面处理、配合其他班组作业、计量收票、保护其他班组的成品保护等，混凝土相关的零星辅助工作	3.5
3	零星材料＋小型机具＋其他材料	地膜、水管、振动棒、磨光机、平板振动器，手持工具、人力小车、防护措施等	0.5
4	管理费	—	1
5	利润	—	4
合计			25

注：表中单位为建筑面积。

表 4-36 模板工班组分包合同价格分析表

部位名称：高层住宅胶合板模板

序号	分项名称	工作内容	单价 /（元 /m²）
1	拼模、安装	制作拼接、材料刨光、安装就位、骨架支撑安装、板面清理刷隔离剂、校正板面、螺栓安放、预埋筋的定位、打眼钻孔、吊模及设备墩的支撑制作安装、粘胶带海绵条、定位弹线、领料、看模、领料、配合其他班组作业、迎接检查用工、互检自检、场内运输、搭设临时架、铺垫夯实软着力点、作业台搭设（作业棚配合人工）、操作场地平整、解捆卸车、配合吊运等，与模板工程有关的工作	27
2	模板拆除	模板拆除、剔凿胀模、周转运输、清理垃圾、后浇带清理、预留洞尺寸校正、整理拔钉、穿墙螺杆拔出、止水螺栓杆切割回收、归堆到地面清点统计、修补缺陷、废料分拣归堆、穿墙螺杆孔洞压浆填塞等，与模板拆除后有关的工作	9.5
3	零星材料＋机械＋其他材料	铁钉、铁丝、墨线、胶带、脱模剂机油，圆锯、电焊机，手持工具、人力小车、防护措施等	1.5
4	管理费	—	1
5	利润	—	6
合计			45

表 4-37　架子工班组分包合同价格分析表

部位名称：钢管扣件脚手架

序号	分项名称	工作内容	单价 / (元 /m²)
1	脚手架搭设	搭设架子、基础底座夯实找平铺设板子、上下翻（铺）脚手板、挂安全网、挂防尘网密目网、上人通道（斜道）搭设、上料台作业台搭设、挑架 U 形预埋钩的制作安装、路架、临时架、临空临边围护架、基坑边围护、钢管涂刷漆、挂标志牌、固定照明灯具、架眼孔留设位置、解捆卸车、配合吊运、作业台搭设（作业棚配合人工）、操作场地平整等，按照架子工相关规范要求作业	13
2	架体拆除	将搭设的工作内容拆除、归类到地面清点统计、钢管调直、除锈、扣件修理浸油、码堆整齐分类、割掉挑架 U 形预埋钩等	4.5
3	零星材料＋机械＋其他材料	铁钉、铁丝、手持工具、人力小车、防护措施等	1
4	管理费	—	1.5
5	利润	—	6
合计			26

注：表中单位为建筑面积。

表 4-38　二次结构班组分包合同价格分析表

部位名称：高层住宅楼

序号	分项名称	工作内容	单价 / (元 /m³)
1	砌筑	砌筑、预拌砂浆现场运输、钢筋拉结筋制作安装、勾缝塞顶、施工洞口补砌、预留槽、预留洞口、零星砌体、搭拆砌筑脚手架、落地灰过筛、垃圾清运、弹线找平、清扫接槎、配合其他班组等工作	240
2	二次植筋	定位弹线、墙钻孔、清孔涂胶、钢筋制作及安放、搭拆临时架、配合试验等工作	12
3	钢筋制作绑扎	钢筋下料、成型、运输到楼内、绑扎就位、配合砌筑穿插施工	19
4	模板	制作拼接、模板拆除、清理归堆到地面并清点统计、穿墙孔制作、粘胶带海绵条、周转运输、互检自检等工作	48
5	混凝土	上料、楼内运输、浇筑振捣、铺防护膜、浇水养护、模内湿润、接槎砂浆处理、模内杂物清理、清理地面洒料、混凝土卸料池清理等工作	30
6	零星材料、机械、其他材料	铁钉、铁丝、手持工具、人力小车、振动棒、室内照明设备、防护措施等	19
7	管理费	—	15
8	利润	—	37
合计			420

注：适用于楼层层高 3.0m，如果每增高 1m，二次结构价格增加 55 元 /m³。

表中数据以二次结构总量进行统计，是分析各项占合价比例的参考数值。

表 4-39 抹灰工班组分包合同价格分析表

部位名称：室内外抹砂浆（砌块墙）

序号	分项名称	工作内容	单价 /（元 /m²）
1	挂网、涂界面剂	交接处钉钢丝网（网格布）、喷涂界面剂、浸润墙面、活动架的搭拆、零星堵塞墙眼（洞）等	2.5
2	抹砂浆	砂浆拌合、压实抹光、窗台细石找平、四面填塞门窗口（若有包含）、线条线角抹灰平直、活动架的搭拆、修补墙面凹坑、外架翻板子（吊篮升降）、配合检查、清除零星障碍、成品保护、养护墙面、现场清扫等	14.5
3	零星材料＋机械＋其他材料	铁钉、铁丝，手持工具、喷浆机、室内照明设备、人力小车、防护措施等	1
4	管理费	—	1
5	利润	—	4
合计			23

注：外墙吊篮的搭设按外墙全部（混凝土、砌块）抹灰面计算为 3 元 /m²，本合同价格中协商为保温专业分包进行搭拆，如果由抹灰工搭拆，需增加此价格。

表 4-40 地面混凝土工班组分包合同价格分析表

部位名称：高层住宅室内楼地面

序号	分项名称	工作内容	单价 /（元 /m²）
1	上料	从混凝土放料池到楼内的运输、地面洒水湿润、保护地暖盘管搭临时路架、设备间特殊部位的人工倒运	5
2	浇筑楼地面	洒水泥浆、地面浇筑、摊铺、找平拉毛、收面压光（找平层）、厚度调整找平（楼梯台阶）、清除零星障碍、成品保护、养护地面、现场清扫等	8.5
3	零星材料＋机械＋其他材料	铁丝、水管，手持工具、室内照明设备、人力小车、防护措施等	0.5
4	管理费	—	0.5
5	利润	—	2.5
合计			17

注：（1）地面采用细石混凝土泵送时，工作内容包括服务配合泵送人员用工，还包括每天泵车的清洗配合用工。

（2）表中单位为地面面积。

表 4-41　石材地面价格分析表

工程名称：办公楼 計量面积：1m²

序号	材料名称	规格材质	单位	单价/元	消耗用量	合价/元
一				材料费		
1	石材（含刷防护液）	国产深咖	m²	260.00	1.02	265.20
2	水泥砂浆	比例 1：3	m³	380.00	0.033	12.54
3	水泥	425#	kg	0.42	1.5	0.63
4	施工用水	—	m³	7.00	0.036	0.25
5	其他材料费	零星材料	项	2.00	1	2.00
	材料费小计		元	—	—	281
二				人工费		
1	石材加工人工费	—	工日	190.00	0.01	1.90
2	石材铺设人工费	技工铺贴 20m²	工日	320.00	0.13	41.60
3	辅助人工费	—	工日	190.00	0.05	9.50
	人工费小计		元	—	—	53
三				机械费		
1	机械使用费	—	项	4.00	1.00	4.00
	机械费小计		元	—	—	4.00
四	直接费合计	不包含税票	元	—	—	337
五	措施费	脚手架、临设等	项	0.00	1.00	0.00
六	总包服务费	（四＋五）×0%	元	0%	—	0.00
七	利润	（二）×15%	元	15%	—	7.95
八	税金	（四＋五＋六＋七）×9.0%	元	9.00%	—	31.05
九	综合单价	四＋五＋六＋七＋八	元		376	

表 4-42　石材墙面价格分析表

工程名称：办公楼　　　　　　　　　　　　　　　　　　　　　　　　　　计量面积：1m²

序号	材料名称	规格材质	单位	单价／元	材料用量	合价／元
一	材料费					
1	石材（含刷防护液）	幻彩粉麻	m²	260.00	1.02	265.20
2	镀锌钢龙骨	8# 槽钢、5# 角钢	kg	5.20	10.00	52.00
3	不锈钢埋件	150×80×5	kg	5.20	0.94	4.89
4	膨胀螺栓、化学螺栓	M12×110 M12×160	套	2.80	4.20	11.76
5	不锈钢镀锌挂件及连接件	70×40×4 M10×30	套	3.30	3.00	9.90
6	石材胶及密封胶	—	支	35.00	0.30	10.50
7	施工水电费用	—	项	3.00	1.00	3.00
8	其他材料费	小五金件	项	2.00	1.00	2.00
	材料费小计		元	—	—	359
二	人工费					
1	石材辅助人工费	—	项	22.00	1.00	22.00
2	龙骨安装人工费	制作安装涂刷 4500 元 /t	项	50.00	1.00	50.00
3	石材安装人工费	技工每日安装 7.5m²	项	66.00	1.00	66.00
	人工费小计		元	—	—	138
三	机械费					
1	机械使用费	—	项	5.00	1.00	5.00
	机械费小计		元	—	—	5
四	直接费合计	不包含税票	元	—	—	502
五	措施费	脚手架、临设等	项	0.00	1.00	0.00
六	总包服务费	（四＋五）×0%	元	0%	—	0.00
七	利润	（二）×10%	元	10%	—	13.80
八	税金	（四＋五＋六＋七）×9.00%	元	9.00%	—	46.42
九	综合单价	（四＋五＋六＋七＋八）	元		562	

表4-43 防水单价分析表（一）

分项名称：地下室高聚物沥青防水卷材 3+3mm   计量面积：1m²

序号	材料名称	规格材质	单位	单价/元	用量	合价/元
一				材料费		
	高聚物沥青防水卷材	3+3mm	m²	26.00	2.26	58.76
1	石油沥青	#10	kg	5.00	0.3	1.50
2	汽油	#90	kg	7.50	0.7	5.25
3	其他材料费	—	项	0.30	1	0.30
4	SBS 弹性沥青防水胶	—	kg	8.00	0.005	0.04
5	点粘350# 石油沥青油毡一层	—	项	3.50	1	3.50
6	地下室外墙保温板铺贴用工	—	工日	246.00	0.02	4.92
7	附加层	3mm	项	1.04	1	1.04
8	止水带处聚合物防水砂浆一层	—	项	0.30	1	0.30
9	试验检测费、其他费用	—	项	0.35	1	0.35
	材料费小计		元	—	—	76
二				人工费		
1	综合铺设人工费	—	工日	246	0.05	12.3
2	其他人工费	—	工日	246	0.001	0.2
	人工费小计		元	—	—	12.5
三				机械费		
1	综合机械费		项	0.30	1	0.30
	机械费小计		元	—	—	0.3
四	直接费合计	不含税票	元	—	—	88.8
五	利润	（四）×4.5%	元	4.50%	—	4.00
六	税金	（四+五）×9%	元	9.00%	—	8.35
七	综合单价	（四+五+六）	元		101	

表 4-44 防水单价分析表（二）

分项名称：屋面高聚物沥青防水卷材 3mm   计量面积：1m²

序号	材料名称	规格材质	单位	单价/元	用量	合价/元
一				材料费		
1	高聚物沥青防水卷材	3mm	m²	26.00	1.13	29.38
2	石油沥青	#10	kg	5.00	0.15	0.75
3	汽油	#90	kg	8.00	0.4	3.20
4	其他材料费	—	项	0.15	1.00	0.15
5	SBS 弹性沥青防水胶	—	kg	8.00	0.0025	0.02
6	附加层	3mm	项	1.04	1.00	1.04
7	试验检测费、其他费用	—	项	0.35	1.00	0.35
	材料费小计	—	元	—	—	34.9
二				人工费		
1	综合铺设人工费	—	工日	246	0.03	7.38
2	其他人工费	—	工日	246	0.001	0.25
	人工费小计	—	元	—	—	7.6
三				机械费		
1	综合机械费	—	项	0.20	1	0.20
	机械费小计	—	元	—	—	0.2
四	直接费合计	不包含税票	元			43.2
五	利润	（四）×4.5%	元	4.50%	—	1.94
六	税金	（四＋五）×9%	元	9.00%	—	4.06
七	综合单价	（四＋五＋六）	元		49	

表 4-45 墙面保温板价格分析

名称：90mm 厚挤塑聚苯板   计量面积：1m²

序号	材料名称	规格	单位	数量	单价/元	合价/元
1	基层处理	—	项	0.70	1	0.70
2	胶黏剂	7.5kg/桶	kg	6.08	1.40	8.51
3	挤塑聚苯板	1.2×0.6×0.09	m³	0.0923	550	50.77
4	锚固件	8×120	套	6	0.44	2.64
5	网格布	160g/m²	m²	1.35	2.43	3.28
6	抹面胶浆	40g/包	kg	4.5	1.35	6.08
7	辅料	—	项	1	0.60	0.60
8	复试费	—	项	1	1.46	1.46
9	材料费合计：			—	—	74

序号	材料名称	规格	单位	数量	单价／元	合价／元
10	吊篮费	—	项	1	7.50	7.50
11	机具费	—	项	1	0.90	0.90
12	机械费合计:			—	—	8.4
13	人工费	—	项	1	45.00	45.00
14	机械费合计:			—	—	45
15	直接费合计	人工＋材料＋机械		—	—	127.4
16	运输、管理费	直接费小计×2%			2.00%	2.55
17	利润	直接费小计×5%		—	5.00%	6.37
18	税金	税前总计×9%		—	9.00%	12.27
综合单价						149
人材机比例						
材料费	58%					
机械费	7%					
人工费	35%					

表4-46 墙面无机保温砂浆分析

名称：25mm厚无机保温砂（涂料饰面）　　　　　　　　　　　　　　　　　计量面积：1m²

序号	材料名称	规格	单位	数量	单价／元	合价／元
1	保温砂浆	37kg／包	kg	10.79	1.70	18.34
2	抗裂砂浆	50kg／包	kg	4.58	0.77	3.53
3	网格布	160g/m²	m²	1.1	1.62	1.78
4	界面砂浆	40g／包	kg	1	0.64	0.64
5	材料费合计			—	—	24.3
6	施工费用	—	项	1	30.00	30.00
人工费合计				—	—	30
7	直接费合计				—	54.3
8	管理费	直接费小计×5%		—	5.00%	2.72
9	利润	直接费小计×5%		—	5.00%	2.72
10	税金	税前总计×9%		—	9.00%	5.38
综合单价						65
人材机比例						
材料费	45%					
人工费	55%					

表 4-47　断桥铝门窗价格分析表

计量面积：1m²

序号	门窗内容	单位	用量	单价 / 元	合价 / 元
一	主要材料	—	—	—	—
1	隔热铝合金型材	kg	9.08	24.40	221.55
2	中空玻璃 6+12+6Low-E	m²	0.57	100.00	57.00
	中空玻璃 6+12+6Low-E（双钢）	m²	0.23	115.00	26.45
3	隐形纱扇	m²	0.49	60.00	29.40
4	组角胶	支	0.28	30.00	8.40
5	五金件（内开窗）	套	0.49	58.00	28.42
	五金件（外开门）	套	0.03	195.00	5.85
6	密封胶条（三元乙丙）	kg	0.45	23.00	10.35
7	密封胶（防水胶）300mL/ 支	支	2.00	5.50	11.00
	硅酮（聚硅氧烷）耐候胶 300mL/ 支	支	3.12	7.50	23.40
8	发泡胶 750mL/ 支	支	0.50	17.00	8.50
9	安装辅材	项	1.00	5.00	5.00
10	其他	项	1.00	10	10.00
	小计				445.32
二	其他费用	—	—	—	—
1	加工费	项	1.00	45.00	45.00
2	安装费	项	1.00	55.00	55.00
3	机械措施费	项	—	—	—
4	运输费	项	—	—	—
5	检测费、资料费	项	—	—	—
	小计				100
三	直接费	（一）+（二）			545.32
四	管理费	（三）×2%		2.00%	10.91
五	利润	（三）×5%		5.00%	27.27
六	专项增值税	（三＋四＋五）×13%		13.00%	75.86
七	综合单价	三＋四＋五＋六		—	659

表 4-48 加气混凝土砌块墙价格分析表

计量面积：$1m^2$

序号	材料名称	规格材质	单位	单价 / 元	消耗用量	合价 / 元
一				材料费		
1	加气混凝土砌块	$0.3 \times 0.6 \times 0.2$	m^3	240	0.931	223.44
2	湿拌砌筑砂浆	M7.5	m^3	450	0.080	36.00
3	水	—	m^3	7.5	0.13	0.98
4	脚手架周转费	—	项	1.5	1	1.50
5	砌筑植筋	$\phi6$	根	0.92	8.1	7.45
6	其他材料		项	15	1	15.00
	材料费小计		元	—	—	284.37
二				人工费		
1	砌筑综合人工	—	工日	246	0.853	209.84
2	其他人工费	—	工日	246	0.15	36.90
	人工费小计		元	—	—	246.74
三	直接费合计	不包含税票	元	—	—	531.11
四	管理费	（二）×10%	元	10%	—	24.67
五	利润	（二）×15%	元	15%	—	37.01
六	税金	（三＋四＋五）×9%	元	9.00%	—	53.34
七	综合单价	三＋四＋五＋六	元	—	—	646

注：（1）本表适用于砌筑高度 3m 以内的情况，每超过 1m 人工费按照消耗用量乘系数 1.2 计算。植筋单价除钢筋材料价格外全部包括在内。

（2）本表砌筑墙体厚度按照 200mm 测算，与实际不符可调整材料消耗量，砌筑 100mm 墙体人工消耗量应乘以系数 1.25，砌筑 250mm 墙体人工消耗量应乘系数 0.95。

（3）本表按照湿拌砂浆考虑，如果使用干拌砂浆，价格为 350 元 /t，消耗用量为 0.120t/m^2。

表 4-49 页岩标砖墙价格分析表

计量面积：$1m^2$

序号	材料名称	规格材质	单位	单价 / 元	消耗用量	合价 / 元
一				材料费		
1	页岩标砖	$240 \times 115 \times 53$	块	0.41	530	217.30
2	湿拌砌筑砂浆	M7.5	m^3	450	0.241	108.45
3	水	—	m^3	7.50	0.105	0.79
4	脚手架周转费	—	项	1.50	1	1.50

序号	材料名称	规格材质	单位	单价/元	消耗用量	合价/元
5	砌筑植筋	$\phi6$	根	0.92	7.1	6.53
6	其他材料	—	项	6.00	1	6.00
	材料费小计		元	—	—	340.57
二			人工费			
1	砌筑综合人工	—	工日	246	0.892	219.43
2	其他人工费	—	工日	246	0.18	44.28
	人工费小计		元	—	—	264
三	直接费合计	—	—	—	—	604
四	管理费	（二）×10%	元	10%		60.43
五	利润	（二）×15%	元	10%		60.43
六	税金	（三＋四＋五）×9%	元	9.00%		65.26
七	综合单价格	四＋五＋六＋七	元	—	—	790

注：（1）本表适用于砌筑高度 3m 以内的情况，每超过 1m 人工费按照消耗用量乘以系数 1.3 计算。植筋单价除钢筋材料价格外全部包括在内。

（2）本表砌筑墙体厚度按照 240mm 测算，与实际不符可调整材料消耗量，砌筑 120mm 墙体人工消耗量应乘以系数 1.3，砌筑 370mm 墙体人工消耗量应乘以系数 0.90。

表 4-50 钢结构厂房价格分析

项目名称	河北省某厂房		建筑面积		16670m²	
层数	单层		结构类型		门式钢结构	
檐高	11m		平面尺寸		172m×97m	
名称	分项名称	规格材质	数量	单位	单价/元	总价/元	备注
钢结构	焊接 H 形钢制作	Q345B	321	t	1200	385200	不含主材
	次结构制作	Q235B	36	t	1200	43200	不含主材
	吊车梁制作	Q345B	138	t	1200	165600	不含主材
	次结构	Q235B	13	t	1200	15600	不含主材
	材料费	—	508	t	4000	2032000	主体结构材料费
	油漆	160μm	508	t	400	203200	
	高强螺栓	10.9 级	508	t	120	60960	此量为折合量
	屋面檩条	Q235	90	t	5500	495000	热镀锌
	墙面檩条	Q235	46	t	5500	253000	热镀锌
	运费	10km	644	t	100	64400	—
	钢结构安装	—	644	t	650	418600	吊装、校正、拧紧螺栓

名称	分项名称	规格材质	数量	单位	单价/元	总价/元	备注
车间屋面系统	屋面板	0.63mm	16490	m²	55	906950	镀铝锌彩钢板
	紧固密封材料	—	16490	m²	10	164900	自攻钉、连接件、密封胶
	隔汽层	0.17mm	16491	m²	12	197892	纺黏高密度聚乙烯防水透气层
	玻璃棉	100mm	16491	m²	16	263856	—
	屋面内板	0.43mm	16491	m²	35	577185	镀铝锌彩钢板
	彩板连接件	—	16493	m²	10	164930	彩板挂件、泛水、收边
	内保温天沟	3mm	516	m²	350	180600	钢板水沟含防水材料
	雨水管	DN150	228	m	75	17100	
	屋面安装	—	16493	m²	35	577255	现场安装费
墙面系统	外墙面板	0.6mm	5163	m²	85	438855	镀铝锌彩钢板
	紧固密封材料	—	5163	m²	6	30978	自攻钉、连接件、密封胶
	玻璃棉	50mm厚，容重16kg/m³	5163	m²	10	51630	带铝箔贴面玻璃棉
	墙面内板	0.43mm	5163	m²	35	180705	镀铝锌彩钢板
	彩板连接件	—	5163	m²	12	61956	彩板挂件、泛水、收边
	墙面安装	—	5163	m²	45	232335	墙面系统安装
其他	雨篷	—	43	m²	350	15050	双板
	铝合金窗	—	1400	m²	680	952000	中空玻璃
	电动提升门	—	150	m²	1800	270000	
	地脚螺栓	—	7	t	9500	66500	—
	防火涂料	—	16670	m²	55	916850	对应钢结构防火涂料耐火极限：柱2.5h/梁1.5h/檩条1h
	上屋面检修爬梯	—	1	项	12000	12000	带防护栏
合计						10417736	—
经济指标						625元/m²	

注：本表是专业分包价格，不包含税金。总承包成本价格需要增加利润和税金的计算。

表 4-51 钢结构厂房基础价格分析表

项目名称		河北省某厂房	建筑面积	16670m²
层数		单层	结构类型	门式钢结构
基础类型		桩承台基础梁	平面尺寸	172m×97m
分项名称	单位	平米含量	价格/元	单方合价/元
预制桩 PHC400	m	0.326	180	58.68
混凝土材料	m³	0.037	405	14.99
钢筋材料	t	0.006	5000	30
土方挖填	m³	0.186	15	2.79
混凝土浇筑	m³	0.037	50	1.85
钢筋制作安装	t	0.006	950	5.7
模板	m²	0.186	85	15.81
砖基础	m³	0.009	630	5.67
页岩砖坎墙	m³	0.005	620	3.1
墙面抹灰	m²	0.011	25	0.28
金属骨料耐磨地面	m²	1.000	25	25.00
混凝土地面 200mm	m²	1.000	98	98.00
地面钢筋 φ8@200mm×200mm	m²	1.000	4	4.00
3：7 灰土垫层 200mm	m²	1.000	25	25.00
基础降排水	项	1.000	2	2.00
水平运输费用	项	1.000	10	10.00
文明施工费	项	1.000	15	15.00
管理费	项	1.000	10	10.00
利润	项	1.000	15	15.00
税金	元	9%	343	30.87
经济指标				374

注：（1）其中主要材料费（不含桩、耐磨地面）156 元/m²。

（2）本表针对的是室内三排柱的情况，其基础含量较低。建筑面积越小含量就越高，2000m² 面积的厂房基础经济指标约 500 元/m²。

表 4-52 某厂房基础劳务报价分析表

序号	分项名称		单位	单价/元	数量	合价/元
一	建筑结构					
1	挖填土方		m³	35	1420	49700
2	截（凿）桩头		m³	750	2.30	1725
3	砖基础		m³	260	152	39520
4	页岩砖坎墙		m³	250	170	42500
5	混凝土垫层		m³	100	34.21	3421
6	设备基础		m³	130	61.05	7937
7	桩承台、基础梁		m³	55	140	7700
8	柱墩混凝土		m³	90	25.12	2261
9	二次结构混凝土		m³	600	44.11	26466
10	零星构件混凝土		m³	800	3.50	2800
11	钢筋		t	1050	41.21	43271
12	墙面抹灰		m²	25	880	22000
13	地面灰土人工配合		m²	10	4400	44000
14	地面混凝土		m²	18	4400	79200
15	文明施工费		m²	10	4400	44000
	小计		元	—	—	416500
二	劳务耗材					
1	模板		m²	85	1799	152915
2	小型机械		项	3000	1	3000
	小计		元	—	—	155915
三	直接费合计		元	—	—	572415
四	管理费	（三）×8%	元	8%	—	45793
五	利润	（三）×10%	元	10%	—	57241
六	税金	（三+四+五）×3%	元	3.00%	—	20264
七	合计					695713
八	综合单价	建筑面积为 4400m²	158 元/m²			

注：本项目临时设施由施总承包方提供，开工日期为 2018 年 3 月，建筑面积 4400m²。

表4-53 某住宅高层劳务成本分析表

计量单位：1m²

序号	分项名称		单位	单价／元	消耗用量	合价／元
一	主体结构					
1	钢筋分项		t	1200	0.047	56.40
2	混凝土分项		m³	45	0.41	18.45
3	模板分项		m²	40	3.2	128.00
4	脚手架分项		m²	21	0.95	19.95
5	零星杂项		项	15	1	15.00
	小计		元	—	—	237.8
二	主体劳务耗材					
1	周转材料		m²	6.7	3.2	21.44
2	模板木方材料		m²	9.1	3.2	29.12
3	小型机械		项	10	1	10.00
4	配套设备		项	15	1	15.00
	小计		元	—	—	75.56
三	二次结构					
1	加气块		m³	260	0.135	35.10
2	二次钢筋混凝土		m³	1200	0.014	16.80
	小计		元	—	—	51.9
四	粗装修					
1	外抹灰打底		m²	19	0.92	17.48
2	内墙抹灰		m²	22	2.95	64.90
3	楼地面浇筑		m²	18	0.87	15.66
4	屋面及其他		m²	50	0.05	2.50
	小计		元	—	—	100.54
五	直接费合计		元	—	—	465.8
六	管理费	（五）×8%	元	8%	—	37.26
七	利润	（五）×10%	元	10%	—	46.58
八	税金	（五＋六＋七）×3%	元	3%	—	16.49
九	综合单价		元	566		

表 4-54　多层混合结构住宅劳务成本分析表

计量单位：1m²

序号	分项名称	单位	单价/元	消耗用量	合价/元
一	主体结构				
1	钢筋分项	t	1250	0.04	50.00
2	混凝土分项	m³	50	0.33	16.50
3	模板分项	m²	45	2.27	102.15
4	脚手架分项	m²	20	0.9	18.00
5	砌页岩砖墙	m³	255	0.31	79.05
6	零星杂项	项	11	1	11.00
	小计	元	—		276.7
二	主体劳务耗材				
1	周转材料	m²	5.3	2.27	12.03
2	模板木方	m²	8.53	2.27	19.36
3	小型机械	项	7	1	7.00
4	设备配套	项	10	1	10.00
	小计	元	—	—	48.39
三	粗装修				
1	外墙抹灰打底	m²	20	0.9	18.00
2	内墙抹灰	m²	22	2.88	63.36
3	楼地面浇筑	m²	18	0.84	15.12
4	屋面及其他	m²	45	0.19	8.55
	小计	元	—	—	105.03
四	直接费合计		元	—	430.09
五	管理费	（四）×8%	m²	8%	34.41
六	利润	（四）×10%	m²	10%	43.01
七	税金	（四+五+六）×3%	m²	3.00%	15.23
八	综合单价		元	523	

注：（1）本项目单体面积 2640m²，地下室一层。按照旧计算规则，坡屋顶内未计算面积。

（2）本表未包括降水及临时设施费用，此项由总承包完成。

（3）劳务分包开挖土方人工配合从垫层开始作业，垂直运输机械由总承包提供。

表 4-55 联排别墅劳务成本分析表

计量单位：1m²

序号	分项名称	单位	单价/元	消耗用量	合价/元
一	主体结构				
1	钢筋分项	t	1200	0.095	114.00
2	混凝土分项	m³	55	0.722	39.71
3	模板分项	m²	45	4.325	194.63
4	脚手架分项	m²	23	1.08	24.84
5	连锁砌块（含灌浇混凝土）	m³	420	0.219	91.98
6	零星杂项	项	25	1	25.00
	小计	元	—	—	490.16
二	主体劳务耗材				
1	周转材料	m²	6.95	4.325	30.06
2	模板木方材料	m²	9.45	4.325	40.87
3	小型机械	项	20	1	20.00
4	设备配套	项	30	1	30.00
	小计	元	—	—	120.93
三	粗装修				
1	外墙抹灰打底	m²	22	0.8	17.60
2	内墙抹灰	m²	23	3.225	74.18
3	楼地面浇筑	m²	25	1.09	27.25
4	屋面及其他	m²	50	0.38	19.00
	小计	元	—	—	138.03
四	直接费合计	元	—	—	749.12
五	管理费	（四）×8%	元	8%	59.93
六	利润	（四）×10%	元	10%	74.91
七	税金	（四＋五＋六）×3%	元	3.00%	—	26.52
八	综合单价		元	910	

注：（1）本项目单体面积 1379m²，地下室不足 2.2m 按面积的一半计算，坡屋顶内按规范计算面积，地上层数 3F+1。总承包方提供汽车吊垂直运输机械，基础内及外墙抹灰未提供垂直运输机械。

（2）连锁砌块墙体包括所有二次混凝土的模板、钢筋、浇筑等作业。

表4-56 框架办公楼劳务成本分析表

计量单位：1m²

序号	分项名称	单位	单价/元	消耗用量	合价/元
一	主体结构				
1	钢筋分项	t	1200	0.077	92.40
2	混凝土分项	m³	55	0.446	24.53
3	模板分项	m²	45	2.903	130.64
4	脚手架分项	m²	23	0.665	15.30
5	零星杂项	项	15	1	15.00
	小计	元	—	—	277.86
二	主体劳务耗材				
1	周转材料	m²	8.34	2.903	24.21
2	模板木方材料	m²	9.8	2.903	28.45
3	小型机械	项	20	1	20.00
4	配套设备	项	30	1	30.00
	小计	元	—	—	102.66
三	二次结构				
1	砌体墙	m³	245	0.238	58.31
2	二次钢筋混凝土	m³	950	0.044	41.80
	小计	元	—	—	100.11
四	粗装修				
1	外墙抹灰打底	m²	18	0.842	15.16
2	内墙抹灰	m²	22	1.72	37.84
3	楼地面浇筑	m²	20	0.898	17.96
4	屋面及其他	m²	45	0.31	13.95
	小计	元	—	—	84.91
五	直接费合计	元			565.54
六	管理费	（五）×8%	元	8%	—	45.24
七	利润	（五）×10%	元	10%	—	56.55
八	税金	（五+六+七）×3%	元	3.00%	—	20.03
九	综合单价	建筑面积3989m²	元		687	

表4-57　外墙石材价格分析表（案例一）

计量单位：1m

分项部位：窗间墙线条 - 南侧

序号	材料名称	规格材质	单位	单价/元	材料用量	合价/元	说明
一			材料费				（1）石材与混凝土柱面贴近，设预埋件与挂件连接即可。
1	花岗岩幻彩麻	300mm×200mm	m	280.00	1.010	282.80	（2）石材外表面抛光处理，每个侧面5元/m，<300mm宽度价格不变。
2	花岗岩幻彩麻	100mm×100mm×2条	m	60.00	2.020	121.20	（3）专业分包合同中包含脚手架时，还应考虑脚手架的搭设及租赁费用。
3	镀锌钢龙骨	6#槽钢、40mm×4mm角钢	kg	5.40	—	0.00	（4）按条形块料考虑石材价格，加工厂改锯按两个切口考虑10元/m。
4	不锈钢理件	150mm×80mm×5mm	kg	5.50	5.000	27.50	（5）分包人自行填报列项，为分包招标留有分包人填写内容权利，固定包死单价不变方式，施工过程中出现漏项分包不得再增加。
5	膨胀螺栓、化学螺栓	M12×110mm、M12×160mm	套	2.80	4.000	11.20	（6）利润可以让分包人自行填报，税金按施工当前税率填写
6	不锈钢镀锌挂件及连接件	70mm×40mm×4mm、M10×30mm	套	3.30	4.000	13.20	
7	石材胶及密封胶	—	支	35.00	0.300	10.50	
8	其他材料费	小五金件及其他	项	15.00	1.000	15.00	
	材料费小计		元	—	—	481.40	
二			加工费				
1	改锯加工费	300mm×200mm	m	10.00	1.00	10.00	
2	改锯加工费	100mm×100mm×2条	m	10.00	2.00	20.00	
3	表面抛光	线条表面	面	5.00	11.00	55.00	
	加工费小计		元	—	—	85.00	

石材构件

213

序号	材料名称	规格材质	单位	单价/元	材料用量	合价/元	说明
三	人工费						
1	龙骨焊接人工费	—	m	50.00	—	0.00	
2	石材安装人工费	—	m	200.00	1.00	200.00	
	人工费小计		元	—	—	200.00	
四	机械费						
1	机械使用费	—	项	5.00	1.00	5.00	
	机械费小计		元		—	5.00	
五	其他（如有）						
1	分包人自行填报	—	元	—	—	—	
2	……	—	元	—	—	—	
	其他费用小计		元	—	—	0.00	
六	直接费合计	不包含税票	元	—	—	771.40	
七	利润	（六）×4.50%	元	—	4.50%	34.71	
八	税金	（六＋七）×9.00%	元	—	9.00%	72.55	
九	综合单价	（六＋七＋八）	元		879		

表4-58 外墙石材价格分析表（案例二）

计量单位：1m

分项部位：窗间墙·檐口造型1

序号	材料名称	规格材质	单位	单价/元	材料用量	合价/元	说明
一	材料费						(1) 石材与混凝土梁面贴近，设预埋件与挂件连接即可。
1	花岗岩幻彩麻	300mm×200mm	m	280.00	1.010	282.80	(2) 石材外表面抛光处理，弧形表面价格按5元/m×2，<300mm宽度价格不变。
2	花岗岩幻彩麻	150mm×100mm	m	80.00	1.010	80.80	(3) 如果专业分包合同包含脚手架时，还应考虑脚手架的搭设及租赁费用。
3	花岗岩幻彩麻	50mm×50mm×2条	m	35.00	2.020	70.70	(4) 按条形块料考虑石材价格，加工厂改锯按两个切口10元/m考虑，弧形20元/m。
4	镀锌钢龙骨	6#槽钢，40mm×4mm角钢	kg	5.40	—	0.00	(5) 此部位是水平方向，预埋件设4个/m。
5	不锈钢埋件	150mm×80mm×5mm	kg	5.50	10.000	55.00	(6) 分包人自行填报列项，为分包招标留有分包人填写内容权利，固定包死单价方式，施工过程中出现漏项分包不得增加。
6	膨胀螺栓、化学螺栓	M12×110mm，M12×160mm	套	2.80	8.000	22.40	(7) 利润可以让分包人自行填报，税金按施工当前税率填写
7	不锈钢镀锌挂件及连接件	70mm×40mm×4mm，M10×30mm	套	3.30	8.000	26.40	
8	石材胶及密封胶	—	支	35.00	0.600	21.00	
9	其他材料费	小五金件及其他	项	15.00	1.000	15.00	
	材料费小计		元	—	—	574.10	
二	加工费						
1	改锯加工费（弧形）	300mm×200mm	m	20.00	1.00	20.00	
2	改锯加工费	50mm×50mm×2	m	10.00	2.00	20.00	
3	表面抛光	线条表面	面	5.00	9.00	45.00	
	加工费小计		元	—	—	85.00	

石材构件

序号	材料名称	规格材质	单位	单价/元	材料用量	合价/元	说明
三	人工费						
1	龙骨焊接人工费	—	m	50.00	—	0.00	
2	石材安装人工费	—	m	230.00	1.00	230.00	
	人工费小计		元	—	—	230.00	
四	机械费						
1	机械使用费	—	元	5.00	1.00	5.00	
	机械费小计		元	—	—	5.00	
五	其他（如有）						
1	分包人自行填报	—	元	—	—	—	
2	……	—	元	—	—	—	
	其他费用小计		元	—	—	0.00	
六	直接费合计	不包含税票	元	—	—	894.10	
七	利润	（六）×4.50%	元	—	4.50%	40.23	
八	税金	（六+七）×9.00%	元	—	9.00%	84.09	
九	综合单价	（六+七+八）	元	—	1018		

本案部位

216

表4-59 外墙石材价格分析表（案例三）

分项部位：窗间墙-檐口造型2

计量单位：1m

序号	材料名称	规格材质	单位	单价/元	材料用量	合价/元	说明
一	材料费						(1) 设预埋件与槽钢焊接、挂件固定在槽钢上、分三块石材粘接。 (2) 石材外表面抛光处理，弧形表面价格按5元/m×2，<300mm宽度价格不变。 (3) 专业分包合同中包含脚手架的搭设及租赁费用。 (4) 按条形块料考虑石材价格，加工厂改锯按两个切口10元/m考虑，弧形20元/m。 (5) 分包人自行填报列项，为分包招标留有分包人填写内容权利，固定包死单价方式，如果施工过程中出现漏项分包不得再增加。 (6) 利润可以让分包人自行填写，税金按施工当前税率填写
1	花岗岩幻彩麻	150mm×30mm	m	40.00	1.010	40.40	
2	花岗岩幻彩麻	80mm×30mm	m	20.00	1.010	20.20	
3	花岗岩幻彩麻	150mm×100mm	m	80.00	1.010	80.80	
4	镀锌钢龙骨	6#槽钢，40mm×4mm角钢	kg	5.40	7.500	40.50	
5	不锈钢埋件	150mm×80mm×5mm	kg	5.50	5.000	27.50	
6	膨胀螺栓、化学螺栓	M12×110mm，M12×160mm	套	2.80	4.000	11.20	
7	不锈钢镀锌挂件及连接件	70mm×40mm×4mm，M10×30mm	套	3.30	6.000	19.80	
8	石材胶及密封胶	—	支	35.00	0.200	7.00	
9	其他材料费	小五金件及其他	项	15.00	1.000	15.00	
	材料费小计		元	—	—	262.40	
二	加工费						
1	改锯加工费（弧形）	150mm×100mm	m	20.00	1.00	20.00	
2	改锯加工费	—	m	10.00	—	0.00	
3	表面抛光	线条表面	面	5.00	4.00	20.00	
	加工费小计		元	—	—	40.00	

石材构件

续表

序号	材料名称	规格材质	单位	单价/元	材料用量	合价/元	说明
三			人工费				
1	龙骨焊接人工费	—	m	50.00	1.000	50.00	
2	石材安装人工费	—	m	180.00	1.00	180.00	
	人工费小计		元	—	—	230.00	
四			机械费				
1	机械使用费	—	项	5.00	1.00	5.00	
	机械费小计		元	—	—	5.00	
五			其他（如有）				
1	分包人自行填报	—	元	—	—	—	
2	……		元	—	—	—	
	其他费用小计		元	—	—	0.00	
六	直接费合计	不包含税票	元	—	—	537.40	
七	利润	（六）×4.50%	元	—	4.50%	24.18	
八	税金	（六+七）×9.00%	元	—	9.00%	50.54	
九	综合单价	（六+七+八）	元	—	612		

本案部位

218

表4-60 外墙石材价格分析表（案例四）

分项部位：窗同墙 - 柱墩造型

计量单位：1墩

序号	材料名称	规格材质	单位	单价/元	材料用量	合价/元	说明
一		材料费					（1）设预埋件与角钢焊接，槽钢四角竖立焊牢，凹回处由角钢连接，再由边接件固定。 （2）柱墩外表面面积为2.15m²，单独计算墩价格，墙面分包价格另行分别计算。 （3）分包人自行报列项，为分包招标留有分包价，如果施工过程中出现写内容权利，固定包死单价方式，漏项可以让分包人自行填报。 （4）利润可以让分包人自行增加，税金按施工当前税率填写
1	花岗岩幻彩麻	1650mm×1300mm×30mm	m²	280.00	2.360	660.80	
2	镀锌钢龙骨	6#槽钢	kg	5.40	31.680	171.07	
3	镀锌钢龙骨	40mm×4mm 角钢	kg	5.40	15.000	81.00	
4	不锈钢埋件	150mm×80mm×5mm	kg	5.50	10.000	55.00	
5	膨胀螺栓、化学螺栓	M12×110mm、M12×160mm	套	2.80	8.000	22.40	
6	不锈钢镀锌挂件及连接件	70mm×40mm×4mm、M10×30mm	套	3.30	24.000	79.20	
7	石材胶及密封胶	—	支	35.00	1.500	52.50	
8	其他材料费	小五金件及其他	项	15.00	1.000	15.00	
	材料费小计		元	—	—	1136.97	
二		加工费					
1	改锯加工费	—	刀	5.00	10.00	50.00	
2	表面抛光	无	面	5.00	—	0.00	
	加工费小计		元	—	—	50.00	

219

序号	材料名称	规格材质	单位	单价/元	材料用量	合价/元	说明
三			人工费				
1	龙骨焊接人工费	—	墩	200.00	1.000	200.00	
2	石材安装人工费	—	墩	280.00	1.00	280.00	
	人工费小计		元	—	—	480.00	
四			机械费				
1	机械使用费	—	项	10.00	1.00	10.00	
	机械费小计		元	—	—	10.00	
五			其他（如有）				
1	分包人自行填报	—	元	—	—	—	
2	……	—	元	—	—	—	
	其他费用小计		元	—	—	0.00	
六	直接费合计	不包含税票	元	—	—	1676.97	
七	利润	（六）×4.50%	元	—	4.50%	75.46	
八	税金	（六＋七）×9.00%	元	—	9.00%	157.72	
九	综合单价	（六＋七＋八）	元		1910		

4.4 常见成本价格参考数据

本节将对常见成本价格参考数据进行详细列举分析，如表 4-61～表 4-79 所示，供读者进行参考使用。

表 4-61 二次结构（BM 连锁空心砌块）参考成本价格（扩大劳务价格）

序号	项目名称	单位	单价 / 元	综合分析	
				人工费 / 元	材料费 / 元
1	100mm BM 连锁空心砌块	m³	690	390	300
2	150mm BM 连锁空心砌块	m³	680	380	300
3	200mm BM 连锁空心砌块	m³	670	370	300
4	250mm BM 连锁空心砌块	m³	660	360	300
5	300mm BM 连锁空心砌块	m³	660	360	300

注：（1）工作内容：①BM 空心砌块，强度等级 MU3.5；②勾缝；③砂浆强度等级、配合比，专用配套砂浆砌筑。
（2）其他备注：①含芯柱、系梁钢筋、混凝土施工（钢筋混凝土甲供）；②含钢筋、植筋制作安装；③不含卫生间止水台施工；④粘接剂采用专用胶粉；⑤含税 3%。

表 4-62 二次结构（混凝土散水）参考成本价格（扩大劳务价格）

序号	项目名称	单位	单价	综合分析	
				人工费 / 元	辅材费 / 元
1	混凝土散水	m²	17	15	2
2	150mm 灰土垫层	m²	13	10	3
3	原土夯实地面	m²	4	4	0
4	分格缝、灌缝材料	m²	2	1.5	0.5

注：（1）工作内容：① 80mm 厚 900mm 宽 C15 混凝土随打随抹面；② 150mm 厚灰土垫层；③原土夯实地面。
（2）其他备注：①混凝土由发包方提供，其余材料由分包方提供，水泥砂浆采用成品砂浆；②含税 3%。

表 4-63 二次结构（加气砌块）参考成本价格（扩大劳务价格）

序号	项目名称	单位	单价 / 元	综合分析	
				人工费 / 元	材料费 / 元
1	100mm 蒸压加气混凝土砌块	m³	590	330	260
2	150mm 蒸压加气混凝土砌块	m³	590	330	260
3	200mm 蒸压加气混凝土砌块	m³	580	320	260
4	250mm 蒸压加气混凝土砌块	m³	580	320	260
5	300mm 蒸压加气混凝土砌块	m³	570	310	260

注：（1）工作内容：①砌块强度等级 MU3.5；② M5 水泥砂浆砌筑；③包括墙体拉结钢筋的加工及植筋。
（2）其他备注：①包括所有为砌筑工程所发生的人工费、材料费（钢筋除外）等，包括但不限于砌块、砂浆、植筋、放线、脚手架搭设等，包括拉墙筋布设，木砖（混凝土预制块）加设，安装管道施工后的洞口封堵及完成砌筑工程的相关措施项目；②含税 3%。

表 4-64 二次结构（轻集料混凝土）参考成本价格（扩大劳务价格）

序号	项目名称	单位	单价／元	综合分析	
				人工费／元	材料费／元
1	100mm 轻集料混凝土空心砌块	m³	590	340	250
2	150mm 轻集料混凝土空心砌块	m³	590	340	250
3	200mm 轻集料混凝土空心砌块	m³	570	320	250
4	300mm 轻集料混凝土空心砌块	m³	560	310	250

注：（1）工作内容：①砌块强度等级 MU5.0；②M5 水泥砂浆砌筑；③包括墙体拉结钢筋的加工及植筋。

（2）其他备注：①包括所有为砌筑工程所发生的人工费、材料费（钢筋除外）等，包括但不限于砌块、砂浆、植筋、放线、脚手架搭设等，包括拉墙筋布设，木砖（混凝土预制块）加设，安装管道施工后的洞口封堵及完成砌筑工程的相关措施项目；②含税 3%。

表 4-65 二次结构（二次混凝土）参考成本价格（扩大劳务价格）

序号	项目名称	单位	单价／元	综合分析	
				人工费／元	辅材费／元
1	圈梁、过梁、构造柱、压顶	m³	900	850	50
2	零星混凝土	m³	1000	950	50
3	素混凝土防水台	m³	450	400	50
4	设备基础 1m³ 以内	m³	450	400	50

注：（1）工作内容：钢筋植筋、加工绑扎、模板制作安装及拆除、混凝土浇筑。

（2）其他备注：①钢筋、混凝土、模板木方由发包方提供，其余材料由分包方提供，含泵送费（相关的机械及人工费用），人工转运费，无法泵送的人工转运费；②含税 3%。

表 4-66 抹灰粘墙砖工程参考成本价格（扩大劳务价格）

序号	项目名称	单位	单价／元	综合分析	
				人工费／元	辅材费／元
1	20mm 厚 1：3 水泥砂浆压光	m²	25	20	5
2	30mm 厚玻化微珠无机保温砂浆	m²	59	35	24
3	免抹灰墙面门窗洞口收口	m	13	11	2
4	修补二次补线槽	m	10	8	2
5	卫生间墙面 200mm×300mm 面砖	m²	55	49	6
6	水泥砂浆踢脚线	m	22	20	2
7	面砖踢脚线	m	32	30	2
8	聚合物水泥砂浆防水	m²	30	22	8

注：（1）工作内容：①水泥砂浆压光、粘贴墙面砖；②混凝土与砌体处接缝钉丝网片；③墙体浇水湿润，接驳水路管线；④灰饼打点，脚手架搭设等。

（2）其他备注：①包工包料，包含门、窗洞口收口，水泥砂浆采用成品砂浆，面砖甲供；②墙面面砖价格不含打底灰价格；③含税 3%。

表 4-67 楼地面、屋面工程参考成本价格（扩大劳务价格）

序号	项目名称	单位	单价/元	综合分析	
				人工费/元	辅材费/元
1	40～70mm 厚 C30 细石混凝土、网丝网片	m²	18	17	1
2	面撒非金属耐磨地坪材料，抹平机	m²	18	9	9
3	20mm 厚水泥砂浆找平层	m²	28	20	8
4	地面收光，随打随抹平	m²	6	5	1
5	地面粘贴面砖	m²	60	45	15
6	地面粘贴石材	m²	70	55	15
7	水泥砂浆楼梯面（投影面积）	m²	75	55	20
8	台阶、坡道水泥砂浆面层	m²	90	65	25
9	平瓦屋面（含挂木瓦条）	m²	90	70	20
10	水泥憎水性膨胀珍珠岩，平均厚 100mm	m²	41	15	26

注：（1）工作内容：①地面浇水湿润；②浇筑混凝土；③面砖铺贴；④砂浆铺设；⑤浇水养护，成品保护；⑥材料从仓库到作业面的运输；⑦素水泥浆结合层。

（2）其他备注：①屋面瓦、地面砖、钢筋网片、混凝土、石材由发包方提供，其余材料由分包方提供，含泵送费（相关的机械及人工费用），人工转运费，无法泵送的人工转运费；②含税 3%。

表 4-68 墙面涂料参考成本价格（专业分包价格）

序号	项目名称	单位	单价/元	综合分析	
				人工费/元	材料费/元
1	室内乳胶漆两遍（含基层处理，满刮腻子两遍，刷底层涂料）	m²	23	14	9
2	室内高级环保型腻子涂料	m²	30	16	14
3	外墙高级环保涂料	m²	34	20	14

注：（1）工作内容：①墙面打磨、顶棚清理；②墙面腻子修补；③材料运输，保管仓库堆放；④吊篮架、脚手架搭设等。

（2）其他备注：①包工包料，包含门、窗洞口收口；②含税 3%。

表 4-69 工业厂房基础钢筋混凝土参考成本价格（清包工价格）

序号	项目名称	单位	单价/元	综合分析	
				人工费/元	辅材费/元
1	浇筑垫层混凝土	m²	22	15	7
2	浇筑柱墩混凝土及短柱	m³	43	40	3
3	浇筑混凝土基础梁	m³	48	45	3
4	柱墩、短柱、基础梁钢筋综合价	t	1150	1000	150

序号	项目名称	单位	单价/元	综合分析	
				人工费/元	辅材费/元
5	柱墩及短柱模板支拆	m²	65	60	5
6	基础梁模板	m²	70	65	5
7	地面200mm厚混凝土（收光）	m²	27	25	2
8	地面单层钢筋 $\phi12@200mm\times200mm$	m²	9	8.5	0.5
9	地面300mm厚灰土垫层，人工配合平整	m²	11	10.5	0.5

注：（1）工作内容：①混凝土浇筑，养护；②钢筋制作绑扎；③材料运输，保管仓库堆放；④模板支拆，清理归堆等。

（2）其他备注：①除垂直运输机械、大型机械外，包括机械设备；②混凝土、模板、架体支撑、钢筋甲供，其他乙供；③含税3%。

表4-70 临时砖围墙参考成本价格（清包工价格）

序号	项目名称	单位	单价/元	综合分析	
				人工费/元	辅材费/元
1	土方人工挖填	m³	50	47	3
2	砌筑砖基础及围墙	m³	300	240	60
3	围墙抹水泥砂浆	m²	20	19	1

注：（1）工作内容：①土方开挖回填；②砌筑砖基础；③砌筑砖围墙；④搭设脚手架，抹灰等。

（2）其他备注：①砌体材料、水泥砂浆甲供，其他材料乙供；②含税3%。

表4-71 钢筋植筋劳务价格参考

钢筋规格	植筋深度/mm	单价/（元/根）	钢筋规格	植筋深度/mm	单价/（元/根）
$\phi6$	≥80	0.70	$\phi8$	≥80	0.70
$\phi10$	≥100	1.80	$\phi12$	≥100	1.80
$\phi14$	≥140	2.50	$\phi16$	≥140	3.00
$\phi18$	≥160	6.00	$\phi20$	≥160	19.00
$\phi22$	≥160	21.00	$\phi25$	≥200	26.00

（1）二次结构单项承包时，植筋规格综合平均参考单价1.30元/根，其中包含税金3%。

（2）主体结构修缮植筋超出植筋深度或工作作业面限制时，可参考此表乘系数1.2。

（3）植筋深度本表参考常规深度考虑，深度与混凝土强度等级、室内外环境等有关，具体设计要求详图纸或标准图集

注：本表不适用于零星植筋项目，包括临时脚手架及机械费用，除钢筋甲供外，包括所有材料费用。

表 4-72 防水专业分包综合价格参考

分项名称	规格型号	综合单价 /（元 /m²）	备注
聚合物水泥防水砂浆	10mm 厚	80	—
JS 水泥基防水涂料	1.5mm 厚	50	—
聚酯胎 SBS 改性沥青防水卷材	3mm 厚	54	—
聚酯胎 SBS 改性沥青防水卷材	4mm 厚	66	—
聚氨酯防水涂料	1.5mm 厚	55	—
APP 改性沥青防水卷材	3mm 厚	50	—
聚乙烯丙纶高分子防水卷材	1.5mm 厚	35	—
环氧沥青涂层	0.5mm 厚	18	环氧沥青 15 ～ 18 元 /kg，用于基础混凝土表面
水泥基渗透结晶型防水涂料	1mm 厚	36	—

（1）本表价格是包工包料成本价格，包含税金 3%。

（2）如今化工材料价格变化很快，加上环保检查等影响，具体时间和地区差异较大。

（3）防水的材料厚度不同时，可按人工占综合价的 30%，材料占综合价的 70% 估算。比如聚酯胎 SBS 改性沥青防水卷材 3mm 厚 54 元 /m²，图纸中为 4mm 厚，可得：$54\times30\%+54\times70\%/3\times4=66.6$（元 /m²）

注：本表材料价格按综合市场平均价格考虑，是标准合格材料价格。市场上一些非标准材料价格偏差较大，企业采购时要询问实际价格。

表 4-73 涂刷专业分包综合价格参考　　　　　　　　　　　　　　　　　　单位：元 /m²

分项名称	规格型号	综合单价	其中	
			人工	材料
室内墙面顶棚涂料腻子、乳胶漆	两遍	23	14	9
室内高级环保腻子涂料	彩色	30	16	14
外墙高级环保涂料	弹涂	40	26	14
外墙真石漆	—	113	43	70
砂壁状涂料	分格型	150	60	90
硅藻泥无机涂料	—	85	—	—
自流平地面	—	25	12	13
防静电环氧涂层地面	2 ～ 5mm 厚	95	—	—
防油金属骨料耐磨地面	2 ～ 3mm 厚	240	—	—
环氧玻璃钢地面	1mm 厚	160	—	—
环氧玻璃钢树脂墙裙	1mm 厚	80	—	—

（1）本表价格是包工包料成本价格，包含税金 3%。

（2）如今化工材料价格变化很快，加上环保检查等影响，具体时间和地区差异较大。

（3）涂刷遍数不同时，可按人工占综合价的 50%，材料占综合价的 50% 估算

注：本表材料价格按照综合市场平均价格考虑，是标准合格材料价格。市场上一些非标准材料价格偏差较大，企业采购时要询问实际价格。

表4-74　保温专业分包综合价格参考　　　　　　　　　　　　　　　　单位：元/m²

分项名称	规格型号	综合单价	其中	
			人工	材料
挤塑聚苯保温板（XPS）90mm 厚	B1 级	127	40	87
聚苯乙烯泡沫塑料板（EPS），用于地下室外墙	50mm 厚	35	10	25
无机保温砂浆	25mm 厚	62	30	32
聚苯颗粒保温料浆	30mm 厚	70	45	25
喷涂聚氨酯保温层，用于冷库	120mm 厚	135	45	90
聚苯乙烯夹心板墙面	100mm 厚	155	35	120
酚醛泡沫板 60mm 厚	A 级	155	35	120
岩棉保温板	50mm 厚	130	50	80
玻璃棉保温板（普通）	50mm 厚	120	45	75

（1）本表价格是包工包料成本价格，包含税金 3%。

（2）保温材料密度是影响价格的最主要因素。

注：本表材料价格按照综合市场平均价格考虑，是标准合格材料价格。市场上一些非标准材料价格偏差较大，企业采购时要询问实际价格。

表4-75　石材线条综合价格参考

分项名称	规格型号	单位	综合单价	其中	
				人工	材料
大理石地面（国产深咖）	30mm 厚	元/m²	325	45	280
花岗岩墙面	25mm 厚	元/m²	600	150	450
花岗岩路牙石 1000mm×300mm×100mm	—	元/m	78	28	50
花岗岩门窗套线条	100mm×80mm	元/m	560	200	360
大理石窗台板	25mm 厚	元/m	250	40	210
花岗岩扶手栏杆	宝瓶柱	元/m	1300	400	900
大理石洗水台面（800mm×600mm）	25mm 厚	元/m²	550	200	350
石材线条加工磨边	每刀	元/m	15	15	—
石材线条胶黏拼接	厚 100mm 内	元/m	8	4	4
石材线条抛（磨）光处理	—	元/m	5	5	—

（1）本表价格是包工包料成本价格，包含税金 3%。

（2）环保治理对石材开采有很大影响。

注：本表材料价格综合市场平均价格考虑，是标准合格材料价格。

表4-76 门窗栏杆参考价格

	主材	类别	成本价参考
室外门窗	塑钢门窗（双层中空）	白色进口型材	300～400元/m²
		双色共挤进口型材	400～500元/m²
		双色共挤进口型材，表面贴装饰膜	500～650元/m²
	铝合金门窗	断桥隔热型材，表面粉末喷涂	500～600元/m²
		非断桥，电泳，粉末喷涂	350～400元/m²
		断桥隔热型材，表面木纹喷涂	600～650元/m²
入户门 1m×2.1m	普通钢质入户门	表面粉末喷涂或热转印，国产机械锁具	800～1300元/樘
	钢木复合入户门	表面贴木皮，国产机械锁具	2350～3000元/樘
	木质入户门	实木贴皮，高档锁具	6000元/樘
栏杆	楼梯栏杆	圆钢、扁钢或方钢管，表面环氧面漆	150～200元/m
	阳（露）台栏杆	普通铁艺栏杆，表面镀锌或喷塑	200～250元/m
		花式铁艺，表面静电喷涂，铝型材方通栏杆	300～400元/m
		夹胶玻璃	400～450元/m
	护窗栏杆	圆钢、扁钢，表面油漆	80～100元/m
		型钢（方管），表面油漆；铝合金栏杆	100～120元/m
		镀锌钢管	200～250元/m

注：本表材料价格按照综合市场平均价格考虑，是包工包料成本价格，包含税金3%。

表4-77 各类清单人工价格参考

序号	项目名称	单位	单价	工程量计算规则	工作内容	备注
一	桩基破除工程					
1	凿灌注桩桩头（桩径400～600mm）	元/根	70～90	按设计图示数量计算	桩头凿除、凿除面清理、钢筋切割及调直、将桩头运输至坑外等全部工作内容，包括凿除机械	桩头长度1.5m以内，超出者按两根计算
2	凿灌注桩桩头（桩径700～800mm）	元/根	100～120			
3	凿灌注桩桩头（桩径1000mm）	元/根	150～180			
4	凿CFG桩桩头	元/根	20～25			
5	截管桩（桩径600～800mm）	元/根	40～50	按现场签证的实际数量计算	截断桩头、凿平清理、将桩头运输至坑外等全部工作内容，包括凿除机械	—
6	截方桩（桩径400～800mm）	元/根	35～80			空心
7	截方桩（桩径200～600mm）	元/根	65～130			实心

序号	项目名称	单位	单价	工程量计算规则	工作内容	备注
二	拆除工程（零星拆除）					
1	钢筋混凝土基础及结构拆除	元/m³	350～450	按原构件体积计算	混凝土破除、钢筋剔凿、切割成捆，堆放到指定地点、现场清理、废料装车、运输、卸至场内指定地点等全部工作内容	—
2	素混凝土基础及结构拆除	元/m³	150～260		混凝土破除、现场清理、废料装车、运输、卸至场内指定地点等工作内容	—
3	砖墙破坏性拆除	元/m³	100～130		砖砌体破除、现场清理、废料装车、运输、卸至场内指定地点等全部工作内容	人工小面积拆除
4	砖墙保护性拆除	元/m³	150～240			
5	混凝土路面（无筋）拆除	元/m³	60～85	按实际拆除体积计算	含拆除、清底、装车、运输、卸车、弃土场整理等全部工作内容	包括机械费
6	混凝土路面（有筋）拆除	元/m³	90～120			
7	沥青混凝土路面拆除	元/m³	60～70			
8	混凝土砖人行道拆除	元/m²	10～15	按实际拆除面积计算	拆除、清底、运输、旧料清理成堆等全部工作容	—
三	其他作业项目					
1	水泵排水 DN25	元/(台·昼夜)	25～35	按实际台班数量计算（一昼夜为一个台班）	安装抽水机械、接通电源、抽水、拆除抽水设备并回收入库，包括看护人员工资等全部内容	不含电费及水泵使用费
2	水泵排水 DN50	元/(台·昼夜)	30～40			
3	水泵排水 DN100	元/(台·昼夜)	45～55			
4	水泵排水 DN150	元/(台·昼夜)	50～65			

序号	项目名称	单位	单价	工程量计算规则	工作内容	备注
5	止水带安装	元/m	10～15	按设计图示尺寸延长米计算	橡胶或金属止水带的领取、成型、运输、定位、固定、搭接或焊接等全部工作内容	不含橡胶或金属止水带材料费
6	通风道、烟道预制构件安装	元/m	20～25		构件安装、砂浆制作、运输、接头灌缝、养护等全部工作内容	不含风道烟道材料费
7	室内地面垫层（各类灰土垫层）	元/m³	40～50	按设计图纸尺寸以体积计算	筛灰、闷灰、灰土拌和、回填土装车、运输、卸土，灰土回填夯实、回填区域修整、现场内行驶道路养护等全部工作内容	仅场内运输，不含场外
8	室内砂石垫层	元/m³	38～45		清理基层、拌料、摊铺、找平、分层夯实等全部工作内容	—
9	楼地面水泥砂浆 找平层20mm厚	元/m²	18～23	按设计图示尺寸以面积计算	清理基层、砂浆搅拌、运输、刷素水泥浆、抹面、压光、养护等全部工作内容	—
10	地坪混凝土浇筑（厚度≤150mm）	元/m²	23～28		室内混凝土水平运输，混凝土浇筑、捣固、养护、压光找平、切缝等全部工作内容	含分格模板支拆
11	地坪混凝土浇筑（厚度＞150mm）	元/m²	23～25			
12	内墙、天棚抹灰	元/m²	24～28	按设计图示尺寸以面积（不分遍数）计算，不计算门窗洞口侧壁面积	脚手架搭拆（简易架）、清理、修补、刷处理剂、堵墙眼、砂浆搅拌、运输、清扫落地灰、拉毛、挂网、分层抹平（压光）、勾分格缝、配合试块制作等全部工作内容	
13	外墙抹灰（打底）	元/m²	20～25			不含堵螺栓孔

序号	项目名称	单位	单价	工程量计算规则	工作内容	备注
14	内墙墙面砖铺设	元/m²	55～65	按设计图示尺寸以镶贴面积计算	脚手架搭拆、砂浆搅拌调运、清理基层、试排弹线、锯板修边、铺贴饰面（包含门窗洞口侧面墙砖）、清理净面、材料运输等全部工作内容	—
15	西瓦或水泥瓦安装（干挂）10～13 片/m²	元/m²	65～80	按设计图示尺寸以屋面结构板面积计算	包括但不限于 −25mm×5mm 钢板顺水条，中距 500mm，∟30mm×4mm 角钢挂瓦条，中距按瓦材规格，固定挂瓦用的钢筋及铜丝、铺灰盖瓦、抹平瓦、安脊瓦、修齐瓦口边线、清扫瓦面、冷瓷漆涂色、完工清理、成品保护（不区分屋面坡度，综合考虑）	不含屋面瓦、脊瓦、砂浆材料费，需要搭设脚手架另计
16	西瓦或水泥瓦安装（非屋面挂瓦式）10～13 片/m²	元/m²	55～70	按设计图示尺寸以屋面结构板面积计算	包括但不限于基层水泥砂浆铺设、钢筋网铺设、固定挂瓦用的钢筋及铜丝、铺灰盖瓦、抹平瓦、安脊瓦、修齐瓦口边线、清扫瓦面、冷瓷漆涂色、完工清理、成品保护	
17	挂网喷射混凝土护坡（50mm 厚 C20 混凝土），含土钉锚杆	元/m²	60～80	按设计图示尺寸以面积计算	脚手架搭拆、基层清理、修补、钢筋制安、挂钢筋（板）网、锚固钢筋固定、分层喷射细石混凝土、抹平（压光）等全部工作内容	—

表 4-78 基坑边坡支护及桩基价格分析表

编码	项目名称	工作内容及特征描述	单位	综合单价	备注
001	土钉墙/挂网喷射混凝土	(1) 土钉墙采用二级放坡、第一级坡高 2m，坡比 1：0.6，第二级坡比 1：0.4。采用三道土钉； (2) 第一道土钉采用 φ16 钢筋，长度为 4.8m，水平间距 1.5m，竖向间距 1.4m；第二道土钉采用 φ16 钢筋，长度为 5.3m，水平间距 1.5m，竖向间距 1.4m；第三道土钉采用 φ16 钢筋，长度为 5.3m，水平间距 1.5m，竖向间距 1.4m； (3) 双向钢筋网片规格为 φ6@250mm×250mm，双向加强筋为 φ14； (4) 面层材料为 C20 细石混凝土，厚度 80mm； (5) 包含挡水墙	元/m²	130～150	地基为一般土，若遇岩石块粒，土钉打孔系数增加 1.2 倍，土钉打孔采用机械施工
002	CFG 桩	(1) CFG 桩施工方法为长螺旋钻孔、管内泵压混合料灌注成桩，桩身混凝土强度不低于 C20； (2) CFG 桩桩径 400mm，整体采用正方形布桩法，桩心间距详见平面图； (3) 满足图纸设计要求	元/m³	500～550	地基为一般土，常用于华北地区
003	铺设褥垫层	(1) 褥垫层材料采用碎石，厚度为 200mm； (2) 粒径宜为 8～20mm，最大粒径不宜大于 30mm；采用静力压实法，夯填度不大于 0.9	元/m³	100～120	—
004	凿 CFG 桩头	(1) CFG 桩桩径 400mm； (2) 必须满足现场及图纸要求，综合考虑截桩长度及截桩次数	元/个	20～25	采用半机械化作业

编码	项目名称	工作内容及特征描述	单位	综合单价	备注
005	挖桩间土方	(1) 土壤类别综合考虑； (2) 挖桩间土，达到设计标高及褥垫层施工要求； (3) 基底清平及集水坑人工挖土； (4) 满足建设设计方及设计要求	元/m³	20～25	机械作业人工配合
006	桩间土、桩身土、凿桩头头外运	(1) 超灌桩身土、桩间土、桩身土、凿除的混凝土桩头装车及外运，运距自定； (2) 满足甲方及设计要求	元/m³	15～20	跟随挖土机作业同时开展
007	打拔拉森钢板桩（长12m）	桩材堆放、场内运桩、喂桩、打桩、拔桩、桩孔封闭回填、检验试验及安全措施等全部工作内容		350～400	—
008	拉森钢板桩租赁费（长12m）	24小时租赁，按现场实际使用的数量×天数（每天按24小时计）计算	元/根	12～15	—
009	拉森钢板桩进出场费（含吊装）	材料进场、出场、运卸至施工地点等全部工作内容		70～80	—

表4-79 市政管网工程劳务单价分析表

序号	项目名称	单位	单价	工程量计算规则	工作内容	备注
一				管网土方		
1	机械挖沟槽土方（坑边甩土）	元/m³	10～12	设计图示尺寸以自然体积计算	排地表水、土方开挖、挡土板支拆等全部工作内容	—
2	机械填土碾压	元/m³	15～18	按回填土压实的体积计算	坑边机械取运土、推平、分层碾压、局部人工修整、分层夯实等全部工作内容	不含换土回填购土材料费
3	碎石（含级配）回填（运距1km）	元/m³	28～35	按回填压实后的体积计算	拌料、找平、分层夯实等全部工作内容	不含材料费
二				污水管		
1	钢筋混凝土承插口管道敷设 DN300～500	元/m	35～50	按设计图示管道中心线长度以延长米计算	材料场内运输、下管、槽内排管、安装胶圈、对口、接缝处理、固定、闭水试验等全部工作内容	不含钢筋混凝土管（带胶圈）材料费
2	铸铁管铺设 DN600～1000	元/m	55～150			
3	铸铁管铺设 DN1200～1500	元/m	160～200			
4	HDPE 双壁波纹管 DN300～600	元/m	25～70	按设计图示管道中心线长度以延长米计算	材料场内运输、下管、对口、固定、槽内排管、闭水试验等全部工作内容	不含任何材料费
5	HDPE 双壁波纹管 DN700～1000	元/m	80～110			
6	管道混凝土基础	元/m³	75～85	按设计图示尺寸以体积计算	清积水、放线、打基础、做管座、配合管道安装等全部工作内容	不含任何材料费
7	砖井，直径 0.8～1.25m，井深 2m	元/座	1700～2700	按设计图示数量计算	井位开挖、垫层、底板、砌筑、抹面、爬梯、盖板、井周回填、井盖安装等全部工作内容	不含混凝土、钢筋、井盖等材料费
8	砖井，直径 1.5～1.8m，井深 2m	元/座	2800～3600			

4.5 常见周转材料含量及价格数据分析

本节将对常见周转材料含量及价格数据进行详细列举分析，如表 4-80 ~ 表 4-84 所示，供读者进行参考使用。

表 4-80　外墙双排脚手架理论含量（搭设面积 1000m²）

分项名称	钢管脚手架	参考依据	JGJ 130—2011
架体长度	55.55m	架体高度	18m
步　距	1.5m	连墙杆	二步三跨
立杆横距	1.05m	立杆纵距	1.5m
架体转角	3 处	架体形式	型钢悬挑
撑杆净距	15m	钢　管	ϕ48.3mm×3.6mm
名称	单位	规格	数量
钢管	m	ϕ48.3mm×3.6mm×6m	2580
钢管	m	ϕ48.3mm×3.6mm×3m	516
钢管	m	ϕ48.3mm×3.6mm×2m	148
钢管	m	ϕ48.3mm×3.6mm×1.2m	941
对接扣	个	65N·m	514
直角扣	个	65N·m	2628
旋转扣	个	65N·m	156
脚手板	m²	3000mm×200mm×45mm	66.7
工字钢	m	16#（20.5kg/m）	133
U 型固定件	套	ϕ18 钢筋、H=1.5m	76
钢丝绳	m	12mm	171
防护网	m²	1.8m×5.8m	1100
外架基础	项	混凝土 / 木板	—

注：（1）本表为双排外墙脚手架的理论消耗量计算数据，计算所取搭设面积基数为 1000m²，为项目人员和企业成本经营人员进行成本测算提供了直接数据。

（2）本表计算参考依据为《建筑施工扣件式钢管脚手架安全技术规范》（JGJ 130—2011），各尺寸符合房屋建筑楼层 3m 高型悬挑脚手架规范，可用于 12 层以上的房建高层建筑。

表 4-81 爬架价格分析表

序号	材料名称	规格材质	单位	单价 / 元	消耗用量	合价 / 元
一	材料费					
1	脚手板	200mm×4000mm	m³	2400	30	72000
2	密目网	4000mm×6000mm	m²	3.5	1800	6300
3	钢板网	—	m²	8	1900	15200
4	其他材料费	零星材料	项	9000	1	9000
	材料费小计		元	—	—	102500
二	人工费					
1	安装、提升人工费		m²	12	12600	151520
2	辅助人工费（保养、维护）		m²	2	12600	25200
	人工费小计		元	—	—	176400
三	设备租赁费					
1	架提升点位	10 个月	点·月	650×10 月	39	253500
	设备租赁费小计		元	—	—	253500
四	钢管租赁费					
1	钢管租赁	300 天	m·天	0.011×300 天	10800	35640
2	扣件租赁	300 天	m·天	0.011×300 天	8640	28512
	钢管租赁费小计		元	—	—	64152
五	直接费合计	不包含税票	元	—	—	596552
六	利润	（二）×15%	元	15%	—	26460
七	税金	（五+六）×9.0%	元	9.00%	—	56071
八	综合单价	（五+六+七）/12600	元 /m²	53.9		

注：（1）单体建筑面积 12600m²，每层建筑面积 350m²，楼层数 36F，外架体周长 120m。

（2）根据企业管理水平，本次脚手架木板按 100% 摊销考虑，钢板网按照 100% 考虑。

表 4-82 钢管脚手架价格分析表

序号	材料名称	规格材质	单位	单价 / 元	消耗用量	合价 / 元
一			租赁材料费			
1	钢管	6m	m・天	0.011	2580	28.38
2	钢管	3m	m・天	0.011	516	5.68
3	钢管	2m	m・天	0.011	148	1.63
4	钢管	1.2m	m・天	0.011	941	10.35
5	对接、直角、旋转扣	65N・m	个・天	0.01	3298	32.98
	小计		元 / 天	—	—	79.02
	租赁费小计（9天 / 层）		天	79.02	45	3555.9
二			人工费			
1	架体搭设	—	工日	180	75	13500
2	架体拆除	—	工日	180	15	2700
3	其他人工费	—	工日	180	10	1800
	人工费小计		元	—	—	18000
三			自购材料费（此部分均摊销 6 次）			
1	脚手板	3m×0.2m	m²	66.7	108÷6	1200.60
2	工字钢	16#	m	133	85÷6	1884.17
3	U 型固定件	ϕ18 钢筋	套	76	2÷6	25.33
4	钢丝绳	12mm	m	171	9÷6	256.50
5	防护网	1.8m×5.8m	m²	1100	3.5÷6	641.67
	自购材料费小计		元	—	—	4008.27
四	直接费合计	不包含税票	元	—	—	25564.17
五	利润	（二）×15%	元	15%	—	2700
六	税金	（四＋五）×9%	元	9%	—	2543.78
七	综合单价	（四＋五＋六）/1000	元 /m²	30.81		

注：（1）本表是按 1000m² 的架体用量进行测算的，架体高度 15m（5层），架体长度 66.66m。

（2）自购材料按照 6 次转换层（共 30 层楼）100% 净值考虑。

表 4-83 胶合板模板支架价格分析表

序号	材料名称	规格材质	单位	单价/元	消耗用量	合价/元
一			租赁材料费			
1	钢管	$\phi48.3\text{mm}\times3.6\text{mm}$	m	0.011	8.14	0.09
2	对接、直角、旋转扣	65N·m	m	0.011	5.43	0.06
3	山形对拉螺栓	$\phi12$	套	0.011	6	0.07
4	顶托底托	38mm	套	0.011	3	0.03
	小计		元	—	—	0.248
	配3层，每层340m²，含量2.8m²/m²		元	0.248	2856	708.29
	租赁费小计（9天/层，共30层）		元	708.29	270	191238.3
二			人工费			
1	模板搭设	—	工日	170	0.144	24.48
2	模板拆除	—	工日	170	0.052	8.84
3	模板清理归堆	—	工日	170	0.01	1.70
	小计		元	—	—	35.02
	人工费小计（模板面积28560m²）		元	35.02	28560	1000171.2
三			自购材料费			
1	胶合板	1.22×2.44	m²	33	3142①	103686
2	木方	0.05×0.035	m	6.4	18852②	120652.8
3	脚手板	200×45	m³	2400	2.5	6000
4	零星材料	—	项	600	1	600
	自购材料费小计		元	—	—	230938.8
四	直接费合计	不含税	元	—	—	1422348.3
五	利润	（二）×15%	元	15%	—	150025.68
六	税金	（四+五）×9.0%	元	9.00%	—	141513.66
七	综合单价	（四+五+六）/28560	元/m²	60.01		

注：本案例建筑面积为10200m²，标准层340m²，楼层数30层，含模量2.8m²/m²，可计算得模板面积为28560m²。胶合板按周转6次的价格考虑，共配2次，使用3套模周转。自购材料按照6次转换层（共30层楼）100%净值考虑。

① 表中消耗用量是实际测算值，胶合板用量是340×2.8×6=5712（m²），因为各企业的管理水平不同，可以考虑6次周转10次摊销，本项目按管理水平较高来测算，按0.55～0.6之间考虑，所以有5712×0.55≈3142（m²）。

② 木方按胶合板的面积配料，按1∶6控制，也就是3142×6=18852（m）。

表4-84 铝合金模板价格分析表

序号	材料名称	规格材质	单位	单价/元	消耗用量	合价/元
一				材料费		
1	墙柱铝模材料	20kg/m²	m²	1400	1999	2798600
2	梁板铝模材料	20kg/m²	m²	1400	857	1199800
3	可调节钢支撑	—	套	80	666	53280
4	销钉	—	套	1	9996	9996
5	斜撑杆	—	套	230	98	22540
6	钢背楞	—	m	50	1008	50400
7	对拉螺栓	—	套	5	3998	19990
8	其他材料	—	项	1000	1	1000
	小计		元	—		4155606
	残值回收（扣减数值）		元	4155606	30.0%	1246682
	摊销70次		次	2908924	70	41556
	材料费小计（周转10次）		元	41556	10	415560
二				人工费		
1	模板搭设	—	工日	170	0.136	23.12
2	模板拆除	—	工日	170	0.026	4.42
3	模板清理归堆	—	工日	170	0.005	0.85
	小计		元/m²	—	—	28.39
	人工费小计（模板面积28560m²）		元	28.39	28560	810818
三				维护费		
1	铝模材料	—	m²	2	28560	57120
2	斜撑体系	—	m²	1	28560	28560
	自购材料费小计		元	—	—	85680
四	直接费合计	不含税	元	—	—	1312058
五	利润	（二）×15%	元	15%	—	121623
六	税金	（四+五）×9%	元	9%	—	129031
七	综合单价	（四+五+六）/28560	元/m²		54.72	

注：建筑面积10200m²，标准层面积340m²，楼层数为30层，含模量2.8m²/m²，可计算得模板面积为28560m²，资金占用利息未考虑。

4.6 常见主要材料损耗分析数据库

本节对房建项目各类材料损耗进行了分析列举，如表 4-85 所示，供读者进行参考使用。

表 4-85 房建项目各类材料损耗参考分析表

序号	材料名称	标杆企业损耗	市场调研损耗	部位分析	控制重点
1	钢筋	0%～1%	2%～4%	地下室及基础内	（1）钢筋接头控制。≤ϕ12 的钢筋采用绑扎，>ϕ12 的钢筋采用焊接，减少接头数量。 （2）直径较大钢筋弯锚长度控制。重点审核钢筋锚固长度，一个锚固错误会导致几十吨钢筋浪费。 （3）柱梁交接处箍筋控制。此部位的钢筋内箍筋可减少或可做成开口箍筋，监理检查不严格可调整加密距离。 （4）采购保管损耗。采购数量与开票数量对应，加强现场保管，杜绝分包工人偷盗废品钢筋现象
2	钢筋	2%～3%	4%～6%	地上部分	（1）钢筋根数控制。如果合同约定钢筋根数向下取整减一，实际必须按约定施工。 （2）加强钢筋废料管理。可采用与其他项目对标方式解决浪费情况。 （3）计划采购控制。主体结构完工时不能出现剩余钢筋，管控各类钢筋直径规格，审核采购数量（同地下部分）
3	商品混凝土	1%	3%～8%	基础筏板／承台基础	（1）基础用量较大，积水坑构件计算不准，要严格控制筏板浇筑厚度，检查钢筋骨架是否超出筏板设计厚度，基础垫层标高测量是否准确。 （2）混凝土搅拌站折算工程量不准确，可采用称重方式解决亏方问题。可分后浇带为施工段控制，每个施工段内核算一次混凝土用量
4	商品混凝土	0.5%	1%～4%	各楼层	（1）现浇板厚度控制管理。每房间测量顶板厚度，在混凝土楼板表面未收光时由栋号工长记录测量数据。从水电打孔处检查厚度，不合格则给班组开罚款单。 （2）混凝土搅拌站折算工程量不准确，可采用称重方式解决亏方问题。每单元（户）为控制节点，收料员按单元（户）分别记录混凝土消耗量。

序号	材料名称	标杆企业损耗	市场调研损耗	部位分析	控制重点
4	商品混凝土	0.5%	1%～4%	各楼层	（3）剪力墙模板加固，加强墙厚度的控制。栋号工长如发现胀模，按实际情况罚款解决。墙体厚度控制在允许范围之内。可从螺栓孔处测量检查
5	商品混凝土	−1%	1%～2%	室内楼地面	（1）标准层楼面有地暖盘管所占体积，主要控制任务是与混凝土搅拌站核定亏方问题。由于主体结构不平整或楼面控制标高不准，导致计算工程量不准确，可按户型控制，计算出工程量，对混凝土小票进行核查，或者按户型包死工程量给混凝土搅拌站。 （2）地面要求灰土垫层平整，由栋号工长检查，灰土垫层标高偏差值控制为正数，相应抬高灰土垫层厚度而减少混凝土垫层厚度
6	商品混凝土	2%	3%～8%	构筑物（体积 100m³ 以外）	（1）地下浇筑部位的尺寸控制。按照设计图纸尺寸施工，多挖、超挖土方的部位做好控制。 （2）混凝土搅拌站亏方问题可通过每车称重方式控制，也可通过抽查处罚的结算方式解决
7	砌体墙：加气块	−0.8%	−0.2%～3%	所有砌体（按图示砌体尺寸计算体积考虑损耗）	（1）控制砌筑破损，控制工人运输过程中及改锯过程中的损耗率。可计算出所需半块砌体的数量，由厂家定制加工。 （2）控制现场收料的漏洞，找固定堆放场地，每批次进料要清点。或者采用包材料消耗方式分包，让分包人进行损耗控制。 （3）材料质量不达标，容易破碎。特别是100mm 厚的砌块，需要准确计算用量，不得把剩余砌块来回调动堆场
8	砌体墙：水泥砖	−0.24%	−0.2%～−0.1%	所有砌体（按图示砌体尺寸计算体积考虑损耗）	（1）控制砌块破损情况，如工人运输过程中产生的破损。可采用包材料消耗量的方式进行分包，让分包人进行损耗控制。 （2）水泥砖质量不达标时容易破碎。每批次进料需要监督，收料人员做好记录、数量清点工作，及时监督到位。 （3）水泥砖尺寸偏差较大，砖厚度及长度容易达不到标准，可在堆放时量取 20 皮砖的尺寸折算出每块厚度，按偏差比例与供货商结算补量差

序号	材料名称	标杆企业损耗	市场调研损耗	部位分析	控制重点
9	抹灰砂浆	16%～20%	21%～28%	内墙面抹水泥砂浆	（1）折算工程量差的控制。砂浆罐装按重量计算，折算为体积会出现偏差。一分价钱一分货，以价抵量无法控制，只能通过对比各厂家容重的方式来解决。 （2）现场浪费的控制。发现浪费处罚到班组，或者采用包材料消耗量的方式进行分包，让分包人进行损耗控制。 （3）控制墙面平整度。主体结构完成验收时，控制好墙面平整度，以此减少抹灰厚度。
10	钢管脚手架，扣件	4%～5%	6%～10%	住宅项目全部统计（按租赁供货单考虑损耗）	（1）基础回填掩埋扣件时的控制。治理重点是架子工班组，回填时要让分包人签字确认清理槽内情况，槽内遗留扣件罚款，回填前拍照片存档。 （2）工人偷盗情况控制。现场围挡确保无漏洞，监控设施齐全，加强门卫责任心。架子班组领料使用、拆除归堆退料时要清点。实行处罚制度。 （3）租赁材料进场清点。材料归还租赁公司时在现场先清点一遍，到租赁站双方再次清点
11	电气管线：电缆	1%～2%	3%～5%	住宅项目全部统计	（1）结合图纸分析，电缆越长损耗越低，房建项目电缆用量较少，安装浪费可控制。 （2）现场人工偷盗情况控制。实行领用材料制度，使用量由水电班组提供，再由商务部审核
12	电气管线：电线	−3%～1%	1%～3%	住宅项目全部统计	（1）结合图纸分析，电线平面布置按设计图纸计算，实际线路铺设按最短距离，需要考虑设计因素。一般情况插座线路平面图设计有直角弯情况，损耗与实际线抵消，最终统计损耗有 −3% 的情况。 （2）现场人工偷盗情况控制。实行领用材料制度，使用量由水电班组提供，再由商务部审核
13	电气管线：线盒	3%～5%	6%～8%	住宅项目全部统计	现场散落浪费情况，发现浪费处罚。实行领用材料制度，使用量由水电班组提供，再由商务部审核

序号	材料名称	标杆企业损耗	市场调研损耗	部位分析	控制重点
14	普通灯具开关	4%～6%	7%～10%	住宅项目全部统计	（1）损坏破坏情况控制。由水电班组负责看管，处罚到破坏人或所在班组。 （2）现场散落浪费情况控制，发现浪费要处罚。实行领用材料制度，使用量由水电班组提供，再由商务部审核
15	PE给水管	2%	2%～4%	住宅项目全部统计	杜绝现场私接乱用。发现非用在工程中的水管要处罚，管材废品收集到固定回收点，由项目部进行处理
16	涂料	5%～8%	10%～15%	室内	（1）桶装重量不足，折算出涂刷面积会减少。一分价钱一分货，以价抵量无法控制，只能通过对比各厂家容重的方式进行解决。 （2）现场浪费、垃圾掩埋的管理。发现工人浪费情况要处罚，形成领用材料制度，每天或每次领用要登记，由材料员记录施工部位及用量。 （3）现场人工偷盗情况的控制。加强门卫对进出厂车辆的检查，商务部做好建筑单体用量对比分析
17	墙地砖	3%～4%	5%～7%	室内	（1）控制工人运输过程中的损耗率及铺贴损耗率。实行领料制度，计算出每户或每层用量，进行对比控制，形成排版固定尺寸。现场数成品块料，以成品加改锯废料为定额损耗，形成标准消耗对施工作业班组进行控制。 （2）材料质量不达标，容易破碎，以及尺寸不标准，形成废料。如果发现材料不符合要求，应向供应商提出退换。 （3）做好现场成品保护。对返工和人为破坏情况处罚到班组或破坏人。 （4）按箱计算的面砖要考虑折算差距，以及粘贴灰缝尺寸扣除，核算实际损耗
18	石膏板吊顶	0.8%～1.5%	1.5%～2%	室内	（1）控制工人运输过程中的损耗率及安装损耗率。发现人为破损要处罚到班组分包人，对现场装修垃圾拍照存档。 （2）石膏板质量不达标，容易破碎。每批次进料需要监督，收料人员做好记录、数量清点工作，及时监督到位

4.7 造价估算多专业案例分析

4.7.1 混凝土路面

（1）估算图例

室外道路路面按照材料可分为混凝土路面、沥青路面、水泥砖路面、石材路面、地砖路面等，按照路基荷载可分为车行路面、人行路面、草坪砖等。混凝土路面如图4-3所示。

图4-3 混凝土路面

（2）估算案例

某新建小区内混凝土路面200mm厚，3∶7灰土垫层300mm厚，道路面积5000m²，左右两幅路宽各10m。采用商品混凝土，人工摊铺收光抹面，路基层拌合采用装载机。试估单方价格。

（3）估算价格

混凝土材料费为430元/m³，黄土购买价为50元/m³，白灰材料费为310元/t。

混凝土人工效率为22m²/工日；模板人工效率为20m²/工日；灰土人工效率为50m²/工日；机械铺压路基效率为800m²/台班；人工单价为246元/工日；机械单价为1500元/台班。

人工费估算：[5000÷22×246+5000/10×2（幅）×2（侧）×0.2÷20×246+5000÷50×246]÷5000 ≈ 17（元/m²）

机械费估算：（5000/800×1500）/5000 ≈ 2（元/m²）

利润、管理费及其他估算：（17+2）×20% ≈ 4（元/m²）

材料费估算：混凝土＋白灰＋黄土 =430×0.2+310×0.3×12%×1.2+50×0.3×1.1 ≈ 116（元/m²）

混凝土路面估算单方价格：17+2+4+116=139（元/m²）

【注解】零星材料和其他辅助工序在估算时不考虑。3∶7灰土垫层中，3∶7为白灰和黄土的质量比，换算为体积比时，白灰约占体积的12%。材料费算式中，310×0.3×12%×1.2这一项为白灰的材料费，1.2为土方虚实折算系数，运输虚土工程量为压实后土方量的1.2倍；50×0.3×1.1为黄土的材料费，1.1是考虑刨去白灰所占12%体积，以及土方虚实折算影响，所综合考虑的体积系数。

4.7.2　水泥面包砖路面

（1）估算图例

人工费消耗量确定时，应掌握各类作业的基本消耗量。若记不住具体数值，可参考预算定额消耗量进行估算。

水泥面包砖路面如图4-4所示。

图4-4　水泥面包砖路面

（2）估算案例

某新建小区内人行道铺200mm×200mm×50mm面包砖，路两侧设水泥路牙石500mm×200mm×100mm。道路面积1000m²，3∶7灰土厚150mm，路基比较平整不需要换填及挖填土方。路宽3m，路基层拌合采用人工拌合。试估单方价格。

（3）估算价格

面包砖材料费45元/m²；路牙石材料费20元/m；水泥砂浆材料费400元/m³；黄土购买价50元/m³；白灰材料费310元/t。

铺面包砖人工效率为15m²/工日；路牙石铺设人工效率为25m/工日；灰土拌合人工效率为6m³/工日；人工单价为246元/工日。

人工费估算：[1000÷15+1000÷3×2（侧）÷25+1000×0.15÷6]×246÷1000≈29（元/m²）

利润、管理费及其他费用估算：29×20% ≈ 6（元 /m²）

材料费估算：面包砖＋水泥砂浆＋路牙石＋白灰＋黄土 =45+400×0.05×1.2+1000÷3× 2×20÷1000+310×0.15×12%×1.2+50×0.15×1.1 ≈ 97（元 /m²）

面包砖路面估算单方价格：29+6+97=132（元 /m²）

【注解】人工费大于材料费的 20% 时，按人 + 机械求利润及管理费其他费用，或也可按人材机的 8% 考虑。400×0.05×1.2 式中的 0.05 为面包砖铺贴水泥砂浆厚度，1.2 为砂浆折算系数。310×0.15×12%×1.2 为白灰材料费，50×0.15×1.1 为黄土材料费。

4.7.3 混凝土排水管道

（1）估算图例

本案例为混凝土排水管道。若采用其他类型给排水管道（如波纹管道、铸铁管道、PP-R 管道等），需进行人工、材料、机械的工料分析。

混凝土排水管道如图 4-5 所示。

图 4-5 混凝土排水管道

（2）估算案例

某新建小区内铺设 DN500 混凝土排水管道，总长度 1000m，埋深 1000mm，坡度 5%，挖槽宽度为 1.2m，每相距约 20m 设置一个砖砌检查井。试估单方价格。

（3）估算价格

混凝土排水管道材料 140 元 /m；页岩砖材料 0.4 元 / 块；水泥砂浆材料 400 元 /m³；混凝土井盖 200 元 / 套；混凝土材料价格 430 元 /m³。

检查井砌筑消耗估算：检查井 1m 深以内，砌筑 0.75m³，页岩砖数量为 520 块 /m³，抹灰 3.14m²，垫层宽度 800mm、厚 0.1m，用工 1.2 工日；1000÷20=50（个），共需砌筑 50 个检查井。

安装管道人工效率：10m/ 工日；机械土方效率：200m³/ 台班；人工单价：246 元 / 工日；机械单价：800 元 / 台班。

人工费：检查井施工＋安装管道＝（1000÷20×1.2×246+1000÷10×246）÷1000≈39（元/m）

机械费：（1000×1×1.2/200×800）/1000×2≈10（元/m）

材料费：管＋井（砌体＋砌体砂浆＋抹灰砂浆＋井盖）＋垫层＝［140×1000+（0.4×0.75×520+400×0.24+400×3.14×0.03+200）×50+0.8×0.1×430×1000］/1000≈199（元/m）

利润、管理费及其他费用估算：（39+10+199）×8%≈20（元/m）

混凝土排水管道估算单方价格：39+10+199+20=268（元/m）

【注解】用量小的部分，其消耗量折算系数可忽略不计。埋深对挖填土方有影响，在估算过程中可适当调整土方系数。如果参与概算，可以换算求出主要管道材料价格，例如波纹管：259-140+100=219（元/m），即原混凝土排水管单价减去混凝土管材料费140元/m，增加波纹管材料费100元/m，其他价格不变化。

机械费估算式中，2是指挖填共两次。材料费估算式中0.24是指砂浆在砌体中的含量为0.24m³/m³，0.03是指抹灰砂浆厚度为30mm，0.8是垫层的宽度800mm，0.1是垫层的厚度100mm。

4.7.4 混凝土地沟

（1）估算图例

地沟或电缆沟工程的内容通常作为小区完工后的变更补充。此类工程的估算应单独计算，不应与附属配套工程估算合并。

混凝土地沟如图4-6所示。

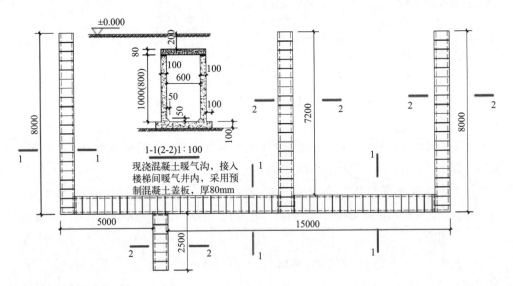

图4-6 混凝土地沟

（2）估算案例

某小区内地沟长度 45m，尺寸为 800mm×1000mm，埋深 200mm，沟壁混凝土厚度 100mm，沟底厚度 100mm，混凝土盖板厚度 80mm，试估单方价格。

已知：挖土方 94m³；机械开挖 12 元 /m³；地沟钢筋混凝土 30m³；混凝土材料费 430 元 /m³；钢筋材料费 4500 元 /t；构件含钢筋量为 0.11t/m³；模板面积 225m²；沟壁和沟底抹灰 117m²。

（3）估算价格

计算思路：混凝土 + 钢筋 + 模板，各项均计算人工 + 材料。

按照经验，混凝土浇筑人工费为 110 元 /m³；钢筋制作安装人工费为 1200 元 /t；模板材料价格为 40 元 /m²，模板支拆人工费为 30 元 /m²；抹灰砂浆材料价格为 7 元 /m²，抹灰人工价格为 21 元 /m²。

混凝土估算价格：混凝土材料、浇筑 + 钢筋材料、制作安装 + 模板材料、支拆 =[30×（430+110）+30×（4500×0.11+1200×0.11）+225×（40+30）]/45=1128（元 /m）

挖土方单方价格：94×12/45≈25（元 /m）

抹灰单方价格：117×（21+7）/45≈73（元 /m）

利润、管理费及其他费用估算：（1128+25+73）×8%≈98（元 /m）

单方价格：1128+25+73+98=1324（元 /m）

【注解】混凝土特殊构件要单独估算，考虑含量问题。该工程含模量较大，不能用房建工程中的数据考虑。

4.7.5　混凝土水池

（1）估算图例

混凝土水池如图 4-7 所示。

图 4-7　混凝土水池

（2）估算案例

某乡镇要建一座容积2000m³的矩形混凝土给水池，其外形尺寸为23.4m×23.4m×4.8m，埋深1000mm。底板厚250mm，壁厚250mm，顶板厚180mm。内有支柱25根，尺寸为300mm×300mm，试估单体价格。

已知：钢筋混凝土模板及脚手架综合单价为1500元/m³，混凝土工程量440m³；页岩砖砌体的综合单价为850元/m³，砌体工程量19m³；挖填土方综合单价为15元/m³，土方工程量3200m³。

（3）估算价格

混凝土水池估算单体价格：1500×440+850×19+15×3200=724150（元）

【注解】防水及保护层、安装工程、降排水工程、文明施工等应在专业估算中考虑。各地区建设情况不尽相同，可根据运输及场地以及建设总体规模进行考虑，如在概算时可将实体估算值按系数增加。如在天津市东丽区该项目内建造该单体项目，相应系数可考虑为：考虑安装工程15%，文明施工10%，降排水及支护5%。另外，防水1600m²×90元/m²，地面及顶板砂浆防水保护层25元/m²×2×547m²，墙体砌筑保护层56m³×850元/m³。

则混凝土水池单体价格计算为：724150+724150×15%+724150×10%+724150×5%+1600×90+25×2×547+56×850=1160345（元）

4.7.6 沥青路面

（1）估算图例

地材的价格变化对道路估算影响较大，室外道路工程地材的价格占总价的85%以上，需要考虑环境因素和地理位置条件影响。人工和机械变化不是太大，运输条件也影响到价格。

沥青路面如图4-8所示。

图4-8　沥青路面

（2）估算案例

某新建小区内沥青路面厚 40mm+80mm，三合土层厚 250mm。道路面积 5000m²，现场标高低，黄土需要购买回填 200mm 厚，路基比较平整不需要换填及挖填土方。采用机械摊铺，左右两幅路宽 10m。路基层拌合采用装载机。试估单方价格。

（3）估算价格

沥青混凝土材料费 380 元 /t；三合土单价为 45 元 /m³；黄土购买价 50 元 /m³。

按经验可取人工、机械费：7 元 /m²。

材料费估算：380×2.4×（0.04+0.08）+45×0.25+0.2×1.2×50≈133（元 /m²）

利润、管理费及其他费用估算：（7+133）×8%≈11（元 /m²）

沥青路面估算单方价格：7+133+11=151（元 /m²）

【注解】材料费计算式中的 2.4 为沥青混凝土重量换算系数，即其密度为 2.4 t/m³；式中 1.2 为土方虚实折算系数，运来虚土方量是压实后的 1.2 倍。估算中不考虑辅助工作和其他消耗量，比如沥青混凝土压实后要渗入水泥稳定碎石中 5mm。

4.7.7　拉管工程

（1）估算图例

拉管工程如图 4-9 所示。

图 4-9　拉管工程

（2）估算案例

河北保定某居住小区改造工程，需要铺设 DN200 的给水管，拉管施工，长 3500m，作业坑 7 个。试估单方价格。

已知：给水用聚乙烯管 DN200，单价 190 元 /m。

（3）估算价格

估算单方价格：扩孔 70 元 /m；布管拖拉 40 元 /m；管道热熔连接人工费 15 元 /m；

挖工作坑 1000 元 / 个，单方价格为 1000×7/3500=2（元 /m）。

利润、管理费及其他费用估算：（70+40+15+2+190）×8%≈25（元 /m）

单方价格：70+40+15+2+190+25=342（元 /m）

【注解】各地区土质差异较大，拉管扩孔的价格变化很大。管材壁厚也会影响价格。

4.7.8 毛石挡土墙

（1）估算图例

毛石挡土墙如图 4-10 所示。

图 4-10 毛石挡土墙

（2）估算案例

河南省安阳市某居住小区需砌筑毛石挡土墙，高 2m，长 150m，宽 0.7m。挖基础深 0.2m，槽宽 1m，灰土垫层 200mm 厚。试估单方价格。

已知：毛石材料费 60 元 /m³，砌筑毛石挡土墙用工 3m³/ 工日，砌筑施工工日单价为 246 元 / 工日；砌筑砂浆 380 元 /m³；白灰材料费 310 元 /t；灰土用工 6m³/ 工日，灰土施工工日单价为 150 元 / 工日。

（3）估算价格

砌筑方量：2×150×0.7=210（m³）

灰土方量：0.2×150×1=30（m³）

挖土方费用：0.2×150×1×40=1200（元）

灰土施工费用：人工 + 材料 =30÷6×150+30×12%×1.2×310≈2089（元）

砌毛石费用：材料 + 人工 + 砌筑砂浆 =60×210×1.2+210/3×246+380×210×15% =44310（元）

利润、管理费及其他费用：（1200+2089+44310）×8%≈3808（元）

单方价格：（1200+2089+44310+3808）/210≈245（元 /m³）

【注解】毛石属地方材料，对估算影响较大。挖土方费用估算式中，40是指挖土方费用单价为40元/m³。灰土施工费用计算公式中12%是指灰土含白灰量，1.2是折算压实系数；计算式中只计算了白灰的材料费，因为黄土可使用原土，不需另外支出材料费。砌毛石费用计算公式中1.2虚实折算系数，15%是指砌筑毛石砂浆占总体积的15%。

4.7.9 临时设施场区围挡

（1）估算图例

临时设施场区围挡如图4-11所示。

图4-11 临时设施场区围挡

（2）估算案例

某工程项目需搭设广告围挡500m，高度6m，广告图后衬铁皮，为单面广告喷绘。试估单方价格。

已知：立柱采用100mm×100mm×5.0mm方管，水平杆采用30mm×30mm×1.2mm方管，0.4mm镀锌铁皮，横龙骨采用40mm×40mm×3.5mm角钢；每间距8m设置一个混凝土基础墩，工料机折算价格为10元/m²。估算含钢量20kg/m²，钢材综合单价8000元/t，钢材外涂油漆综合单价1000元/t。镀锌铁皮材料价17元/m²，安装人工费3元/m²；广告画布费用15元/m²。

（3）估算价格

估算单方价格（不含利润）：0.02×（8000+1000）+（17+3）+15+10=225（元/m²）

利润、管理费及其他费用估算：225×8%=18（元/m²）

单方价格：225+18=243（元/m²）

【注解】主要分析骨架、铁皮、广告喷绘的费用。轻钢龙骨涂刷面积含量为60m²/t，单价18元/m²，60×18=1080（元/t）。

4.7.10　大型施工机械

（1）估算图例

估算说明：各施工企业管理能力、作业水平不同，工期也就不相同，因此对费用造成影响。总体来说机械费所占总造价比例较小，可按照企业以往经验考虑。

大型施工机械如图 4-12 所示。

图 4-12　大型施工机械

（2）估算案例

某工程项目总建筑面积为 56000m²，开工日期为 3 月 20 日，工程地点为北京市。其共有 8 栋单体建筑，每栋 18 层楼，需要塔吊 5 台，施工电梯每栋 1 台。塔吊为 63 型，租赁费用 31000 元 /（台·月），塔吊基础混凝土 45m³/ 台；施工电梯租赁 12000 元 /（台·月），电梯基础混凝土 7m³/ 台。钢筋混凝土施工综合单价为 1200 元 /m³。塔吊和施工电梯进出场和搭拆费用分别为 30000 元 / 台和 6000 元 / 台。

已知：从开工到主体框架完成，每层需 5 天，基础需 45 天完成。

（3）估算价格

计算可知塔吊使用时间为 18×5+45=135（天），即 4.5 个月，考虑停工影响，及模板拆除用时，增加 1.5 个月。

电梯安装到使用完成，如果跨年施工费用要增加，应该在 8 月份安装电梯，砌筑、抹灰、浇筑地面 7 个月完成。

单方价格：[（31000×6+45×1200+30000）×5+（12000×7+7×1200+6000）×8]/56000 ≈ 38（元 /m²）

【注解】南北地区的租赁单价有差异，在北方地区，租赁机械停工以后可以报停机械，在闲置时间段，虽然机械在现场但不收租赁费。公式中1200为混凝土施工综合单价，工人工资和进出场安拆费用都包含其中；塔吊工人工资一般都包含在租赁费中。

4.7.11 现场管理费

（1）估算图例

现场管理费所占现场经费的比例较大，估算时应按照自身企业以往投入数据进行估算。

施工现场管理会议如图4-13所示。

图4-13 施工现场管理会议

（2）估算案例

某工程项目总建筑面积为56000m²，开工日期为3月20日，工程地点为北京市。项目共8栋单体，每栋18层楼。试估算现场管理费。

已知：高层建筑总工期一般考虑2.5年，其中主体结构1年，装饰装修1年，竣工验收及维修3～6个月。

（3）估算价格

主体结构阶段每栋配备人员为3人，装饰装修阶段每栋配备人员为2人，竣工验收及维修共需管理人员4人，另外现场开支为9000元/月。管理人员工资按8000元/（人·月）计算。

单方价格：主体结构阶段费用＋装饰装修阶段费用＋竣工验收及维修阶段费用＋现场开支＝（3×8×12×8000+2×8×12×8000+4×6×8000+9000×2.5×12）/56000 ≈ 77（元/m²）

【注解】各企业管理模式会影响到管理费的数值。一般情况下主体结构进行班组分包，主体期间一个项目管理人员控制在30人以内。现场开支考虑施工过程中不可避免的各类因素进行列支，根据以往经验可按月估算出数值。不同企业的现场管理费有很大差距，范围在35～120元/m²之间，其与工程质量要求和进度要求都有关系。

4.7.12 生活区活动房

（1）估算图例

生活区活动房如图 4-14 所示。

图 4-14 生活区活动房

（2）估算案例

某工程项目总建筑面积为 56000m²，开工日期为 3 月 20 日，工程地点为河北省。项目共 8 栋单体，每栋 18 层楼。试估算生活区活动房单方价格。

已知：现场管理人员平均 30 人，每两人 1 间，需 15 间房。监理和甲方代表 6 人，每人 1 间，需 6 间房。每栋楼 10000m² 以内需要工人约 80 人，每间平均按 6 ～ 8 人计算，大约需 12 间房。标准间尺寸 3.5m×6m，活动房室内外硬化面积按 1：1 考虑。

活动房材料及施工综合单价为 280 元 /m²；地面硬化综合单价为 40 元 /m²；

（3）估算价格

一共需要房间数量为：15+6+12×8=117（间）

房间所需占地面积为：117×3.5×6=2457（m²）

活动房材料及施工估算费用：2457×280/56000 ≈ 12（元 /m²）

场地硬化：2457×2×40/56000 ≈ 4（元 /m²）

通常每栋生活区活动房有 10 个房间，故 117 个房间共需建造 12 栋活动房。每栋活动房外围需要砌筑基础砖砌体，宽度和高度分别为 0.24m 和 0.8m，其砌筑的人工和材料综合单价为 550 元 /m³。

基础砖砌体费用估算：［(3.5×10+6)×2×12×0.24×0.8×550］/56000=2（元 /m²）

单方价格：12+4+2=18（元 /m²）

【注解】临时设施一般不考虑利润，只考虑发生成本。一般按照施工组织设计估算偏差影响会减小。

4.7.13 打钢板桩

（1）估算图例

影响打拔钢板桩（图4-15）价格的主要因素是租赁时间，桩的型号尺寸也有影响，地质影响不是很大。根据施工方案选用一丁一顺的施工方式，如果采用连环顺排方法，价格乘系数0.55。

图4-15 打钢板桩

（2）估算案例

某楼地下室外墙周围基坑需要打拉森钢板桩40B（40cm宽，长12m），采用一丁一顺方法进行支护，计划使用45天，共支护坑壁350m，试估算单价。

已知：该型号拉森钢板桩租赁费用为0.4元/（天·m）；打钢板桩费用为5元/m；拔钢板桩费用为5元/m；运输费用为800元/趟，每趟运输40根钢板桩。

（3）估算价格

拉森钢板桩数量：350/0.4×2=1750（根）

钢板桩租赁费：1750×12×（0.4×45+5+5）=588000（元）

1750/40=43.75，即每次运输一共需要44趟。

内外运两次费用：44×800×2=70400（元）

估算单价：（588000+70400）/350 ≈ 1880（元/延长米）

【注解】因为采用一丁一顺方式进行施工，所以拉森钢板桩数量要乘2。

4.7.14 铁艺围墙

（1）估算图例

铁艺围墙如图4-16所示。

（2）估算案例

某新建小区铁艺围墙长度为1200m，基础为砖砌体，深0.7m。围墙高2.6m，铁艺外围尺寸5700mm×2100mm，柱距6000mm。试估单方价格。

图 4-16　铁艺围墙

已知：铁艺围栏综合单价为 260 元 /m²。铁艺围墙基础施工图如图 4-17 所示。

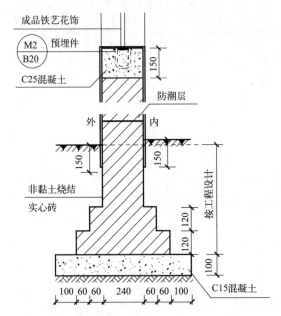

图 4-17　铁艺围墙基础施工图

相应部位工程量如下：

挖填土方量：$0.9 \times 0.8 \times 1200 = 864$（m³）

垫层工程量：$0.68 \times 0.1 \times 1200 \approx 82$（m³）

基础砌体工程量：$(1.2+0.36) \times 0.24 \times 1200 \approx 449$（m³）

混凝土柱和圈梁工程量：$0.3 \times 0.3 \times 3.3 \times (1200/6) + 0.15 \times 0.24 \times 1200 = 102$（m³）

256

抹灰：（0.5+0.24+0.5）×1200+（1200/6）×0.24×4×2.1=1992（m²）

（3）估算价格

［864×12+82×80+449×（260+300）+102×1328+1992×（20+7）+（1200/6）×5.7×
2.1×260］/1200≈900（元/m）

【注解】相应未给出的价格数据可根据经验进行估算：挖填土方人工单价为12元/m³；
垫层浇筑人工单价为80元/m³；基础砌体施工的人工单价为260元/m³，砌体材料费为
300元/m³；混凝土柱和圈梁的人工、材料及模板支拆综合价格为1328元/m³；抹灰人工
单价为20元/m²，抹灰材料费为7元/m²。

挖填土方量估算式中，0.9是指槽宽为0.9m，其根据为0.68m的垫层宽度向两边
分别增加0.1m，最终取0.9m的估算值。基础砌体工程量估算式中，1.2是指基础内的
砌体高度为1.2m，0.36是指大放脚部分的折算高度为0.36m，0.24是指砌体墙厚度为
0.24m。混凝土柱和圈梁工程量计算式中，0.3×0.3×3.3为单个柱子的尺寸。抹灰计算式
中，（0.5+0.24+0.5）是坎墙两侧需要0.5m高的抹灰，坎墙顶面宽度为0.24m。（1200/6）
×0.24×4×2.1是求柱墩的工程量，其中0.24×4是柱墩四面尺寸，2.1是柱高。

4.7.15　预制管桩

（1）估算图例

预制管桩的材料属于地材，地质原因会对估算造价产生影响。预制管桩一般适用于粉
质黏土层施工。打桩时应考虑机械的选用，在市区要选择静力压桩。

预制管桩如图4-18所示。

图4-18　预制管桩

（2）估算案例

天津市滨海新区住宅工程，桩基施工，每根桩长24m，总共6000m，桩径400mm。

试估预制管桩单价。

（3）估算价格

HPC400 桩材料 150 元 /m；打桩机械及人工和其他 20 元 /m；现场用电费用 3 元 /m；机械进出场费用共 25000 元，25000/6000=4（元 /m）。

预制管桩单价：150+20+3+4=177（元 /m）

4.7.16 钢筋混凝土设备基础

（1）估算图例

钢筋混凝土设备基础如图 4-19 所示。

图 4-19 钢筋混凝土设备基础

（2）估算案例

某厂区需做电缆桥架设备混凝土基础，尺寸为 4m×2.5m×0.8m，全长 4500m，共 360 个。试估算价格。

已知：混凝土材料费 430 元 /m³，人工费 40 元 /m³，总方量 2880m³；挖土方 25 元 /m³，总方量 3600m³；钢筋材料费 4500 元 /t，制作安装人工费 800 元 /t，总数量 240t；模板材料费 30 元 /m²，人工费 50 元 /m²，总数量 3744m²。

（3）估算价格

考虑水平运输费用。每坑用商品混凝土 8m³，正好满足 8m³ 的罐车运输一次，不考虑增加费用。对于钢筋水平运输，考虑增加运输人工费 300 元 /t，汽车运输费 50 元 /t；模板增加运输人工费 200 元 / 墩，汽车运输费 30 元 / 墩。

计算为：混凝土材料及人工费 + 土方费用 + 钢筋材料及人工费用 + 模板人材机价格 =（430+40）×2880+25×3600+（4500+800）×240+（50+30）×3744=3015120（元）

混凝土基础每墩价格：3015120/360 ≈ 8375（元 / 墩）

运输费用：钢筋＋模板 =（300×240+50×240+200×360+30×360）/360 ≈ 463（元 / 墩）

利润、管理费及其他费用估算：（8375+463）×8% ≈ 707（元 / 墩）

估算单价：8375+463+707=9545（元 / 墩）

9545/8=1193（元 /m³）

【注解】场地较大远距运输的零散工程，需要考虑运输费用。

4.7.17 混凝土灌注桩

（1）估算图例

灌注桩按其成孔方法不同，可分为钻孔灌注桩、沉管灌注桩、人工挖孔灌注桩、爆扩灌注桩等。灌注桩的材料价格相差不大，但成孔方式会影响单方价格；灌注混凝土消耗量有所差异，但估算时可不考虑；地质条件也会影响成孔的成本。

混凝土灌注桩如图 4-20 所示。

图 4-20 混凝土灌注桩

（2）估算案例

天津市某高层项目基础为钢筋混凝土灌注桩基础，桩径 700mm，采用泥浆护壁方法施工。试估单方价格。

已知：混凝土材料价格为 450 元 /m³，浇筑灌注桩人工费 23 元 /m；钢筋材料费 4500 元 /t，钢筋笼制作安装人工费 1000 元 /t。

（3）估算价格

泥浆护壁成孔：160 元 /m

混凝土费用：0.35×0.35×3.14×450+23=196（元 /m）

钢筋笼材料、制作安装：0.023×（4500+1000）≈127（元/m）

单方价格：160+196+127=483（元/m）

单方价格：483/（0.35×0.35×3.14）≈1256（元/m³）

【注解】灌注桩的钢筋含量为 60～80kg/m³，由于地区差异，承载力好的地基的钢筋含量为 30～50kg/m³；土质较好的地区人工挖孔成孔 2～3m³/天，长螺旋成孔机成孔 100～150m³/天。计算式中的 0.023 是指钢筋笼的材料重量按 0.023t/m 计取。

4.7.18　地下环梁及冠梁

（1）估算图例

地下环梁、冠梁是基坑支护的水平支撑体系，是挖土成槽后支模浇筑的水平梁构件，如图 4-21 所示。环梁采用两层支撑时，底部作业的人工机械一般会增加 15% 的成本。地环梁、冠梁与主体结构中梁的种类相差不大，在概算中可按梁考虑含量。

图 4-21 地下环梁及冠梁

（2）估算案例

天津市河北区某住宅项目，基坑支护采用地环梁方式，混凝土总体方量 5000m³，基坑深 11m，−1.5m 处设置一道环梁，−5m 处设置另一道环梁。试估单方价格。

已知：计算求得模板总量为 16500m²；混凝土量 5000m³；钢筋总量 800t。

（3）估算价格

机械挖土方：（5000×1.3×25）/5000≈33（元/m³）

模板支拆：[16500×（55+50）]/5000≈347（元/m³）

混凝土浇筑：430+50=480（元/m³）

钢筋制作安装：800×（4500+1100）/5000=896（元/m³）

利润、管理费及其他费用：（33+347+480+896）×15%≈263（元/m³）

单方价格：33+347+480+896+263=2019（元/m³）

【注解】机械挖土方计算式中1.3是地下环梁空间内作业难度增加的系数，25是指机械挖土方单价为25元/m³，因为在环梁中作业，机械受限，所以价格比地面作业价格高。

模板支拆计算式中55是指模板支拆人工费为55元/m³，50是指模板材料费为50元/m³。

混凝土浇筑计算式中430是指材料费为430元/m³，50是指浇筑人工费为50元/m³。

钢筋制作安装计算式中4500是指材料费为4500元/m³，1100是指制作安装人工费为1100元/m³。

由于该项是以班组分包方式考虑，利润、管理费及其他费用可以按人材机乘系数15%进行计算。

4.7.19　CFG粉煤灰混凝土桩

（1）估算图例

CFG桩受到地区因素影响较大，需要根据各地区的材料进行配比调整。其成孔方式有人工挖孔、长螺旋机械挖孔等。

CFG粉煤灰混凝土桩如图4-22所示。

图4-22 CFG粉煤灰混凝土桩

（2）估算案例

沈阳市某高层基础采用CFG桩施工，桩径500mm，桩长15m，混凝土浇筑材料费为430元/m³。试估单方价格。

（3）估算价格

机械成孔：20元/m

混凝土：0.25×0.25×3.14×430≈84（元/m）

其他费用：20元/m

单方价格：20+84+20=124（元/m）

单方价格：124/（0.25×0.25×3.14）≈632（元/m³）

【注解】其他费用包括利润、检测试验费用、机械进出场费用、清桩头凿桩头费用。CFG 桩材料配比各地区不相同，成孔方式各地区也不相同，地质条件差异影响，导致估算偏差较大，一般情况下单方价格为 450 ~ 650 元/m³ 之间的数值。石屑垫层另计算价格。

4.7.20 地下连续墙

（1）估算图例

地下连续墙是临时挡土墙，有时兼作两用，在施工结束后可当作结构外墙使用，该类施工方案会增加清底置换的成本。

地下连续墙有抓斗成槽施工方法，还可以采用多头钻成槽机进行施工，但抓斗成槽施工方法相对来说成本较低。

地下连续墙施工如图 4-23 所示。

图4-23 地下连续墙施工

（2）估算案例

天津市某高层建筑基础外墙为地下连续墙，墙厚 800mm，深度 18m，墙长 1000m。试估单方价格。

（3）估算价格

抓斗成槽综合单价：680 元/m³

混凝土：450+20=470（元/m³）

钢筋笼制作安装：0.1×（4500+1100）=560（元/m³）

导墙单价：（1000×0.6×1×950）/（0.8×18×1000）=39（元/m³）

单方价格：680+470+560+39=1749（元/m³）

【注解】抓斗成槽单价中还包括泥浆运输费用、水电费用、管理费用、泥冰沉淀池等费用；单项承包时一般包含临时设施、道路、文明施工、设计费用等，一般需增加 15% 的费用。

混凝土计算式中 450 是指材料费为 450 元 /m³，20 是指浇筑人工费为 20 元 /m³。

钢筋笼制作安装计算式中，0.1 是指钢筋重量可按 0.1t/m³ 进行计算，4500 是指材料费为 4500 元 /m³，1100 是指制作安装人工费为 1100 元 /m³。

导墙是施工单位的一种施工措施方式，地下连续墙成槽前先要构筑导墙，导墙是保证地下连续墙位置准确和成槽质量的关键，在施工期间，导墙经常承受钢筋笼、浇注混凝土用的导管、钻机等的静、动荷载的作用，因而必须认真设计和施工。导墙施工结束后才能进行地下连续墙的正式施工。导墙单价计算式中 0.6 是指导墙宽度为 0.3m，两边共 0.6m，1 是指导墙高度通常为 1m，950 是指其综合单价为 950 元 /m³。

4.7.21 钢格构柱

（1）估算图例

格构柱灌注桩施工和灌注桩施工工艺类似，只是增加了桩顶至自然地坪的钢格构柱部分，浇筑灌注桩完成后格构柱伸入桩顶混凝土内约 2m。

钢格构柱按照材料重量估算成本价格，人工和机械费用约占材料价格的 30%。钢格构柱如图 4-24 所示。

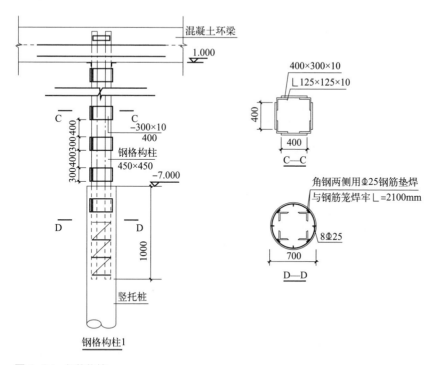

图 4-24　钢格构柱

（2）估算案例

天津市河北区某住宅项目，基坑支护采用地环梁格构柱支撑方式，灌注桩长18m，直径700mm，格构柱长9m，支撑系统共长27m，柱顶锚固环梁内。试估格构柱支撑系统单价。

已知：格构柱重量经计算为995kg/根。

（3）估算价格

灌注桩费用：400×1.3=520（元/m）

格构柱费用：0.995×（4500+2000）/9≈719（元/m）

格构柱支撑系统单价：（520×18+719×9）/27≈586（元/m）

【注解】灌注桩费用计算式中1.3为大型机械进出场费用考虑系数，因灌注桩方量较少，估算时适当考虑该费用的增加。400是指考虑了人工材料价格后灌注桩施工的综合单价为400元/m。

格构柱费用计算式中4500是指钢材的材料价格为4500元/t，2000是指钢材制作安装运输的人工机械价格为2000元/t。

4.7.22 预制混凝土构件

（1）估算图例

预制混凝土构件要考虑构件的制作、运输、安装及相关措施费用。目前预制混凝土构件用于标准配建的工程较多，另外楼层少吊运机械运送也更为方便。预制混凝土构件如图4-25所示。

图4-25 预制混凝土构件

（2）估算案例

某工业厂房设计杯型基础，预制柱施工，柱高25m，共125根，试估算单方价格。

（3）估算价格

构件价格估算：混凝土材料价格430元/m³；钢筋材料价格4500元/t；模板人工及材

料价格 90 元 /m²。

构件单方价格：430+4500×0.137+90×9.9 ≈ 1938（元 /m³）

运输单方价格：150 元 /m³

每根柱 3m³，每台吊装机械安装 8 根 / 天，配备人数 6 人。所以安装费用估算为：
（1200+6×246）/24 ≈ 112（元 /m³）

管理费、利润和其他费用：（1938+150+112）×15%=330（元 /m³）

单方价格：1938+150+111+330=2530（元 /m³）

【注解】预制混凝土制作安装比现浇构件成本高，但用于独立柱可节省工期和脚手架及模板人工的相关费用，两者成本价格相差不大时考虑预制方法，因为如果厂区从建设到投入生产的时间能缩短，可以减少总体成本。

构件单方价格计算式中，0.137 是指钢筋在构件内含量为 0.137t/m³，9.9 是指模板在构件内的含量为 9.9m²/m³。

安装费用估算中，1200 是指吊装机械的单价为 1200 元 / 台班；246 是指工人工日价格为 246 元 / 工日；24 是指每天每台吊装机械能安装 8 根柱子，每根柱工程量为 3m³，计算为 24m³。

4.7.23 边坡喷锚支护

（1）估算图例

边坡喷锚支护的目的是防止土壁坍塌，其通过钢筋网绑扎形成网片然后喷射混凝土浇筑而成，如图 4-26 所示。 边坡喷锚支护可独立作为支护，也可用锚杆拉结，具体情况参照施工方案。

图 4-26 边坡喷锚支护

（2）估算案例

北京市某基坑边坡采用喷锚支护80mm，已知其工程量1000m²，钢筋锚杆长3m，一共需要360根，土钉锚杆直径100mm，@2000mm×2000mm，试估单方价格。

（3）估算价格

细石混凝土：330元/m³×0.08≈26（元/m²）

人工机械费：50元/m²

钢筋网片：10元/m²

边坡喷锚混凝土及钢筋网片单方价格：26+50+10=86（元/m²）

锚杆人工成孔、灌浆、放入钢筋：30元/m

土钉锚杆单价：（30+9）=39（元/m）

单方价格：86+39×（360×3）/1000≈128（元/m²）

【注解】工程量减少也会影响到专业分包价格，机械成孔可以降低成本。土钉锚杆单价中，9是指钢筋锚杆的材料费为9元/m。

4.7.24　ALC 轻质混凝土墙板

（1）估算图例

使用ALC轻质混凝土墙板可以节省工期，其单方价格与混凝土轻集砌体成本相差不大，并且两侧无须抹灰。

ALC轻质混凝土墙板安装的卡槽和固定件可不考虑价格因素，但楼层超过3.6m时在中部水平安装的工字钢的价格要另行估算。

ALC轻质混凝土墙板如图4-27所示。

图4-27　ALC轻质混凝土墙板

（2）估算案例

某办公楼内隔墙采用ALC轻质混凝土墙板，层高3.6m，ALC板墙厚150mm。试估单方价格。

（3）估算价格

ALC 材料价格：95 元 /m²。

安装人工费用及其他：60 元 /m²

单方价格：95+60=155（元 /m²）

【注解】ALC 板墙厚变化对人工及其他费用的影响不是很大，ALC 板价格可根据厚度按比例增减。

4.7.25　干挂石材墙面

（1）估算图例

干挂石材在估算时可划分为石材面、龙骨、五金件，如图 4-28 所示。房建工程外墙干挂石材龙骨含量一般在 18 ～ 25kg/m²。干挂石材与干挂铝板墙面、干挂面砖墙面等估算方法类似。

图 4-28　干挂石材墙面

（2）估算案例

某办公楼外墙设计为干挂石材，面积 1000m²，采用幻彩粉麻石材，30mm 厚，试估算单方价格。

（3）估算价格

① 龙骨估算

按照龙骨含量 25kg/m² 估算，得材料重量为 0.025t。

镀锌角钢材料价格：5500 元 /t

制作安装人工费：2200 元 /t

龙骨单方价格：（5500+2200）×0.025 ≈ 193（元 /m²）

② 石材面估算

幻彩粉麻材料价格：260 元 /m²

制作安装人工费：60 元 /m²

石材面单方价格：260+60=320（元 /m²）

③ 五金件估算：30 元 /m²

④ 管理费利润和其他：（193+320+30）×15% ≈ 81（元 /m²）

干挂石材墙面单方价格：193+320+30+81=624（元 /m²）

4.7.26　墙面加固钢筋混凝土

（1）估算图例

加固工程一般情况下人工、机械费与材料费比例为 4：6，一般采用估算工程量乘系数的方法求出成本。因工程量零散，人工费用可按比例计取，材料费用按照工程量数值估算。

墙面加固钢筋混凝土如图 4-29 所示。

图 4-29　墙面加固钢筋混凝土

（2）估算案例

河北省某古建筑外墙需要双面加固 80mm 厚细石混凝土，钢筋网 @200mm×200mm，$\phi6$，墙体拉结筋为 $\phi8$，@1000mm×1000mm。采用喷射混凝土方式施工，施工面积内外墙共 600m²，试估单方价格。

（3）估算价格

钢筋网片：0.00222×（4500+1200）≈ 13（元 /m²）

喷射混凝土：0.08×450+50=86（元 /m²）

墙体拉结钢筋：12 元 /m²

单方价格：13+76+12/2=95（元 /m²）

【注解】钢筋网片计算式中 0.00222 是指网片中钢筋含量为 0.00222t/m²，即 2.22kg/m²，4500 是指钢筋材料费为 4500 元 /t，1200 是指钢筋制作安装人工费为 1200 元 /t。喷射混凝土计算式中 450 是指喷射混凝土材料价格为 450 元 /m³，50 是指人工机械价格为 50 元 /m²。单方价格计算式中 12/2 是考虑了两侧墙面共用拉钩，其费用进行了摊销。

4.7.27　木制隔断墙

（1）估算图例

影响木制隔断墙（图4-30）价格的主要因素是面层材料。层高的变化对骨架稍有影响，但价格影响不大。另外还要考虑木制隔断墙中的油漆成本，或也可暂不考虑，而在内墙腻子涂料中进行计算，价格相差不大。

图4-30　木制隔断墙

（2）估算案例

某办公楼内隔墙采用木制隔断墙，工程量为150m²，墙长50m，墙高3m，墙厚100mm，双面使用9mm厚多层板。竖向主龙骨80mm×50mm，@800mm，水平次龙骨30mm×30mm，@500mm。试估单方价格。

（3）估算价格

竖向主龙骨工程量：50/0.8 ≈ 63（根），63×3×0.08×0.05=0.756（m³）

水平次龙骨工程量：3/0.5=6（根），6×50×0.03×0.03×2=0.54（m³）

木方材料价：2200元/m³；木料加工人工费、机械费：600元/m³；龙骨安装人工费：800元/m³。

龙骨单方价格：（2200+600+800）×（0.756+0.54）/150 ≈ 31（元/m²）

多层板材料价：20元/m²；多层板安装人工费：15元/m²×2面=30元/m²。

木制隔断墙单方价格：31+20×2+15×2=101（元/m²）

【注解】水平次龙骨工程量计算式中，2是指有2根水平次龙骨，由图4-28也可得知。木制隔断墙单方价格计算式中，15×2是指两侧面板的安装人工费。

4.7.28　园艺木亭

（1）估算图例

园艺木亭如图4-31所示。

图 4-31　园艺木亭

（2）估算案例

某园林工程，设木结构八角亭，檐高 5m，直径 4.5m。地面为 100mm 厚混凝土垫层上铺花岗岩，柱子 8 根，分别用两根 100mm×200mm×5500mm 方木制成。檩条采用 100mm×200mm 方木，坡板用 30mm×200mm 木板铺成。座凳为 30mm×250mm 木板。估算木亭单体价格。

已知：

柱方木用量：0.1×0.2×5.5×2×8＝1.76（m³）

主檩条用量：0.1×0.2×5×8＝0.8（m³）

次檩条用量：0.05×0.1×3×5×8＝0.6（m³）

水平梁用量：0.1×0.2×3.5×8＝0.56（m³）

座凳用量：0.03×0.25×2.5×7≈0.13（m³）

坡板用量：0.03×35＝1.05（m³）

木材用量合计：4.9m³

涂刷清漆工程量：219m²

花岗岩地面工程量：21m²

（3）估算价格

木料加工的人工、机械费为 600 元/m³，安装人工费为 800 元/m³；木材价格为 2200 元/m³；木材面油漆价格为 60 元/m²。

花岗岩材料单价 350 元/m²，铺贴人工 60 元/m²；油漆人材机费用 60 元/m²；混凝土材料价格 400 元/m³。

木料＋油漆＋花岗岩＋混凝土垫层的费用：4.9×（600+800+2200）+219×60+21×

（350+60）+21×0.1×400=40230（元）

利润、管理费及其他费用估算：40230×8%≈3218（元）

木亭单体价格：40230+3218=43448（元）

【注解】园艺木亭为园林工程附属类工程，取利润及管理费 8%。若单独施工，该亭利润应按 20% 计算。

4.7.29　三轴型钢水泥搅拌墙

（1）估算图例

三轴型钢水泥搅拌墙是将水泥和土搅拌然后插入型钢形成的止水围护墙，如图 4-32 所示。其价格主要考虑机械＋型钢＋水泥三方面，土方依据地质情况不作换填处理，就地取材。

图 4-32　三轴型钢水泥搅拌墙

（2）估算案例

天津市某高层基坑支护采用三轴型钢水泥搅拌墙，其桩径为 850mm，桩中心间距为600mm，桩长 25m，墙长 200m，水泥（32.5级）掺量 20%，施工工期 90 天。试估单方价格。

已知：水泥材料价：450 元 /t，墙体工程量：2890m³。

（3）估算价格

型钢采用隔一插一法施工，型钢数量：200/0.6/2=167（根）

工字钢 36A 型钢租赁：167 根 ×25m×0.35 元 /m/ 天 ×90 天≈ 131513 元

工字钢拔桩费用：4175m×5 元 /m=20875 元

型钢损耗：4175m×3%×59.9kg/m×4.5 元 /kg ≈ 33761 元

水泥价格：2890m³×1.8t/m³×20%×450 元 /t=468180 元

三轴搅拌机械台班费用：2890m³÷100m³/ 台班 ×6000 元 / 台班 =173400 元

型钢水泥搅拌墙单方价格：（131513+20875+33761+468180+173400）/2890≈286（元/m³）

水泥搅拌墙单方价格：（468180+173400）/2890=222（元/m³）

【注解】土的密度按 1.8t/m³，水泥可通过该数据乘 20% 进行快速折算含量。

4.7.30　砂管井降水

（1）估算图例

采用砂管井降水时，一般在开工前 30 天开始降水，基础回填土完成后停止降水。现场降水需要看水位情况，实际操作每天只降水 12 小时。在施工时，降水工作由专业分包进行，也有总承包单位仅让专业分包打井，由自己进行降水作业，以节约成本。

专业分包的费用一般包括排泥沟及排泥池的费用。

砂管井降水如图 4-33 所示。

图4-33　砂管井降水

（2）估算案例

天津市津南区住宅项目，现场面积 20000m²，共 50 个井眼，井深 20m，使用直径 600mm 无砂管。有 20 根无砂管井分布在基槽外，降水作业共 30 天；有 30 根无砂管井分布在基槽内，挖槽完成后拆除，槽内降水作业天数为 10 天。试估单方价格。

（3）估算价格

无砂管材料费用：50 元/m

成孔、填料、砌井及其他费用：170 元/m

降水人工费：（20 根 ×30 天 ×246 元/工日 ×2 工日/天 +30 根 ×10 天 ×246 元/工日 ×2 工日/天）/20000m²=22 元/m²

单方价格：（50+170）×1000/20000+22=33（元/m²）

【注解】一般情况下，降水实际作业时间短，一个人可看管多口井，人工费折算在总建筑面积内合计 10 元/m²。

某些地区水位低，采用井点降水方式，成本费用减少。根据地区水位情况，成本差异较大。降水人工费计算式中 2 是指昼夜 24 小时工作，折算为 2 天的工作量。

单方价格计算式中，1000 是指 50 口井、井深 20m，共 1000m。

4.8　安装专业参考数据分析

本节对安装专业相关参考数据进行了列举分析，如表 4-86～表 4-94 所示，供读者进行参考使用。

表 4-86　安装专业劳务分包案例分析

工程名称	住宅小区	层数	24 层
建筑面积	147500m²	层高	2.9m
其中地下面积	20000m²	承建时间	2020 年 3 月
标准层面积	460m²	户型结构	一梯三户
工期	24 个月	每户面积	118m²
交活标准	毛坯交活。开关面板灯泡安装完成，弱电预留，上下水预留		
承包方式	包辅材零星材料如胶带、压线帽、铅油麻等		
管线材质	公共区域用 JDG 线管，户内 PVC 线管比例较大		
消防界面	预留洞口，不包括管线		
承包价格	65 元 /m²	零星材料价	10 元 /m²
现场管理人员工资	3 元 /m²	利润	10 元 /m²
工人工资价格分析		38～42 元 /m²	
主体预埋预留	13 元 /m²，其中利润空间 2 元 /m²		
电气专业	水专业	暖专业	工种比例
穿线 12 元 /m²	排水 2 元 /m²	5 元 /m²	大小工比例 3∶1，大工工资 280 元 / 工日，小工工资 190 元 / 工日
电缆 1 元 /m²	给水 4 元 /m²		
后期维修及其他		1 元 /m²	
地库价格	30 元 /m²（建筑面积），与地上住宅相比含量较低，包含人防工作内容		
工日含量	42/[（280×3+190）/4] =0.163（工日 /m²）		

注：本项目工人适用包工包产制度，承包单价中包括工人伙食费用。

表 4-87 安装专业人工成本组成分析表

分项名称	单位	数量	单价 / 元	合价 / 元
1. 电气安装				
（1）强电工程	—	—	—	—
镀锌钢管 DN50	m	44.36	6.00	266
镀锌电线管 DN20	m	354.52	3.00	1064
镀锌电线管 DN32	m	286.28	4.00	1145
镀锌电线管 DN40	m	18.56	5.00	93
难燃塑料线管 ϕ20	m	22765.32	1.00	22765
难燃塑料线管 ϕ25	m	813.04	1.30	1057
难燃塑料线管 ϕ50	m	18.94	3.00	57
镀锌金属线槽 100mm×80mm×0.8mm	m	32.28	15.00	484
镀锌金属线槽 200mm×100mm×1.0mm	m	112.72	16.00	1804
金属线槽安装，宽 + 高，600mm	m	22.44	20.00	449
电气配线截面 2.5mm^2 以内	m	64368	0.80	51494
电气配线截面 4.0mm^2 以内	m	10840	1.10	11924
电气配线截面 16mm^2 以内	m	1115	1.30	1450
电气配线截面 25mm^2 以内	m	8.6	1.50	13
铜芯电缆，截面 10mm^2 以下	m	237	5	1185
铜芯电缆，截面 35mm^2 以下	m	454	15	6810
开关插座面板	个（套）	9786	3	29358
配电箱（综合）	台	130	60	7800
凿槽、刨沟，修补、挂网	m	2756	13	35828
小计 / 元				175046
面积单价（10747m^2）/（元 /m^2）				16.29
（2）弱电工程	—	—	—	—
镀锌电线管 DN20	m	60.42	3.00	181
难燃塑料线管 ϕ20	m	4287.54	1.00	4288
难燃塑料线管 ϕ25	m	2295.28	1.30	2984
镀锌金属线槽 200mm×100mm×1.0mm	m	123.32	16.00	1973
墙体线盒	个	1120	5.00	5600
配电箱（综合）	台	72	60.00	4320
凿槽、刨沟，修补、挂网	m	510	13	6630

分项名称	单位	数量	单价 / 元	合价 / 元
防水套管	个	10	100.00	1000
小计 / 元				26976
面积单价（10747m²）/（元 /m²）				2.51
电气安装面积单价合计 /（元 /m²）				18.80
2. 室内防雷				
基础接地母线（利用地梁钢筋）	m	166	5.00	830
接地母线（-40mm×4mm 镀锌扁钢）	m	311	4.00	1244
总等电位联结端子箱连接线	m	209.78	6.00	1259
避雷网（12mm 镀锌圆钢带支架）	m	479.43	8.00	3835
均压环敷设（利用圈梁钢筋）	m	1232	5.00	6160
避雷引下线敷设	m	471.3	3.00	1414
总等电位箱	套	2	20.00	40
设备、等电位联结端子安装	处	2	40.00	80
防雷测试点安装	处	2	40.00	80
卫生间 / 局部等电位箱	套	140	18.00	2520
等电位联结端子箱	块	4	50.00	200
难燃塑料线管 $\phi20$	m	536.9	1.00	537
小计 / 元				18199
面积单价（10747m²）/（元 /m²）				1.69
3. 室内给排水				
（1）给水工程	—	—	—	—
主管衬塑 DN20 ~ 65	m	720	24.00	17280
PP-R 水管 $\phi20$（热熔连接）	m	1445	3.00	4335
PP-R 水管 $\phi25$（热熔连接）	m	4424	3.50	15484
水龙头安装 DN15	个	8	5.00	40
涂塑镀锌焊接钢管 DN40	m	12.66	18.00	228
全铜螺纹截止阀 DN40	个	2	15.00	30
全铜自动排气阀 DN20	个	1	10.00	10
Y 形过滤器 DN40（螺纹连接）	个	1	15.00	15
水表安装 DN40（螺纹连接）	个	1	30.00	30
电动遥控浮球阀 DN40	个	1	40.00	40

分项名称	单位	数量	单价/元	合价/元
穿楼板钢套管制作安装	个	128	20.00	2560
刚性防水套管制作安装	个	4	100.00	400
小计/元				40452
面积单价（10747m²）/（元/m²）				3.76
（2）中水工程	—	—	—	—
PP-R 水管 ϕ20（热熔连接）	m	753.2	3.00	2260
PP-R 水管 ϕ25（热熔连接）	m	783.41	3.50	2742
涂塑镀锌焊接钢管 DN20	m	73.86	8.00	591
涂塑镀锌焊接钢管 DN25	m	18.9	10.00	189
涂塑镀锌焊接钢管 DN32	m	11.6	15.00	174
涂塑镀锌焊接钢管 DN40	m	187.2	18.00	3370
全铜螺纹截止阀 DN20～40	个	104	15.00	1560
穿楼板钢套管制作安装	个	8	20.00	160
刚性防水套管制作安装	个	4	100.00	400
小计/元				11446
面积单价（10747m²）/（元/m²）				1.07
（3）排水工程	—	—	—	—
镀锌钢管 DN80（螺纹连接）	m	47.25	25.00	1181
镀锌钢管 DN100（螺纹连接）	m	59.82	27.00	1615
镀锌钢管 DN150（沟槽连接）	m	8.22	30.00	247
PVC-U 排水管 ϕ110	m	1685	12.00	20220
PVC-U 排水支管	设备点	265	22.00	5830
铸铁排水管 DN50～100	m	60	25.00	1500
阀门安装（综合）	个	46	15.00	690
地漏安装	个	253	8.00	2024
污水泵安装	台	10	150.00	1500
穿楼板钢套管制作安装	个	972	20.00	19440
刚性防水套管制作安装	个	52	100.00	5200
小计/元				59447
面积单价（10747m²）/（元/m²）				5.53
给排水面积单价合计/（元/m²）				10.36

分项名称	单位	数量	单价 / 元	合价 / 元
4. 室内采暖				
PP-R 给水管 $\phi32$	m	2001.8	3.50	7006
穿楼板钢套管制作安装	个	592	20.00	11840
刚性防水套管制作安装	个	12	100.00	1200
小计 / 元				20046
面积单价（10747m²）/（元 /m²）				1.87
地暖盘管（综合）	元 /m²	—	—	5.5
采暖面积单价合计 /（元 /m²）				7.37
5. 室内消防				
（1）消防电系统	—	—	—	—
镀锌电线管 DN20	m	92.36	2.50	231
镀锌电线管 DN25	m	44.7	3.00	134
难燃塑料线管 $\phi20$	m	1304.4	1.00	1304
难燃塑料线管 $\phi25$	m	128.4	1.50	193
凿槽、刨沟，修补、挂网	m	358	13	4654
防水套管	个	2	100.00	200
小计 / 元				6716
面积单价（(10747m²）/（元 /m²）				0.62
（2）消防栓系统	—	—	—	—
穿楼板钢套管制作安装	个	108	20.00	2160
防水套管	个	7	100.00	700
小计 / 元				2860
面积单价（10747m²）/（元 /m²）				0.27
消防面积单价合计 /（元 /m²）				0.89
专业汇总 /（元 /m²）				
1. 电气安装				18.80
2. 室内防雷				1.69
3. 室内给排水				10.36
4. 室内采暖				7.37
5. 室内消防				0.89
总计				39.11

表 4-88 安装专业工人承包综合单价分析

专业名称	规格名称	工人承包单价	工作内容
排水工程	PVC 主管	12 元 / 延长米	安装、运输、管件阀门
	排水支管	22 元 / 设备点	
	地下室铸铁管	25 元 / 延长米	
给水工程	主管衬塑 DN20 ~ 65	24 元 / 延长米	
	支管 PP-R	2.7 元 / 延长米	
暖气工程	主管镀锌钢管丝接 DN32 ~ 100	27 元 / 延长米	安装、运输、管件阀门
	支管 PP-R	3 元 / 延长米	
	地暖盘管	5.5 元 /m^2（实铺面积）	安装、材料运输
电气工程	PVC 管主体安装 / 主体预埋包括给水	1 元 / 延长米	安装、运输、管件阀门
	主体结构墙体线盒	5 元 / 个	定位、安装
	二次结构墙体线盒	16 元 / 个	开槽定位抹槽下管配管清垃圾
	二次结构箱体安装	70 元 / 个	安装、运输、就位
	户内穿带丝	1.5 ~ 2 元 /m^2（建筑面积）	排堵、穿丝
	户内穿线	5 元 /m^2（建筑面积）	穿线压线上面板调试
	公区主缆穿线	1.5 元 /m^2（建筑面积）	穿主缆，压配电柜，系统调试
	竖向桥架	15 元 / 延长米	安装、下料、运输
	平向桥架	20 元 / 延长米	
精装修分项	卫生间洁具	40 元 / 个	安装、材料运输
	暖气片卫生间	75 元 / 组	
	所有普通灯具	15 元 / 个	
	洗手盆	40 元 / 个	
	淋浴器	50 元 / 个	

表 4-89 安装专业含量分析表（案例一）

项目名称		单位	A项目住宅楼	建筑面积	9700m²
层数			21F	户型结构	一梯四户
檐高			68m	层面积	470m²
专业	分项名称	单位	数量		平米含量
给水中水	管线	m	4494		0.463
	构件阀门	个	523		0.054
排水	管线	m	2176		0.224
	地漏	个	171		0.018
采暖	管线	m	3337		0.344
	地暖盘管	m²	5867		0.605
	阀门构件	个	704		0.073
通风	通风管	m²	137		0.014
	设备构件	个	51		0.005
消火栓	系统管线	m	553		0.057
强电	线管线槽	m	20795		2.144
	电缆	m	1320		0.136
	电线	m	66477		6.853
	配电箱柜	台	141		0.015
	开关插座	套	2891		0.298
	灯具	套	1362		0.140
消防电	消防配线	m	5587		0.576
	线管线槽	m	2632		0.271
弱电	线管线槽	m	11040		1.138

注：（1）本项目地库消防喷淋未包括在内，弱电预留线管。

（2）本项目为单体建筑，平面尺寸 42.50m×13.50m，户型分散，各构件含量较高。首层为商铺，动力电缆含量较高。地下室强排水，各专业管线以室外为分界点。

表 4-90 安装专业价格分析表（案例一）

项目名称	A 项目住宅楼	建筑面积	9700m²
层数	21F	户型结构	一梯四户
檐高	68m	层面积	470m²
成本指标		360 元 /m²	
专业名称		专业比例	
给排水		19.16%	
给水	3.96%	价格指标 /（元 /m²）	14.26
中水	2.68%		9.65
排水	7.47%		26.89
消防水	5.05%		18.18
合计 /（元 /m²）			68.98
暖通		19.55%	
采暖工程	15.85%	价格指标 /（元 /m²）	57.06
通风工程	3.70%		13.32
合计 /（元 /m²）			70.38
电气		61.29%	
强电工程	41.83%	价格指标 /（元 /m²）	150.59
弱电工程	13.46%		48.46
消防电	6.00%		21.6
合计 /（元 /m²）			220.65
其中人工费		18%	
给排水	26.15%	价格指标 /（元 /m²）	16.96
暖通	20.00%		12.96
电气	53.85%		34.89
合计 /（元 /m²）			64.8

注：（1）本项目地库消防喷淋未包括在内，弱电预留线管。

（2）材料采购价格参考 2018 年天津市市场价格，人工费参考 2018 年京津冀地区的市场劳务价格。不含消防水、消防电，成本指标价格 294 元 /m²，人工费 56 元 /m²。本项目成本分析不含税金。

表 4-91 安装专业含量分析表（案例二）

项目名称		B 项目住宅楼	建筑面积	7536m²
层数		24F	户型结构	一梯四户
檐高		72m	层面积	304m²
专业	分项名称	单位	数量	平米含量
给水中水	管线	m	3702	0.491
	构件阀门	个	928	0.123
排水	管线	m	2158	0.286
	地漏	个	260	0.035
采暖	管线	m	2189	0.290
	地暖盘管	m²	4289	0.569
	阀门构件	个	628	0.083
通风	通风管	m²	141	0.019
	设备构件	个	49	0.007
消火栓	系统管线	m	0	0
强电	线管线槽	m	23365	3.100
	电缆	m	1450	0.192
	电线	m	65767	8.727
	配电箱柜	台	188	0.025
	开关插座	套	3465	0.460
	灯具	套	1341	0.178
消防电	消防配线	m	—	—
	线管线槽	m	—	—
弱电	线管线槽	m	19673	2.611

注：（1）本项目未包括消防工程，弱电预留线管。

（2）本项目为单体建筑，平面尺寸 23.90m×16.90m，户型紧凑，房间尺寸较小，电气含量较高。电气管线接口设在地下室内，本表不含室外工程量。

表 4-92　安装专业价格分析表（案例二）

项目名称	B 项目住宅楼	建筑面积	7536m²
层数	24F	户型结构	一梯四户
檐高	72m	层面积	304m²
成本指标	290 元 /m²		
专业名称	专业比例		
给排水	19.63%		
给水	4.03%	价格指标 /（元 /m²）	11.69
中水	2.80%		8.12
排水	12.80%		37.12
消防水	0.00%		0.00
合计 /（元 /m²）			56.93
暖通	13.33%		
采暖工程	10.75%	价格指标 /（元 /m²）	31.18
通风工程	2.58%		7.48
合计 /（元 /m²）			38.66
电气	67.04%		
强电工程	54.43%	价格指标 /（元 /m²）	157.85
弱电工程	12.61%		36.57
消防电	0.00%		0.00
合计 /（元 /m²）			194.42
其中人工费	17.24%		
给排水	24.00%	价格指标 /（元 /m²）	12
暖通	20.00%		10
电气	56.00%		28
合计 /（元 /m²）			50

注：（1）本项目未包括消防工程，弱电预留线管。

（2）材料采购价格参考 2018 年天津市市场价格，人工费参考 2018 年京津冀地区的市场劳务价格。本项目成本分析不含税金。

表 4-93 安装专业含量分析表（案例三）

项目名称		某多层住宅项目	建筑面积	2979m²
层数		6F+1	户型结构	一梯两户
檐高		18m	层面积	408m²
专业	分项名称	单位	数量	平米含量
给水中水	管线	m	2538	0.852
	构件阀门	个	411	0.138
排水	管线	m	857	0.288
	地漏	个	99	0.033
	洁具	套	176	0.059
采暖	管线	m	3500	1.175
	铜铝复合散热器	m²	1402	0.471
	阀门构件	个	1354	0.455
通风	通风管	m²	54	0.018
	设备构件	个	4	0.001
强电	线管线槽	m	7316	2.456
	电缆	m	1299	0.436
	电线	m	22334	7.497
	配电箱柜	台	152	0.051
	开关插座	套	1590	0.534
	灯具	套	552	0.185
弱电	线管线槽	m	5645	1.895

注：（1）本项目未包括消防工程，弱电预留线管。

（2）地下一层设有储藏间，只有电气管线，坡屋顶内不上人，不加以利用，按旧计算规则不计算面积，水电暖的计算中只含每户一套照明线路。

表 4-94 安装专业价格分析表（案例三）

项目名称	某多层住宅项目		建筑面积	2979m²
层数	6F+1		户型结构	一梯两户
檐高	18m		层面积	408m²
成本指标	350 元 /m²			
专业名称	专业比例			
给排水	16.04%			
给水	3.04%	价格指标 /（元 /m²）		10.64
中水	1.79%			6.27
排水	2.34%			8.19
消防水	8.87%			31.05
合计 /（元 /m²）				56.15
暖通	29.57%			
采暖工程	28.51%	价格指标 /（元 /m²）		99.79
通风工程	1.06%			3.71
合计 /（元 /m²）				103.5
电气	54.39%			
强电工程	49.30%	价格指标 /（元 /m²）		172.55
弱电工程	5.09%			17.82
消防电	0.00%			0.000
合计 /（元 /m²）				190.37
其中人工费	17.14%			
给排水	21.70%	价格指标 /（元 /m²）		13
暖通	35.00%			21
电气	43.30%			26
合计 /（元 /m²）				60

注：（1）本项目消防电气工程预留线管，包括消防水系统，弱电预留线管。

（2）材料采购价格参考 2018 年天津市市场价格，人工费参考 2018 年京津冀地区的市场劳务价格。本项目成本分析不含税金。

4.9　零星用工签证价格分析

零星用工消耗量的管理是按计日工分包或按工程量分包的一项标准制度，是项目部管理的一项办法。发生变更或签证时，项目部可以参考该标准认定劳动量，防止项目人员滥用职权虚报工作量，增加项目投入成本。本节中所列零星计价标准为经验总结公式，计算过程所用数据仅代入数值，最终结果单位为元；工资标准代表了各地区各类工种加权平均的市场价行情，工作内容同预算定额内全部内容，按单位为元 / 工日取值。

4.9.1 砌筑工、瓦工

砌筑工、瓦工劳动标准及零星计价标准如表 4-95 所示。

表 4-95 砌筑工、瓦工劳动标准及零星计价标准

名称	技工劳动标准	零星计价标准
砌加气块墙	3m³/ 工日	工程量 × 工资标准 ×1.20
砌标准砖墙	1500 块 / 工日	工程量（需换算为 m³）× 工资标准 ×1.15
砌零星、砖柱、砖墩	1200 块 / 工日	工程量（需换算为 m³）× 工资标准 ×1.40
砌临时墙	1800 块 / 工日	工程量（需换算为 m³）× 工资标准 ×1.05
砌砖基础、护坡	2000 块 / 工日	工程量（需换算为 m³）× 工资标准 ×0.90

例：某项目砖混楼增加墙体 15m³，分包班组合同是平米包干人工承包。其增加部分工程量乘以标准劳动量即可。

按零工签证时，劳动量计算为：15×520/1500=5.2（工日），该数值为大工工日数量；大小工数量比例 1：1，小工也是 5.2 工日。

按分包价格签证时，价格计算为：15×260×1.15=4485（元）。

【注解】公式中标准砖砌体折算为 520 块 /m³，工人年工资折合单价 260 元 / 工日，实际作业每天按 1 个工日计算。此项包括脚手架搭拆。

4.9.2 抹灰工、油漆工、涂料工、装饰工

抹灰工、油漆工、涂料工、装饰工劳动标准及零星计价标准如表 4-96 所示。

表 4-96 抹灰工、油漆工、涂料工、装饰工劳动标准及零星计价标准

名称	技工劳动标准	零星计价标准
墙面抹灰	15m²/ 工日	工程量 × 工资标准 ×0.13
零星抹灰	5m²/ 工日	工程量 × 工资标准 ×0.25
临时建筑抹灰	25m²/ 工日	工程量 × 工资标准 ×0.09
钢管刷漆	10m²/ 工日	工程量 × 工资标准 ×0.10
防护栏刷漆	50m/ 工日	工程量 × 工资标准 ×0.02
墙面乳胶漆	30m²/ 工日	工程量 × 工资标准 ×0.04
临时墙滚涂	50m²/ 工日	工程量 × 工资标准 ×0.02
标语牌涂刷	5m²/ 工日	工程量 × 工资标准 ×0.20
粘地板砖	13m²/ 工日	工程量 × 工资标准 ×0.18
粘墙砖	15m²/ 工日	工程量 × 工资标准 ×0.16

名称	技工劳动标准	零星计价标准
零星粘补墙地砖	5m²/工日	工程量 × 工资标准 ×0.45
天棚石膏板吊顶补修	5m²/工日	工程量 × 工资标准 ×0.35

例：某项目临时办公室地面需要粘贴地砖 80m²，因分包班组合同承包合同中没有地面粘砖项目，该定价需项目部重新认价。

按零工签证时，劳动量计算为：80/13 ≈ 6.15（工日）；大小工数量比例 1：0.5，小工是 3.07 工日。

按分包价格签证时，价格计算为：80×260×0.18=3744（元）。

【注解】技工劳动标准是以大工为标准的，以此推算出小工用工数量，工人年工资折合单价 260 元/工日，实际作业每天按 1 个工日计算。

4.9.3 架子工、模板工

架子工、模板工劳动标准及零星计价标准如表 4-97 所示。

表 4-97 架子工、模板工劳动标准及零星计价标准

名称	综合劳动标准	零星计价标准
外双排架	12m²/工日	工程量 × 工资标准 ×0.12
外单排架	20m²/工日	工程量 × 工资标准 ×0.08
内单排架	20m²/工日	工程量 × 工资标准 ×0.08
室内单排靠墙架	45m²/工日	工程量 × 工资标准 ×0.03
围护临时架	60m²/工日	工程量 × 工资标准 ×0.02
零星搭架	15m²/工日	工程量 × 工资标准 ×0.10
支拆预制小构件模	1.1m³/工日	工程量 × 工资标准 ×0.95
支拆临时路模	35m/工日（双面）	工程量 × 工资标准 ×0.04
支拆小设备基础模	12m²/工日	工程量 × 工资标准 ×0.15
支拆临时小工程模	10m²/工日	工程量 × 工资标准 ×0.20

例：某项目为了施工方便，增加地下室外墙双排脚手架 60m²，架子班组承包合同是按建筑面积承包的，可参考零星用工方式结算。

按零工签证时，劳动量计算为：60/12=5（工日）。

按分包价格签证时，价格计算为：60×260×0.12=1872（元）。

【注解】综合劳动标准是不分大小工的，综合考虑工人工资单价。工人年工资折合单价 260 元/工日，实际作业每天按 1 个工日计算。广告牌子简易架体、展示展览临时用架体、基坑围护架体等可按外单排架乘以系数 0.8 计算。

4.9.4 普工、混凝土工

普工、混凝土工劳动标准及零星计价标准如表4-98所示。

表4-98 普工、混凝土工劳动标准及零星计价标准

名称	综合劳动标准	零星计价标准
挖基槽、坑	3.5m³/工日	工程量 × 工资标准 ×0.35
垃圾装车	4.5m³/工日	工程量 × 工资标准 ×0.30
一次结构地面清理	35m²/工日	工程量 × 工资标准 ×0.03
抹灰前地面清理	50m²/工日	工程量 × 工资标准 ×0.02
筛砂、筛土	6m³/工日	工程量 × 工资标准 ×0.15
浇筑小设备基础	2m³/工日	工程量 × 工资标准 ×0.45
浇筑临时房梁板柱	3m³/工日	工程量 × 工资标准 ×0.35
浇筑道路	25m²/工日	工程量 × 工资标准 ×0.05
浇筑散水坡道	22m²/工日	工程量 × 工资标准 ×0.11

【注解】本表是传统作业方式下的劳动标准，不适用于例如浇筑道路路面采用大型路面抹光机作业方式，而仅是针对零星作业而设定的标准。

4.9.5 钢筋工

钢筋工劳动标准及零星计价标准如表4-99所示。

表4-99 钢筋工劳动标准及零星计价标准

名称	综合劳动标准	零星计价标准
设备基础	0.10t/工日	工程量 × 工资标准 ×9.20
预制过梁	0.08t/工日	工程量 × 工资标准 ×12.0
现浇过梁、圈梁、构柱	0.12t/工日	工程量 × 工资标准 ×8.50
现浇临时房屋梁、柱	0.15t/工日	工程量 × 工资标准 ×7.50
焊钢筋单面 10 以内	120 个/工日	工程量 × 工资标准 ×0.01
焊钢筋单面 20 以内	70 个/工日	工程量 × 工资标准 ×0.015
焊钢筋双面 20 以内	50 个/工日	工程量 × 工资标准 ×0.023
成型骨架上点焊	150 点/工日	工程量 × 工资标准 ×0.008

例：某项目变更改门，增加预制过梁钢筋1t，钢筋班组承包合同是按建筑面积承包的，可参考零星用工方式结算。

按零工签证时，劳动量计算为：1/0.08=12.5（工日）。

按分包价格签证时，价格计算为：1×260×12=3120（元）。

【注解】本表焊接构件是以承重构件为参考设立标准，达到相关规范要求。临时作业焊接时，用工减少，以此表作业标准乘以系数 0.7 计算。

4.9.6 水电工

水电工劳动标准及零星计价标准如表 4-100 所示。

表 4-100　水电工劳动标准及零星计价标准

名称	综合劳动标准	零星计价标准
预埋 PVC 线管	150m/工日	工程量 × 工资标准 ×0.007
预埋 KBG 线管	75m/工日	工程量 × 工资标准 ×0.004
接线盒安装（糊）	20 个 / 工日	工程量 × 工资标准 ×0.075
配电箱安装（半周 1.5 内）	4 个 / 工日	工程量 × 工资标准 ×0.25
管内穿钢丝	400m/工日	工程量 × 工资标准 ×0.0025
面板安装	95 个 / 工日	工程量 × 工资标准 ×0.0133
管内穿线	400m/工日	工程量 × 工资标准 ×0.0025
桥架安装	20m/工日	工程量 × 工资标准 ×0.075
镀锌管（100mm 以内）	15m/工日	工程量 × 工资标准 ×0.12
补（吊）洞（带浇混凝土）	40 个 / 工日	工程量 × 工资标准 ×0.048
热力装置	0.7 套 / 工日	工程量 × 工资标准 ×3.2
PP-R 管	90m/工日	工程量 × 工资标准 ×0.01
屋面避雷网	85m/工日	工程量 × 工资标准 ×0.014
排水铸铁管	15m/工日	工程量 × 工资标准 ×0.100
排水 PVC 支管	16m/工日	工程量 × 工资标准 ×0.08
雨水管 PVC	25m/工日	工程量 × 工资标准 ×0.06

例：某项目变更增加卫生间 PP-R 管 600m，水电班组按建筑面积承包，可参考零星用工方式结算。

按零工签证时，劳动量计算为：600/90=6.67（工日）。

按分包价格签证时，价格计算为：600×260×0.01=1560（元）。

【注解】管线用工标准与施工复杂程度有关，如临时设施以此表计价标准乘以系数 0.7 计算，管线弯折复杂时以此表计价标准乘以系数 1.3 计算。

4.9.7 拆除工作

拆除工作劳动标准及零星计价标准如表 4-101 所示。

表 4-101　拆除工作劳动标准及零星计价标准

名称	综合劳动标准	零星计价标准
拆除标砖墙	0.7m³/工日	工程量 × 工资标准 ×1.35
拆除砌块墙	0.95m³/工日	工程量 × 工资标准 ×1.05

名称	综合劳动标准	零星计价标准
拆除大体积混凝土	0.15m³/工日	工程量 × 工资标准 ×7.50
拆除次结构混凝土	0.3m³/工日	工程量 × 工资标准 ×3.50
剔除小面积抹灰层	10m²/工日	工程量 × 工资标准 ×0.10
拆除混凝土地面垫层	12m²/工日	工程量 × 工资标准 ×0.09
拆除活动彩板房	1间/工日	工程量 × 工资标准 ×1.00
混凝土墙面剔凿 <0.09m²	15处/工日	工程量 × 工资标准 ×0.10
混凝土墙面剔凿 <0.5m²	10处/工日	工程量 × 工资标准 ×0.15
混凝土墙面剔凿 <1m²	8处/工日	工程量 × 工资标准 ×0.2
混凝土顶面剔凿 <0.09m²	10处/工日	工程量 × 工资标准 ×0.15
混凝土顶面剔凿 <0.5m²	8处/工日	工程量 × 工资标准 ×0.2
混凝土顶面剔凿 <1m²	4处/工日	工程量 × 工资标准 ×0.4

例：某项目已进入抹灰阶段，因为混凝土墙面胀模，无法抹灰的部位有 30 处，面积均约为 $0.5m^2$，需要找人剔凿，应从模板班组结算款中扣除此费用。

按零工签证时，劳动量计算为：30/10=3（工日）。

按分包价格签证时，价格计算为：30×260×0.15=1170（元）。

【注解】此拆除工作为破坏性拆除，如果需要搭设保护设施或对已建构件进行防护，应按实际另行计算费用。混凝土墙面、顶面剔凿为人工手工操作，如使用电动设备剔凿，应以此表计价标准乘以系数 0.6 计算。

4.9.8 防水工

防水工劳动标准及零星计价标准如表 4-102 所示。

表 4-102 防水工劳动标准及零星计价标准

名称	综合劳动标准	零星计价标准
改性沥青修补（热熔）	40m²/工日	工程量 × 工资标准 ×0.03
高分子涂料防水施工	33m²/工日	工程量 × 工资标准 ×0.025

例：某项目屋面防水施工完成后，遭到钢筋班组破坏，需要对 SBS 防水卷材进行修复，修复面积合计为 $80m^2$。

按零工签证时，劳动量计算为：80/40=2（工日）。

按分包价格签证时，价格计算为：80×260×0.03=624（元）。

【注解】防水仅指修补部位，如果现场重新铺设或变更工程量可以按合同单价增减费用。高分子涂料类型的防水，应按照实际涂刷面积计算，如果大面积涂刷可另行签订合同。基础内的梁面涂刷防水材料，应以此表计价标准乘以系数 0.85 计算。

参考文献

[1] GB 50500—2013. 建设工程工程量清单计价规范 .

[2] GB/T 50500—2024. 建设工程工程量清单计价标准 .

[3] GB 50854—2013. 房屋建筑与装饰工程工程量计算规范 .

[4] GB/T 50854—2024. 房屋建筑与装饰工程工程量计算标准 .

[5] GB/T 50353—2013. 建筑工程建筑面积计算规范 .

[6] GB/T 50875—2013. 工程造价术语标准 .

[7] TY 01—89—2016. 建筑安装工程工期定额 .

[8] TY 01—31—2015. 房屋建筑与装饰工程消耗量定额 .

[9] LD/T—2008. 建设工程劳动定额 .